Agricultural Heritage Systems and Chinese Young Persons

农业文化遗产与年轻一代

孙庆忠 主编

图书在版编目（CIP）数据

农业文化遗产与年轻一代 / 孙庆忠主编. —北京：中央编译出版社，2021. 12

ISBN 978-7-5117-4008-3

Ⅰ. ①农…　Ⅱ. ①孙…　Ⅲ. ①农业-文化遗产-研究-中国　Ⅳ. ①S-05

中国版本图书馆 CIP 数据核字（2021）第 161791 号

农业文化遗产与年轻一代

责任编辑　杜永明
责任印制　刘　慧
出版发行　中央编译出版社
地　　址　北京市海淀区北四环西路 69 号（100080）
电　　话　（010）55627391（总编室）　（010）55627313（编辑室）
　　　　　　（010）55627320（发行部）　（010）55627377（新技术部）
经　　销　全国新华书店
印　　刷　北京汇林印务有限公司
开　　本　880 毫米×1230 毫米　1/32
字　　数　280 千字
印　　张　12
版　　次　2021 年 12 月第 1 版
印　　次　2021 年 12 月第 1 次印刷
定　　价　59.00 元

新浪微博：@中央编译出版社　**微　　信：**中央编译出版社(ID: cctphome)
淘宝店铺：中央编译出版社直销店(http://shop108367160.taobao.com)
(010)55627331

中国农业大学“双一流”文化传承创新项目

序：一介书生的时代使命

孙庆忠

因为所学专业的缘故吧，我的生活总是与乡村连在一起。

我最早的田野工作要追溯到1995年，当时我在沈阳师范大学中文系讲授“民间文学”和“中国民俗学”课程。为了让课堂有自己采录的村落故事，呈现丰富多彩的民间生活，我尝试着在辽北和辽西进行了一些调研活动。1998年之后的5年，我的田野工作集中在两个主题：其一是都市化进程中城中村居民的文化重组问题；其二是乡民社会的文化心理与农村妇女的自杀问题，这也是我博士和博士后期间的核心工作。2003年起，我执教于中国农业大学人文与发展学院社会学系。17年间，我曾带领10届本科生进行了妙峰山追踪研究，围绕着庙会进香仪式，走访了北京城里城外的32档香会组织，并以《妙峰山：香会志与人生史》等3卷丛书，记录了乡民社会向都市社区转型的历史过程，呈现了北京民间社会变迁的经验和脉动。持续8年的探索与发现，不仅丰富了我对乡土社会的理解，让我的课堂变得鲜活灵动，也唤起了学生赶赴乡村的热情，以及对所学专业的重新认识。

集体失忆：乡土中国的现实处境

与妙峰山研究接踵而至的是，2011年至2013年，我们社会学系受命进行中国乡村教育调查。这项在很多人看来是跨界的工作，却为我们拓宽乡村研究的领域带来了一个机缘。两年间我们走访了7个省8个县，看到了乡土社会正在经历的多个面相，让我们看到孩子们对乡土的情感以及它所预示的中国社会的未来。可以说，这两年对乡村教育的关注，让我多年的经验直觉转换成了对乡土社会的理性判断，那就是乡村已经处于“集体失忆”的边缘。

在调查中，我听闻过留守儿童孤单无望的感受，追问过流动儿童的辛酸经历，也为他们忘却家乡的名字感到悲伤。一些地区的孩子们很小就住校，家庭的影响日趋弱化。虽然个别的学校还在乡村，但是高墙大院几乎把他们和外在的世界隔离。乡村儿童与家庭生活的游离、与自然环境的疏远、对家乡历史的无知、对村落礼俗的漠然，无不预示着乡村自身所潜伏的危机。遗憾的是，这种困境难以化解，因为城市化的教育已深入人心，业已成为乡村父母改变其儿女命运的心理动力和行动上的必然选择。当没有了学校的乡村和没有了乡村的学校变成了普遍存在的现实，当数以千万计的流动儿童遭遇“城市留不下，乡村回不去”的窘境，当缺乏职业成就感的乡村教师翘首等待回城，当留守妇女和留守老人在寂寞的等待中消磨时光，我们除了记录和分析，又能为乡村做点什么呢？

如果说妙峰山研究给了我一种灵感，透过延续了400多年的庙会，看到了“形散而神聚”的民间文化，那么中国乡村教育调查则让我看到了乡土社会面临的处境。正是基于这样的认识，我才愈发觉得我们身处这个时代，急需一种力量让濒临失忆的乡村重新拥有记忆。这就好像中医大夫看病，号脉之后就要开方子。乡村教育调查带给我的最大收获是为乡村做出了判断，同时还要自己去践行验证。既然我对乡土社会的判断是身处“集体失忆”的边缘，接下来要做的事情就是通过扎根乡土的实践唤醒记忆，这也是我最近6年来所做的最重要的事儿。

2014年5月30日，河南辉县的川中社区大学在川中幼儿园举行了揭牌仪式。作为创办人和幼儿教师的陪伴者，我在为社大学员讲授第一堂课时便明确地提出：我们这所依托幼儿园的乡村社区大学，不是家长学校，不是农业技术学校，而是成人终身学习的公民学校。6年后的今天，社区大学已辐射学校周边15个村落，400多个家庭的600余位村民加入学习行列，并在其中的两个村落开办了老年学堂。在这里我们看到的景象是，社区大学让年轻的宝妈们与艺术为伴，让麻将桌前的乡村妇女拥有了服务家庭、服务社会的尽职生活。幼教团队在让孩子们享受优质的乡村教育的同时，也让学校成为了凝聚周边村落的中心。

川中教育实验，让我目睹了个人、家庭和村落因为教育的回归而带来的一线生机。幼教团队以他们的身体力行让乡村妇女有了精彩活过一次的感觉，也让乡土社会里日渐冷漠的人情在她们学习的过程中温暖起来。当她们一次又一次讲述社区大学带给她们心灵冲击的时候，当看到幼教团队在能量提升中展现其创造力的时候，我就觉得这6年是多么值得，因为这里发生的不仅仅是一个人的变化，而是一个生命发生变化以后，带给整个乡土社会变革的讯息。

农遗保护：寻求乡土重建的契机

与我的乡村教育实验同步，以文化干预撬动乡村建设的农业文化遗产保护行动，2014年6月正式拉开帷幕。全球重要农业文化遗产（Globally Important Agricultural Heritage Systems，简称 GIAHS），是联合国粮农组织（FAO）在 2002 年发起的一项大型国际计划，旨在保护生物多样性和文化多样性的前提下，促进地区发展和农民生活水平的提高。截止 2020 年底，FAO 已将全球 22 个国家的 62 个具有代表性的传统农业系统认定为 GIAHS，其中中国 15 项，数量位居各国之首。2012 年，我国启动了中国重要农业文化遗产（China-NIAHS）的发掘与保护工作。到目前为止，农业农村部共认定 5 批 118 项中国重要农业文化遗产。尽管我们拥有几千年农耕史，中华文明未曾间断过，但就如同现代化背景下农业的命运一样，农业遗产一直处于“被遗忘”的境地。这些农业系统都蕴含丰厚的文化资源，不仅滋养了一辈又一辈当地人，也为学术研究提供了广阔的天地。

作为在农业大学从事人文社会科学的学者，对生态系统中生物多样性的解读我是外行，但是有一点我非常清楚，那就是：没有农业景观周边的村落，没有在田地里耕作的农民，就不会有农业文化遗产。所以，农业文化遗产保护的实质是在新时代背景下彻头彻尾的乡村建设。换句话说，做好乡村建设才是农业文化遗产保护的核心工作。那么，乡村建设怎么搞？让老百姓增收这是世人皆知的药方，关键是用什么样的方式促成这一结果，而且能够可持续？缺乏对村落社会文化的认知与情感，缺乏对老百姓滋根式的培育，中国的农业文化遗产将会名存实亡。也就是说，农业文化遗产保护的一个大前提，就是要认识村落的特殊意义和价值。

而今，我们经常会在各类媒体上看到农业文化遗产地的图片，云南红河哈尼梯田、福建尤溪联合梯田、江西崇义客家梯田、湖南新化紫鹊界梯田和广西龙胜龙脊梯田，这些地方的风景简直美到令人窒息。然而，如果我们没有亲临现场，它可能仅仅是令人惊艳的农业景观。但是走进他们的生活之后就会发现，这背后是一辈又一辈“苦中作乐”的农民对于故土的深情守望。

2019 年夏天，我带领团队在河北涉县旱作梯田的核心保护区域王金庄村工作了 12 天。当地人在缺水又缺土的恶劣条件下，用石堰垒成了 46000 多块梯田，凭借“藏粮于地、存粮于仓、节粮于口”的生存智慧，在此绵延生息了 700 多年。而后我们又在云南绿春县的哈尼族村寨工作了 22 天，每天穿行在 9 个寨子之间，领略了哈尼梯田的美，探寻了它传承千年的秘密，也同样目睹了梯田守护者的艰辛生活。这些村落的田野工作，让我对农业遗产的保护有了更深的认识，一方面，我们要回望历史，探究与西方化学农业截然不同的东方智慧，理解农耕持续千年而地力不减的根由，这也是我们的民族心理、民间文化和艺术得以滋生的母体；另一方面，还要开拓未来，要寻求传统知识体系与现代农业科学元素的融合，只有这样，我们才能在祖荫的庇护下拥有创造性的生活。就此而言，农业遗产保护不仅关乎过去，更关乎未来。

以身为度：陕北古枣园的保护行动

农业文化遗产地是中华农耕文明的杰出代表，然而在工业文明的冲击下，乡土社会已濒临失忆，作为开药方的人，我能不能以身试法，在实践中验证自己的判断？与过往的田野工作不同，我专门组建了一个以本科生为主、间或有硕士生和博士生参与的农业文化遗产研究团队。5 年间先后有 18 位学生加入其中，在陕西佳县的泥河沟村、内蒙古敖汉旗的大甸子和大窝铺村、河北涉县的王金庄村等地进行驻村调查。这之中，我投注心力最多的一个点是陕西佳县的泥河沟村。

从2014年6月起，我带领学生在陕西佳县泥河沟村进行了为期4年的文化挖掘工作。这里的36亩古枣园是全球重要农业文化遗产，枣园中树龄最长者有1300多年，却依旧枝繁叶茂、硕果累累。泥河沟是黄河边上一个贫瘠的古村落，晋陕大峡谷虽风光绝美，但凋敝破败的村落却无法掩饰吕梁特困片区的苍伤与无奈。我们最初进村的时候，全村213户、806人，常年在村的只有158人，其中111位年过花甲，是一个看不到活力的村庄。“80后”的年轻人只有一个，在做掏沙生意。我心里清楚，古枣园是这里极具特色的文化资源，但能否通过文化干预的方式，让村民因农业文化遗产看到自己生活的希望？我和学生进村之前充满了对千年枣树和古村落的想象。然而，令我们不解的是，查遍县里的史志资料，对泥河沟村古枣园的记载加在一起也不超过300字。于是，我们便决定从撰写村志入手，为村庄找回过往，这既是每一处农业文化遗产地应该被记录的文化资源，也是培育农民热爱家乡情感的重要依据，更是乡村建设的思想基础。为了实现这一目标，几拨学生先后与我驻村调查76天，一拨毕业，一拨跟上，始终保持着对陕北这片土地的热度。在田野工作中，我努力回答一个又一个新问题：曾经为乡村开的药方在这里能否适用？村里没有学校，只有老人，除了假期几乎看不到孩子和年轻人，这样的村子还可能拥有活力吗？如果把农业文化遗产作为一种特殊的文化干预，它是否能为乡村发展带来一线生机？我们能否从乡村文化入手探索出一条通往精准扶贫之路？

我们的工作从收集老照片、老物件开始，以此结识每一位在村的老人，熟悉每一户人家的生活状况。而后，请村民带着我的学生踏查村落周边的山林，熟悉村庄的每一处地名，画出文化标志地图。在熟悉村庄的基础上，从有特殊技能的石匠、木匠、艄公、水手等访谈开始，对近百位村民进行口述资料的搜集工作。这样的访谈绝对不是简单的文字转录，我反复和学生们讲的一种认识是，迈向乡村就是让你触摸到人的生命，感受到人的温度，知道他的所需，了解他的困惑。这是做好文化研究的根本前提，也是我们在田野工作中要领会的核心所在。因此，我们表面上是唤起讲述者对生活往事的记忆，而实质是让他们重新发现自己、重新发现村庄，让他们体会存在的价值，进而激发建设家乡的愿望。

在一点点挖掘老人记忆的过程中，我和他们一起流了很多泪，好像自己也曾走过那条往返 40 里的背粮路，一起度过了一次次洪灾之后的艰难日子。我也因此理解了为什么枣树被河水冲走时，老人会坐在地上痛哭不已，因为那是她刚嫁过来时种下的第一棵枣树，那片枣林是和他们的儿子一起长大的。正是在这样的收集工作中，陕北地域文化走进了我们的生活世界，讲述者也在往事的追溯中回归了昔日的岁月。这是一个彼此传递温暖和幸福的过程。

搜集村里的资料和整理村民口述史到底为哪桩？除了基本的现实关怀，为这个古老的村落存留历史之外，更希望以此为契机复活乡村。为此，我们以群众联欢的方式在村里举办了 3 次“全球重要农业文化遗产暨中国传统村落周年庆典”，2016 年夏、2017 年冬和 2018 年春，我们还开办了 3 次大讲堂，和村民共话泥河沟的未来。令我感动的是，村民的参与热情很高，无论冬夏。所有的这些往事都历历在目，都在催促我思考知识分子的当代使命，思考乡土中国的未来图景。

我们在陕北的工作成果是跟村民共同完成了《村史留痕》

《枣缘社会》《乡村记忆》等口述史、文化志和影像集3卷村落文化丛书。这既是我们对农业文化遗产的贡献，也是中国农业大学青年学子对落寞乡村的精神回馈。正是通过这样的行动方式，村民不再是旁观者而成为主动的讲述者。当他们翻开书，发现那里有他们讲述的故事，他们会因此而流泪。看似一个平常的口述文本，却给老人们带去了太多的精神力量，也让年轻人通过他们父母和祖辈的讲述知道过往生活是多么不易。我把这种记忆和情感看成是一种“社区感”的回归，这也是乡村社会发展的内生性动力。

我们在抢救村落记忆的过程中，客观上做了一件事情，那就是让乡村老人孤寂的心灵得到了慰藉。因为有这么多年轻人住在他们的身边，愿意听他们讲，并且记录下他们年轻时那些并未如烟的往事。从这个意义上来说，我们的工作让这些老人感受到了一份生命的温暖。2018年5月26日《中国慈善家》杂志的记者张霞要采访我，她看到了我们在泥河沟为农民做的口述史。她说：“看到最后哭了，想到了我的家乡沂蒙山区的那个小山村，想起了我的爷爷奶奶还有爸爸妈妈……好像他们的生命也被温柔对待过了。感谢您的这些文字，我之前真的是不太愿意相信有人重视乡村，一直以为专家学者口中的乡村文化重建是荒诞的民国想象，您让我看到真正做事的力量。”她写给我的这段文字，深深地打动了我，尤其是那句“好像他们的生命也被温柔对待过了”。她领悟到了我们做这项工作对人的生命来说到底意味着什么。泥河沟村参与式的行动，让我重新思考了活着的意义和生命的价值，也愈发觉得当你把那里的老人看成是父母、把“60后”看成自己的兄弟姐妹、把“80后”和“90后”视为自己晚辈的时候，就会有一种力量和冲动要为乡村做点什么。

角色定位："三师"身份的切换合一

2017 年 9 月 25 日，系里安排我为同事和博士生讲讲田野工作。在那次工作坊的主题发言中，我将自己多年的调查实践总结为三种类型：第一种是阐释文化特质的田野工作；第二种是揭示社会问题的田野工作；第三种是促进生命变革的田野工作。在那之后，我才不断地反观乡村研究到底带给我什么，才更深地意识到田野工作对为学、对生命的特殊价值。可以说，最近几年对农业文化遗产和中国传统村落的研究，改变了我对田野工作的理解和行动的取向，让我更加关注每一个生命的意义，也不断唤起作为学者的良知，努力为乡土社会做点实实在在的事儿。

那么，一介书生能为这个时代做点什么？我一直认为，三个角色的切换构成了我田野工作的生命意象。第一个是"巫师"。为什么叫巫师？因为巫师是招魂的，我们的乡村已处于"集体失忆"的状态，我们要唤回乡土文化之魂。一个巫师够吗？我带学生下乡，让他们理解乡村，并寄希望于他们成为小巫师。在与乡民互动的过程中，更期待他们自己成为巫师为乡村招魂，只有这样才能够实现乡村自救。第二个是医师。因为乡村的历史记忆里有那么多的伤痛，谁来疗愈乡土社会的创伤？我们要成为"三农"工作队伍中的一极，要来安抚失魂落魄的乡村。第三个是教师。乡村在被招魂和疗愈之后，要培育乡民热爱生活的能力。我一遍一遍地重复法国思想家罗曼·罗兰的话，平凡的英雄主义者就是在看透了生活的本质之后依然热爱生活。那么，我们怎样通过教育这种最温暖的形式，培育乡民热爱自己的家乡、热爱自己的生命呢？这是三部曲。如果没有巫师为乡村招魂，乡村就难以持续；如果有伤痛而不治愈，精神就难以丰满；当乡村有了魂，躯体也趋于健康的时候，能力的培育就是迫切的工作。三者是继替的，也是同行的。这是乡村研究带给我的思考，也是田野工作让我明晰的社会责任。

目录

農業文化遺產與年輕一代

上編

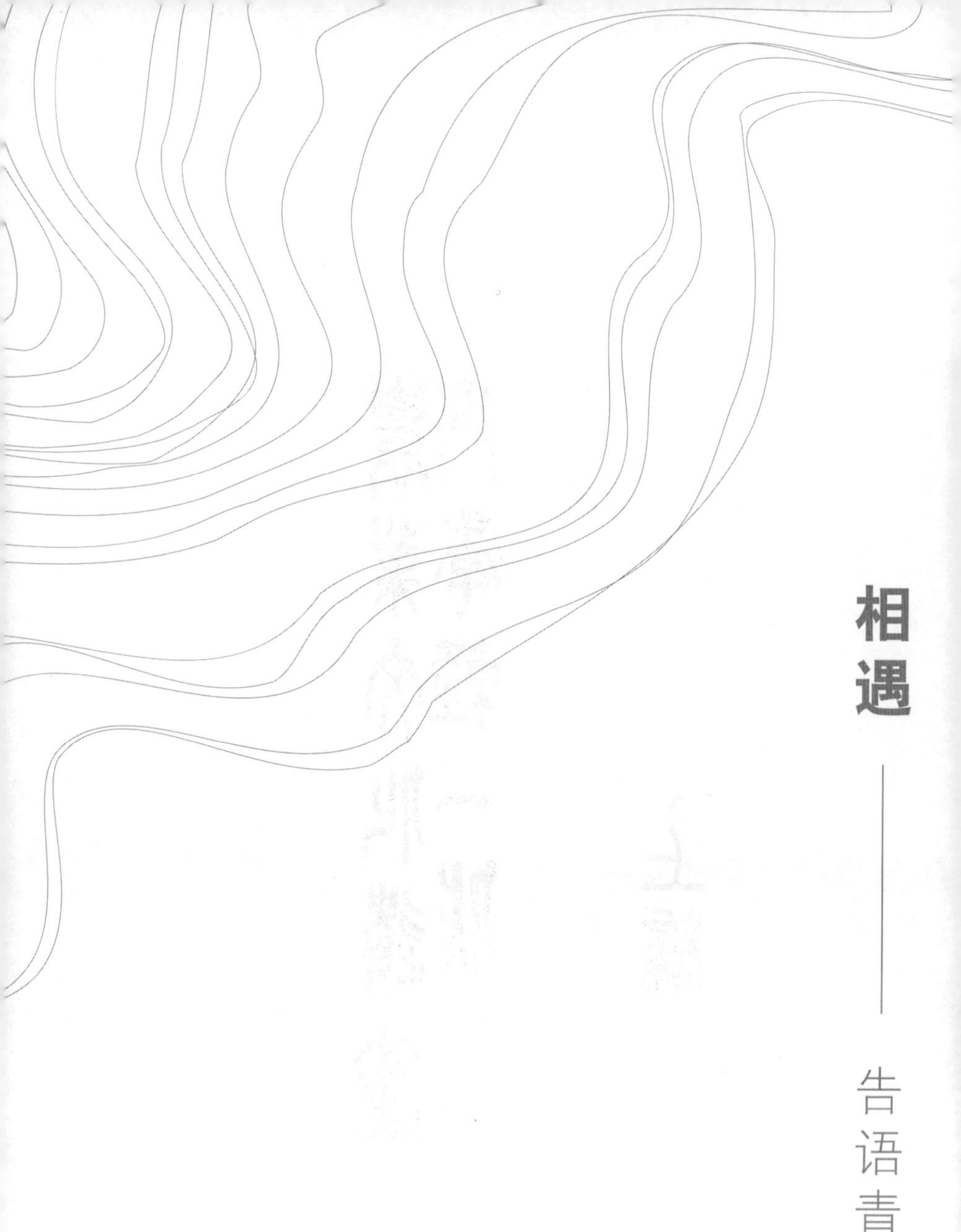

相遇

告语青春

传承（王文燕 摄）

把我们的生命与乡土中国链接在一起

在第一期农业文化遗产地乡村青年研修班开幕和闭幕式上的讲话

孙庆忠

开　幕

（2019 年 6 月 10 日）

感谢各位朋友如期而至，这一天我们好像已经等待很久了！

农业文化遗产中国农业大学学子研习营和乡村青年研修班培训项目，缘起于学校两项创造性的设计：其一是寻找千年农耕智慧；其二是回望农大百年传统。我们极力发掘的农业遗产正是“千年智慧”最直观的表达与呈现。感谢学校将此项工作交给人文与发展学院，交给农业文化遗产研究中心，受命以来，我和我年轻的团队一直将之视为神圣的使命！

我对青年学子研习营和乡村青年研修班有两个明确的定位：第一，这是一项“种子”工程；第二，这是一个告语青春的人生驿站。2019 年 3 月 22 日，共青团中央下发了《关于深入开展乡村振兴青春建功行动的意见》，其中的核心目标是“在新时代乡村全面振兴的伟大实践中，培养造就一支懂农业、爱农村、爱农民的‘三农’青年工作队伍”。这与我们研修班的目标诉求是完全一致的。我想，我们今天所做的工作，不仅可以彰显中国农业大学在乡村振兴实践中的作为，更是对培养“三农”青年工作队伍这一时代呼唤的积极回应。为此，我们特邀在乡村研究和农业文化遗产研究领域极具建树的八位教授，为研习营和研修班学员授课，其目的是塑造时代新人，培育乡村的内生性力量。从这个意义上说，这是一项“种子”工程，把种子埋进土里，就是把希望藏在心田。

在团中央下发的文件中，有3个重点项目最引人注目：农村青年创业致富“领头雁”培养计划、外出青年返乡创业“燕归巢”工程，以及大中专学生志愿者暑期文化科技卫生“三下乡”社会实践活动。为此，我们的研修班特设了工作坊，希望听闻乡村青年和青年学子的心声，让青春和青春在农大相遇，共同筹划乡村发展。在这里，我们邀请了几位创业青年代表，希望他们的故事能为我们每一位注入能量。我们还将在暑期安排青年学子赶赴乡村，在农业遗产地与乡民共同发现问题，寻找出路。因此我们的研修班，小而言之是培养年轻人服务乡村的一次集训，大而言之则是和青春与梦想连在一起的激情人生的加油站。

在此要特别感谢中国科学院地理资源所自然与文化遗产研究中心和中国农学会农业文化遗产分会的大力协助。在确立此项工作之初，我与几位专家联系，每一位都表示义不容辞，令我十分感动。他们把培养年轻一代、把农业文化遗产保护当成一项事业，相信这份情感会浸透在每一场讲座之中。一周过后，期待我们每一个人都能拥有重新发现乡村的能力，并对困顿下的乡村始终抱以积极的想象。我也相信，在这里交流分享的每一天，我们的生命都会发生悄悄的变化。谨此祝福吧！

闭 幕

（2019年6月15日）

我们的研修班就要结束了，想到各位明天就要返回自己的家乡，心里挺舍不得，好像我们的研修班才刚刚开始，别离的钟声就已悄然响起。6天的时间倏忽而过，但愿如你们刚刚的感言所说，农大的相遇让你们拥有了成为研修班学员的幸福。我想说的是，在农大的培训历史上，能享受如此待遇的研修班是绝无仅有的。从开班到结业，学校和学院各级领导的高度重视，让我坐在这里都有些心存不安，唯恐有负使命。透过研修班的每一项安排，你们会发现，你们的心念与行动，对于传承乡村文化，对于乡土中国的命运，具有多么深远的意义和价值！

你们刚刚从王勇部长和景发书记手中接过的结业证书，是我们团队精心设计、寄予了学校和学院一片深情的证书。它的分量跟以往你们拿过的任何证书都不应该相同，就如我在开幕式上提到的，这是与青春、与梦想连接在一起的一份特殊证明。作为农业文化遗产地的首期研修班学员，你们应该为农业遗产保护、为乡村发展这项事业立下汗马功劳。这也是学院和学校愿意倾注如此大的心力，开办遗产地乡村青年研修班的主要初衷。

不知道你们注意没有，颁发证书的时候，我们播放了一曲《我爱你中国》。为什么？如果还记得开幕式那天我对研修班的两个定位，你就会理解其中的原因。研修班是“种子”工程，我们把种子埋进土里，也就等于把那份珍爱藏在心田。我期待这短短几天的学习，能够让我们的观念发生些许改变，我们每个人的生命都能发生悄悄的变革。12日晚上10点20分，在农大南路地铁站里，我满脑子想着高福和虎林分享的故事，想着前一天晚上传辉和克标的真情道白。在那个几乎无人的地铁站里，我的周遭却变得异常丰满，有一种感动充溢着我的心头。也就是在那一瞬间，《我爱你中国》的乐曲突然响起，这是平时坐地铁几乎听不到的声音。在这地铁里最安静的时刻，我却心潮澎湃，一股热流从身上涌起，以至于眼前模糊。等到心绪平静时，我在我的学生群里留了一小段话。我说："我在回家的地铁上，想着年轻人的故事，耳旁忽然响起的是那曲我们都熟悉的《我爱你中国》，一股莫名的感动涌上心头！"为什么在那一刻间，这份感动涌上心头？就是因为我把每个年轻人的生命和乡土中国联系在了一起。也许在此前，我问你，你的生命和中国的发展有联系吗？你也许会说，那是国家发改委的事情。如果我问你，你的生命和你生活的地方有联系吗？你也许会迟疑，因为家乡已经渐行渐远。但是，在农大培训的几天过后，我希望你们每个人都有一份使命感，让你的生命从此与乡土中国的当下和未来联系在一起。

我们的研修班不只是在这里学知识，而是要拥有一种能力，一种热爱生活的能力，一种赋予生活以意义的能力。我在农大工作17年，虽然是一位普普通通的老师，但是我却始终觉得活在我自己的幸福里。我常常问我自己："你的工作与生活和中国教育有关吗，你的生命和乡村建设有关系吗？"当我赋予意义之后，我发现我的每一节课、我的每一次乡村之行都和中国教育、中国乡村建设联系在了一起。因为乡村建设就活在我的每一次乡村之行里，因为教育的理念就洋溢在我的每一次课堂里。正是因为有了这样的一次次赋予，我才知道我这三尺微命的一介书生，也可以和祖国、和我们所生存的大时代连接在一起。

如果你们还记得我对这次研修班的第二个定位，也认同这是一次告语青春的人生驿站，那么，当青春和青春在这里相遇，我们就有机会把我们的心掏出来，去回应这个时代对我们的呼唤。多年前我曾看过一个有关西藏喇嘛的片子，颇有禅机。片末有一块石头，正面刻着“如何让一滴水不干涸”，翻过来的文字是“把它放进大海里”。如何让我们每个人的生命不干涸，如何让我们的生命和这个时代、和乡土中国连接在一起？那就是让我们把自己忘却，让我们融到这个时代里，融到乡土中国的发展里。只有这样，我们每一个人的生命才会得到无限的延伸。这也是我对这次研修班的热切期待！刚才听到那么多学员的道白，在感动的同时，我知道，学校和学院为我们研修班营造的氛围，已经为我们提供了重新看待自己、重新发现生命价值的机缘。

在回应开幕仪式的两个定位之后，源于心底的感激是无论如何都要说的话。首先要感谢各位学员，虽然中国农业大学为你们提供了吃住行的费用，但是你们放下手头那么多的工作，甚至是可能错过农时的劳作，带着希望来到这里，与我们共话自家生计之外的天下事，这份用心是温暖的，是无价的！其次要感谢我们的学生，如果没有你们的积极参与，没有志愿者的奉献，我们的工作都难以到位。最后要感谢院里那么多关注我们、帮助我们的同事，正是他们的付出，让我有机会像学员一样，全程安静地听课，这是他们带给我的一份幸福。想到这些时，这个特殊的场域，连同我们共度的这段时光，也便更加值得怀念了。希望你们离开农大之日，也是不断的追寻农大记忆之时！

祝福你们明天返程平安顺利，祝福我们的遗产地乡村联盟能在你们的推动之下早日变成现实！

让我们拥有与祖先对话的能力

在第二期农业文化遗产地乡村青年研修班闭幕式上的讲话

孙庆忠

感谢王勇部长，专门来这里代表学校、代表党委宣传部，给我们亲爱的学员颁发在农大学习的研修证书。它虽然不是学历教育证书，但对于在座的每一位农业文化遗产地青年来说，应该是你们人生中很重要的一个见证，甚至是鞭策大家努力前行的动力。

研修班开幕和闭幕都由我们学院惠芳院长来主持，这代表着我们学院对于农业文化遗产地、对于每一位青年所寄予的那份深情，也希望所有的小伙伴都能够理解到我们在每一个细处所付出的努力和良苦用心。如果没有学校、没有党委宣传部、没有人文与发展学院的鼎力支持，就不会有我们第二期研修班。

也许你会觉得奇怪，为什么此时会有这样的背景音乐（小提琴曲《我爱你中国》）？事情是这样的，在第一期研修班期间，6 月 12 日的晚上，在我们分享传辉与克标、高福与虎林的创业故事之后，我乘地铁回家，在只有我一个人的车站里，耳旁突然间响起了这首熟悉的、让我们感动的音乐。这是在每天忙忙碌碌的生活中，在拥挤的地铁站里难以被留意的乐曲。不知道为什么，在那一瞬间，我竟然热泪盈眶。为什么呢？就是因为听到了几位年轻人的讲述之后，我好像看到了乡土中国的希望。所以，今天依然要让这曲《我爱你中国》成为我们闭幕式播放的主旋律。我希望能够以这样的方式让你们明白，农大为什么要办这个乡村青年研修班。

农业文化遗产保护，其实就是在乡村没落的背景下，让我们的年轻一代始终拥有一种能力，这种能力是能够听懂我们的祖先说了什么，能够看懂他们做了什么。也就是要拥有一种和祖先对话的能力！祖先在哪里？你以为祖先都已经埋在地下化作泥土了吗？不是！他们一直与我们同在。我们脚下的土地是他们耕作过的麦田，我们餐桌上的食物，源于他们留给我们的种子。他们世代累积的生存智慧，从来没有离开过我们，总是在每一年的春种、秋收中复活。

然而，快速的城市化和现代化，竟然使我们忘却了祖先一直与我们相伴。但这并不意味着他们的远离。正是因为他们的存在，我们才可以跨越时空，游走于古今，才能在几千年的农耕文明中生生不息地进行着文化的传递。如果我们拥有了与祖先对话的能力，也许就在割稻子的时候，就在打谷子的时候，会听到祖先的声音，会破解大自然神秘的密码。而今，我们生活在一个忘却乡土的时代，渐已丧失了这种和祖先对话的能力。这就是我们办这个班最基本的动机。

乡村需要什么？我的一个学生郭天禹，在王金庄村给我讲了他采访一位老人的经历。他说："老师，我们住在亮红家，亮红的婆婆叫李爱勤，60 岁，没念过书，不识字。我要采访她，大娘就是不肯。我问她叫什么名字，大娘说叫李爱勤。"可是，"爱勤"怎么写，老人家不知道。于是他请大娘把身份证拿给他看一看。我的学生看完之后说："大娘啊，你的名字好有讲究啊，你知道吗，爱是爱家的爱，是爱国的爱。勤，是勤快的勤，是勤劳的勤。"老人满脸疑惑地看着他。天禹说：

“大娘，你不懂吗？勤快，你每天早晨5点下地去摘花椒是勤快，每天6点打豆面、给我们做豆面汤是勤快，8点送孙子上学是勤快。你的名字是爱国爱家，又勤快又勤劳啊！”当老人听他讲到这里的时候，突然间捂住自己的脸，失声地哭了。而后说：“我已经活了60岁，但是我却不知道我的名字还有这么多的意思。”我的学生把这件事讲给我的时候，他非常激动。他说：“老师，你在河南创办乡村社区大学，让那些不识字的老人在六七十岁的时候还要学会写自己的名字，是一件多么有意义的工作啊！”

我们每个人来这世上一次太不容易了，活过六七十年，甚至八九十年，那是奇迹，有多少人年纪轻轻就走了！可是，我们活着的日子，连自己的名字、连我们该干什么都不知道，这是活着的一种悲伤。所以，年轻人，我们都肩负一种使命啊。这是在王金庄调研带给我的冲击。

8月，我们又到云南绿春县瓦那村，与哈尼族的乡亲们一起生活了22天。那里风景如画，宛如仙境。我们住在高福的家里，他的爸爸比我大4岁。在接触几天之后，他跟我说：“我们是农民，我们说汉话很费劲，我们活得好吗？”我说：“你们现在活得很好啊。”他说：“不好吧！我们从农历的3月开始，一直到10月，没有一天休息，每天天没亮就要上山采茶，7个月的时间里，每天干到晚上十一二点钟才能把茶叶加工好，而后晾好。从11月开始，我们又有一个月的时间在烤桉油，没白天没黑夜地干，就这样做。在这期间，我们还要去犁地、还要去插秧、还要去收割、还要去打谷。孙老师，这活着有什么意思嘛！”听了他的这句话，我一下子明白了，过去有人批评少数民族，给他们点扶贫的钱，全都喝酒了、吃肉了。他们为什么这样？那一刻间我理解了什么叫“苦中作乐”。明天还能活着吗？不知道。活着每天比牛马还辛苦，这日子值得过、这世间值得活吗？那一刻间我反复追问，我们能为他们做什么呢？

在我们的学员中，杨玛佐是摩梭人，他的家在云南宁蒗彝族自治县油米村，是小凉山地区位于无量河畔的一个中国传统村落。他们村有 9 位东巴，依然在传承着东巴文化，他就是其中的一位。因为要传习东巴文化，所以从小很少读汉书，而是要专心学东巴文，念东巴经，成为东巴去安抚那么多村民的心。我是 1993 年从书本上知道东巴和以象形文字传承的东巴文化，但直到 2018 年 8 月和 2019 年 1 月在那里生活了 20 多天后，才认识到我以往的理解是存在偏差的。他们生活在那里，祖祖辈辈守着那片土地。你们看到玛佐时，根本想不到一个“80 后”在做着什么样的工作。他是东巴文化的传人，在村里过着清贫的生活。他不能外出务工，因为还有那么多人在等待他去做消灾仪式。他要为家族活、为村庄活、为传习东巴文化而活。每每想到这些的时候，我的心里都会莫名地感伤。

生活如此艰难，但是我一直觉得乡村人没有放弃对美的追求。就在他们村子，我看到了令我感动的一幕。有一天，我上山去眺望无量河，走到半截的时候，看到老村长石农布正围着一棵树转来转去。我说：“老村长，你在干什么呀？”他回答说：“孙老师，我在看梅花，梅花马上就要开放了，我们油米村的春天要到了。”那一刻间，我竟不知如何回应，只是站在远处看着那些吐露新芽的梅花，看着这位欣赏梅花的老人。我们觉得乡村人粗枝大叶，好像没有机会去感受生活、感受美，但事实上不是这样的。他们本身就是山间的野百合，每逢春天，就会精彩绽放！

讲他们的故事，我想说的是，他们明知道生活如此艰辛，但还要活着，还要守护那片土地。在我们眼里，哈尼梯田是绝美的农业景观，但是你能知道吗，家里有4丘梯田，没有劳动力呀，每年到耕田的时候，要去雇人、雇牛，1丘1个工，1天就要250块钱，因为你只雇牛不雇人是不行的，牛只听它主人的话，4丘梯田1000块钱就没有了。等到收割稻子的时候，要请4个工，600块钱又没有了。然而，这4丘梯田的收成，总共也不值这1600块钱。但是，他们就这样坚持着。我们去的时候，70多岁的老人依然在田里干活。我们去帮村民收割稻子，那里的妇女要背70斤的稻谷走3公里，才能从山底下的梯田走到自己家，这就是他们的生活。也就是说，没有村民世世代代这般坚守，哪里还有今天享誉世界的哈尼梯田呢?!

他们是生活里的平凡的英雄主义者。每每想到他们，我总会把法国思想家罗曼·罗兰的话与他们联系在一起。他说，平凡的英雄主义者就是在看透了生活的本质之后，依然热爱生活。最近6年与农业文化遗产地的乡亲们打交道，让我对这句话有了更深的理解，也时常追问，我还能为他们做点什么？也许是过于共情吧。我看到“30后”的老人，就会想到我的父母；看到“60后”的时候，就能想到我的兄弟姐妹；看到“80后”和“90后”的时候，就会想到我的晚辈。所以走到乡村对我来说已不再仅仅是为了学术研究，而是成了我自己活着要做的一件重要的事情。

今天乡村的现状，让我们必须振奋起精神。因为只有投身于其中，才会有一种能力和我们的祖先对话。这是我们这个民族生存和发展的情感基础，也是乡民社会拥有幸福感的重要依据。这是我今天要讲的第一个话题，农民、农村需要我们，更需要你们。

第二个也是我刚才说的，为什么今天还要放《我爱你中国》这首乐曲？就是想告诉各位年轻人，我们不要局限在小时代里，不要只生活在自己的世界里。这两天我听到一些学员告诉我，来参加学习蛮好，但普遍感到自己肩头的担子重了，同时也在怀疑自己带动乡村发展的能力，心里不断追问的是“我们有那么大的气力吗”？不得不承认，“我们的肩膀是窄的，我们的力量是弱的”，但是我希望因为跟农大结缘，因为听懂了农业文化遗产保护对于子孙后代意味着什么，大家愿意共同肩负起这一神圣的使命。

那么，怎么来肩负？要让我们个人的生命和这个时代的洪流连接在一起。只有这样，这一辈子才没有白过，生活才有印记。我在瓦那村调研的时候，高福带我去采访他的波三爷爷。他们哈尼族是父子联名制，当老人家从第 1 代历数到第 52 代名字的时候，我们激动不已。然而，想到他们在这世间活过几十年，而后回归土地，留下的不过是一个简简单单的名字。他们的艰难度日，他们的喜怒哀乐，早已随风而逝了。那一刻，就会自然想到我们。我们生逢一个灿烂的时代，快速的经济发展，让更多的人走到了城市，也让年轻的一代背弃了乡土。在这样的处境下，我们该如何对待祖先留下的遗产，我们这一辈人又能创造点什么呢？

我们不能白来世上一遭，要为自己、为家庭、为村庄、为乡土中国做一点事情，留下一点痕迹。就如我们在王金庄村踏查每一条沟子、记录每一个地名的时候，都会想到，那里曾是祖先活过了 700 多年的地方，我们就会想到王全有这位劳动模范，这位第四届和第五届全国人大代表，想到他带领村民到岩凹沟开辟梯田的那段充满激情的峥嵘岁月。我觉得他没有白活，他留下了一个时代印记，他让我们知道在艰苦的生活环境下，人们活过，而且始终在创造生活。

而今，我们的生活已经改变了太多，但是我们这一辈人用什么样的方式来证明自己活过？我要告诉大家，因为我们赋予了生活以意义，生命从此有了价值，它变得高贵，变得有尊严；因为我们赋予了生活以意义，这生活才变得不再平淡，日子才不再平庸。我们在一天天增进智慧，用双手在改变着家乡，改变着我们的人生。我想告诫我们每一位年轻的朋友，要懂得赋予生活以意义、赋予生命以意义。只有这样，我们今天所做的每一项工作，才能给家乡留一份荣耀，才能让我们自己的生命和这个时代紧紧地联系在一起。我说这一点是想告诉大家，乡土中国需要我们。

一周前，35 位青年从祖国的东西南北汇聚到这里，明天朋友们就要与农大道别，但是因为这一周的相遇，因为这个证书，我希望你们从今天开始把自己看成农大人，秉持农大的校训，像农大的学子一样去服务乡村。如果昨天你是本能地、直觉地为家乡做贡献，今天你就是带着农大人的一份情感、一份自觉，为乡土中国做贡献。这是我热切期待的！

2019 年 12 月 6 日

相遇

青年工作坊

青春作伴（侯玉峰 摄）

青春作伴好还乡

张传辉

我的这个主题叫“青春作伴好还乡”。我们的目的是还乡，是一起作伴来还乡，那这个故事就从我的青春开始说起吧。

16 年前，那一年我刚好满 20 岁就外出打工了。我只是初中毕业，没上过高中。初中毕业了，然后在家里面待了几年跟我爸一起杀猪、卖肉干了两年，然后就去广东打工。

从我家去广东打工，如果坐大巴的话，当年是 150 块钱，要坐 14 个小时。150 块钱在 16 年前来讲是 10 天的工资在广东，不舍得啊，所以就跟着同伴开着摩托车，差不多 20 个小时到广东，这是当时的一个情景。

数据统计，那一年跟我一样离开家乡到城市去打工的贵州人，一共有 400 万，在广东的有 150 万，这是一个很大的数字。到了现在，这个数字其实是慢慢缩小的，从这个数字可以看到，在那个时代，很多中国农村跟贵州一样，大部分劳动力都是在外面。劳动力大量外出所带来的社会问题相信大家也深有体会，农村空心化非常严重，不管是从文化传承还是我们这两天讲的农业文化遗产的角度，冲击都是非常大的。

我在广东 8 年，大部分是在五金厂里做苦力，开过小餐馆，也收过垃圾。在外面打工，内心是不安定的，总会有不同的心理变化。当年我出去的时候，有一个念头是一定要买一台冰箱回来。但是到了后面，尤其是我小孩出生后，对家乡的那种依恋就会越来越强烈，这种感情会有几个表现。

一个是我会观察到我们的孩子，当年他在广东出生，在广东长大，上幼儿园。他对家乡，对侗族的一些知识、文化不感兴趣，也不了解。我们当父母的就觉得这样对孩子是不负责任的。我们肯定会回去，但是孩子因为我们的原因跟家乡产生这样的隔阂的话，这是我们当父母的责任，所以就会很有冲动想要回来。第二个是在城市里打工，大家都希望怎么样去挣更多的钱，而不会去看人情世故。我们的目的如果只是为了更多地挣钱，亲情关系可能就会变得很淡，哪怕我们是老乡。很多原因，总之一直想要返乡。

终于在 2010 年的时候有一些机缘，让我有机会返乡了。在广东打工的时候，也会玩论坛，当时我们村有一个论坛叫“龙额风情网”。在论坛里可以看到家乡的各种信息，在广东打工能看到这个论坛，内心对返乡会产生很多动力的。当时在论坛上看到一个公益助学的活动，是外地的公益人做的。当我看到有这个活动的时候，会觉得我们也可以做这样的事情，似乎我们比外地公益人更知道我们的家乡的孩子需要什么。所以，就发起了一个公益助学活动。这个活动后就留下来了，但是留下来又遇到了新的问题。第一，我刚返乡的时候，是没有什么收入的，或者说没有太多解决收入的机会。第二，是找不到同伴，因为大家要么就去打工，要么就去上学，在家乡看不到太多年轻人。第三，我们传统文化流失也非常快，劳动力的缺失已经打破了侗族文化的传承机制，因为会唱歌的、喜欢唱歌的人都在外面了，家里只有老人和孩子。第四，也会看到因为劳动力的缺失，整个生态环境是逐渐恶化的，没有人挑肥去田里，没有人除草，化肥、除草剂就很泛滥，杂交的品种也很多，老品种的农作物消失也很快。所以，城市我自己也不想再回去，也走不进去，城市不属于我们。乡村好像在这个时候也是很难回来的，这是当时的一个状态。

刚返乡的那一年，因为公益助学跟村寨里面的一些伙伴成立了一个团队，叫龙额侗寨公益团队。这个团队一边做助学，一边做村寨的文化记录。因为我们会有一个思考，无论是出去打工，还是出去上学，等你回到家乡的时候会发现，哪怕就是对自己村寨的了解也非常的少。有一些朋友会问我们，你们村为什么要过这个节日？为什么你们叫龙额？有些年轻人说不上来，或者说得很浅。如果连我们自己的村有什么、我们村的文化有哪些都不了解的话，文化在我们这一代好像就断掉了，所以我们就去做了文化记录的事。

桌子上面有一本册子叫《龙额老照片》，这个册子是我们四年前做的，现在我们还在做。从 2013 年的时候，就开始去收集村寨的老照片，因为我们觉得每一张照片背后都有它的故事。当我们把这些照片放在一起的时候，就是我们村的一部历史，现在我们还在干这样一件事情。比如说拍纪录片，我们觉得不光要了解过去的故事，现在正在发生的事情也需要去记录。因为今天我们发生的事情等过 20 年以后，也是一部历史。所以，老的东西我们要收集，现在正在发生的，也要去记录，包括给村民拍全家福这样的事情。最后我们做了一个龙额乡村影像资料库。这里除了图片，也有过去记录我们村寨的一些历史影像。

VCD 有人用过吗？以前有一些人就拿个小 DV 去拍各种节日、各种风俗制作成光盘去卖，3 块钱、5 块钱，我们收集到这些历史影像 500 多段。现在已经找不到这样的 VCD 了，连

VCD 机都没有了，光盘可能早就已经报废了。因为它储存的方式不像现在一样有硬盘，有手机可以传播。我们很庆幸当年干了那么一件事情，因为我们收集到的最早历史影像是十几年前的，里面有一些老人已经不在了。现在我们把它收集过来对于我们来讲，是一个行动，但是对于他们的家人来讲，却是很珍贵的记忆。

乡村文化记录的事做到了 2015 年，我们也在思考一个问题，我们做的这些事情，怎么样能够让我们更好地留在家乡。我们做助学、做文化记录都是在干没有收入的事情。从这个时候开始，我自己就在家乡做一些乡村旅游的尝试，这个说起来其实真的跟孙老师是有一些关系的。2014 年他们到了龙额，我也是第一次知道原来还有种子网络这样的事情，也有机会去了解到老种子的价值。所以，那时我就开始去收集我们村的一些老种子并种了下来。

记得当年去收集老种子的时候，一位老奶奶还说，2019 年我不打算种它了，因为产量很低，如果你不来收集，可能就拿去喂鸡了。侗族有很多糯稻，目前侗族糯稻差不多还有 30 个老品种。糯米的老种子，现在我看到的很少，我自己保留了两个品种也还在种。这些抢救性的事情，有些时候还真的是要靠我们年轻人去行动。

我从 2010 年返乡到 2017 年这几年的时间，除了自己在做一些尝试之外，也看到周边一些村寨还有很多很多的返乡伙伴，跟我一样，大家在做各种的探索，也都会有一些困惑和经验。我们怎么样更好地利用我们村寨的资源去创业，好像大家没有更好的办法。有些时候也会看到，有一些互相竞争甚至是恶性竞争的关系。我们在创业的时候，自己没有主体性，更多是被外界的一些大资本左右。在创业的探索里，有一些伙伴做了乡村旅游，有一些尝试做。

2018 年元旦，我就在朋友圈里面发了一条信息，约了十几个村寨的伙伴开一个英雄会。为什么叫“英雄会”？昨天在做自我介绍的时候也在讲，我认为每一位想要返乡的人都是一位英雄。英雄会上，当大家坐到一起来聊的时候，就会有一些共同的梦想。这个梦想是什么？我们希望在村寨里所有人可以自在地歌唱，希望吃的东西是生态的、健康的，彼此可以互相守望、互相帮助，拿到富足的有尊严的收入，我们会因为是这个村寨的人，会因为我们是这个民族而自豪、自信。而后我们也要为下一代负责。怎样去回应这个梦想呢？我们要返乡，我们能干嘛？很多人都在做乡村旅游，但是我们在做乡村旅游的时候，也会有一些发现和思考。贵州有很多珍贵的传统文化，有些村寨和文化正在被一些大资本或者政府去开发成为旅游景点。比如西江苗寨是贵州最大的一个苗寨，现在演变成一个景区，包括现在的肇兴侗寨——2018 年春晚分会场。在这样的旅游景区，我们会看到什么呢？

第一，当地人参与的机会非常少，这种旅游是有钱的人、有资本的人才有更多的机会参与进去，比如去租个门面，去做餐厅、做酒吧、做酒店，但大部分当地人没资本去做这样的投资。如果有房子出租会有一份收入，不在街边的那些房子，就没有办法去租给别人，也没有成本做更多投资去参与到这个旅游活动中来。当然这不绝对，但是我们会看到有这样的一些现象。

第二，我们的传统文化其实是在被消费。我们的苗歌侗歌变成一个表演的活动出现在旅游里。在苗寨里唱侗歌，在侗寨里唱苗歌，这样的现象就会很常见，因为要吸引游客。或者在某个侗寨里，听到的并不是自己的侗歌，这样的现象也很常见。但是我们想一下再过10年、20年，那个地方的人还知不知道他们原来的侗歌是什么？知不知道他们原来的文化是什么？可能就不知道了，因为那里的小孩子一出生就听到别人的侗歌。

第三，主流旅游也不会去考虑当地的生态环境有没有被保护。他们追求的是游客越来越多，生意才会越来越好。但是人越多就一定给这个地方造成生态的破坏，垃圾会越来越多。我们的水、土地受到的污染也就可想而知了。

我们自己怎么样去做旅游呢？需要去思考，也需要有一些原则和底线。首先一定不能让传统文化是被消费的，也不能让我们的生态环境被破坏，我们也希望当地人能够有更多参与的机会。所以我们希望做的旅游，是可以留得住村寨的根，这个“根”就是村里的“人”、我们的“文化”、我们的“生态”。村寨的人都走了，文化也没有了，我们的生态也变得非常糟糕，就无法去谈这个村寨怎么样发展了，所以我们觉得人、文化跟生态就是一个村寨的根本、根脉。

我们也观察到现在旅游人群已经不再满足于上车睡觉、下车拍几张照片、看个表演就走的方式。乡村旅游尤其是深入走进乡村是现在市场的需要，这样村寨的价值就可以被发现、传承和创造。怎样让村寨和传统文化的价值被看到，是我们年轻人需要去做的事情，这个也是乡村旅游的价值。因为需要年轻人，所以乡村旅游也会吸引更多年轻人回来，也让在地人可以有更多创收的机会。我们要做的旅游不是普通的乡村旅游，我们把它定义为深度游。前提是一定要以乡村为主体，是我们自己想要怎么做，而不是被寻找来的资源、被大资本左右。主人跟客人之间，应该是互相尊重的关系，不是游客跟服务人员的关系。我是这个村寨的主人，你是客人，我们应该是互相尊重的，不是你有钱，我就必须满足你所有的要求。在我们侗族村寨有白事时，是禁止一切娱乐活动的。如果有游客过来，他也愿意给钱，我们就必须表演给他看吗？可能我们拿钱的人，心里面也会不舒服的。所以我们觉得深度游应该是一个互相尊重的关系，不是消费和被消费的关系。我们要运用到村寨自身的自然资源和文化资源，这是我们村寨的特点和优势，没有其他人可以复制得了。

当有人问我什么叫深度游的时候，我就会用这句话去跟大家讲，我认为的深度游就是融入当地真实生活的一种互动。这个真实就很重要，最好的深度游是互相教育和分享。客人来，他可以教育我，我也可以教育他。这个教育并不是那种驯化式的教育，而是大家可以彼此分享的生活。深度游也可以是，我把我的生活过好了，我分享给你，前提是我要把我自己过好了。

我们也觉得应该要抱团，不能各干各的。单打独斗有时候可能走得很快，但可能走得不稳也不远。所以我们就成立了这个联盟，因为有贵州和广西的伙伴，所以叫“黔桂乡村深度游村寨联盟”。联盟定位很重要，定位清晰才能够去做好事情。联盟希望成为扎根乡村的一个公共平台，可以让村民获得更多、更好的学习机会，可以让村民组织起来实现更好的治理，同时让村寨的资源和价值得到充分的发掘和可持续的利用，通过发展深度游的方式，让城市和乡村的人看见彼此，让城市和乡村的发展有一个平等、共赢的关系。

什么样的村寨才能加入联盟，或者现在的联盟村寨是怎样的状态？联盟成立时我们定了 4 条准入的条件，第一条是村寨要有公共性的团队，如果一个人干，就不叫团队，至少是 3 人成团；第二个条件是要对村寨文化和自然资源有一定了解，你要知道你们村寨有什么，才知道怎样去做深度游；第3个要对生态环境保护有贡献，不管是你的意识层面还是行动层面；第四条才是有接待能力。所以在挑选谁才有条件、有资格加入联盟的时候，前面那3条是我们非常看重的，后面那一条硬件我们都没有把交通放到里面去，就是有吃住能力就可以了。恰恰是这样，深度游的门槛或者联盟的门槛说高也不高，说低也不低。对于硬件来讲，它要求是不高的，不需要一定要有一个大的酒店才可以做旅游。因为有一些人就是想要去体验当地人真实的生活状态。高是要求你的软件，你的肚子里面有没有东西，说的是内涵。如果你肚子里面没有东西，其实就不叫深度，跟旅行社的旅游或者导游背导游词就没有什么区别。

联盟成立到现在，我们做了一些事情。先讲一下我们是拿到什么资源来做这些事情，可能有些朋友也会关心。我们成立联盟过后，会对接到基金会的资源。我们的定位是做服务的公共平台，这个平台有两个功能，一个是做公共服务，一个要做商业运作。公共服务这一个部分是回应很多村寨的需要，有一些能力提升的需求。

比如说我们对村寨了解不了解？好像并不是那么的了解，或者说村寨就像一个大宝库，有很多东西还需要去发掘的，那我们有什么方法可以更好地去了解村寨呢？类似于这些能力的建设，我们觉得如果要做深度游，会有蛮多知识和能力的不足，希望联盟可以为村寨提供这些学习的机会。我们就去找基金会，去对接公共资源。怎么样去记录村寨的文化，怎么样去做传播，怎么样去设计深度游的活动，怎么样去做民宿的布置，以及怎么样弄好生活美学等一系列跟深度游相关的能力建设，我们就会去支持，也会支持村寨之间的互访。你需要看到别人在做什么，不能埋头苦干，有些时候也需要停下来，看看别人怎么做。这是我们第一个部分，在做学习、增加能量的事情。

第二个部分，联盟也在做市场的转化，会开发一些农产品、手工艺品，还有深度游产品。现在讲的市场转化，就会有两个维度。一个维度是支持各个村寨去做市场转化，现在联盟有 14 个村寨，我们支持这些村寨去做市场转化。第二部分是联盟平台，也在做商业的探索。我们不能完全指望别人的支持，自己也要养活自己。基金会的资源说不定哪天就没有了，这个时候你怎么办？需要有自己的一些商业的运作来养活自己。所以，联盟平台会去做一些深度游的产品，去对接一些研学的机构，或者政府的资源。会讲到一个技术性的问题，因为现在联盟没有旅游资质，在目前的政策里，好像只有旅行社才能够去做招募。我们就对接了贵州省体育局，他们有一个项目是支持做体育夏令营，我们申请这个夏令营可以拿到政府的一些补贴。

我们要建立联盟的一个文化品牌，文化品牌也是社会影响力，同时也是一个商业品牌。我们注册的一个品牌叫做“乡约乡见”。2018 年的 11 月份开始我们做了“乡约乡见”的音乐节，联盟一共有 5 个民族，侗族、苗族、壮族、瑶族和汉族，每个民族都有它独特的传统文化，每一个村寨都有珍贵的艺术文化。我们尝试通过音乐节这样的方式，可以有一个集中的艺术呈现和传播。我们把“乡约乡见”音乐节作为联盟的一个文化品牌来推广，2018 年我们做了第一届，2019 年我们刚结束第二届。2019 年的音乐节跟 2018 年会有一个不一样的地方，就是尝试多方筹资，第一方面我们在争取基金会的资源，同时也会做一些商业筹资。我们给每一个赞助这场音乐节的人和单位来做一条横幅。现在很多地方办活动，都会想钱怎么来或者等政府给钱才办。这个音乐节我们没拿政府的一分钱，我们争取到基金会4万、筹到了4万，8万块钱就把这场活动做起来了。我们也尝试把音乐节做深度游产品，客人来深度参与需要付费，这部分差不多有两万块钱。我们的收支是平衡的，筹到的是8万块钱，开支刚好也8万元，比2018年有了一个很大的变化，村民还可以受益，村民提供了住宿可以有一些收入，卖农产品可以有一些收入。

联盟也成立了一个“乡约乡见艺术团”，每一个村寨就是一个分团，每一个村民都是艺术团的成员。艺术团要去挖掘本村寨的传统文化艺术，挖掘到的内容也是做深度游的条件和资本之一。艺术团还是跟城市互动的一个方式和机会。“乡约乡见艺术团”10月份去深圳做了一场演出，面向深圳的市民。我们也关注在城市打工的老乡们。在广东打工的侗族人，他们也组建侗歌队、侗戏班，找机会去面向老乡演出。我们计划2020年元旦，联盟艺术团去跟广东的歌队做一场互动的演出。

我们还要做“乡约乡见·乡村电影节”。为什么做这个呢？昨天晚上我们在群里面分享了各种短视频，我蛮兴奋的。现在村寨里的村民，做传播是一个很大的短板，怎样去跟别人介绍你自己，怎样把我们乡村的美好告诉别人，这是比较困难的事情。我们写文章又不会写，我自己也是想破头脑都写不出一篇文章来。但是可以拍照，拍短视频，当我们拿起手机去拍照、去拍视频的时候，发朋友圈发快手，其实就是一种传播。联盟的传播也会有一个转变，当我们很苦恼去写文章的时候，其实可以尝试以乡村影像的方式去传播。“乡约乡见”电影节展示的就是我们自己拍的影像。自己记录我们村寨，可能比电视台拍的艺术效果差，但这是我们自己的视角，我觉得这个是非常重要的。所以，这个电影节一是我们怎么样去告诉别人我们的好，同时还可以解决传播这个困难，也有其社会价值。我拍了5部纪录片，现在在拍第六部纪录片。

这是我们在支持村寨去做的行动，有一个从江县的村寨叫小黄村，在电视上会被看到，就是唱侗歌唱得很好的一个村寨。但是年轻人也发现，因为政府开发已经快20年了，一有游客来就是唱那几首歌，村民都已经快忘记他们还有什么歌了，所以小黄村的年轻人就做了这么一件事情，跟老人家去录歌。同时也有一些做乡土教育的，联盟也在支持。还有妇女能力建设，包括侗戏的收集与恢复。

联盟成立了一个种子博物馆，也得到了农民种子网络的支持。之前参加了农民种子网络的活动，看到他们每个村寨都有一个种子库，很受触动，也更加坚定了我们要做种子博物馆的想法。在2019年的音乐节，种子博物馆开馆了。目前有12个村寨提供了他们的老种子，一共有瓜、豆、辣椒、杂粮、糯米、谷类等10个种类、200多个品种。一个月的时间，收了200多个品种，这是一个蛮震撼的事情。我们希望以种子为切入点，通过深度游，设计相关的活动，体现老种子的生态价值、经济价值和社会价值，来推动活态的传承。

下面是我总结的联盟的一些经验和挑战，首先一定是以村寨为主体，这个是我们很强调的，我们才是村寨的主人，也是深度游的主体；第二，我们去寻找一些资源的时候，一定是需求导向，而不是资源导向。这句话的意思是你想做什么，你要知道，并不是别人有什么资源，你就去做什么，可能这个事情根本不是你想做的事；第三，我们往往说谈钱会伤感情，但是在村寨里面如果你不谈钱，真的是有点难的。因为这是我们的真实需要也是村民的真实需要。但是仅仅钱就够了吗？好像也还不够，我们除了物质的需求之外，也还会有精神的需求，这个也是需要去平衡的。当你去砍掉一棵老树的时候，可能你要想，我年少的时候，是不是爬过这棵树，掏了鸟蛋？它就是一个精神的寄托和需要。我们也觉得人的成长是一个很漫长的过程，深度游是一个创业方式，也是乡村发展的方式。我们的目的是希望我们村寨变得更好，希望村寨能够有一个可持续的发展，乡村深度游是一个载体。就像我们在练功夫，深度游是我们的招式，但是你有没有内功才是重要的。

今天也要感恩返乡这一路遇见的每一个人，包括孙老师，包括各位，也希望可以看到我们正在做着什么事情，有什么样的困难，有什么样的经验，还希望能够寻找到更多的同行者，期待有更深入的连接。我们的联盟叫“黔桂乡村深度游村寨联盟”，目前来讲是贵州和广西的村寨都可以申请加入我们的联盟。

“联盟”是乡村发展的一个方式，坦白地讲，现在我们联盟也有很多的挑战和问题。可能我见识也短浅，在国内也比较少地看到这样的村民自发联合组织。我们也在摸石头过河，希望我们可以在这一路上找到更多的伙伴，可以彼此看到，互相支持。

秋的韵律（马理文 摄）

抱团取暖不孤单

向克标

我们没有回到贵州之前是在山东生活，那时候也做电商，主要做化妆品和食品的销售，做食品主要是因为我爱人的原因。我于2012年结婚，随后儿子和女儿出生，随着孩子的到来，看着他们每天在成长，让我有初为人父的幸福，同时，烦恼也伴随而来。在我们的社会大环境中，孩子的健康问题一直是我们的关注重点，屡屡发生的食品安全事件，使得孩子们的饮食健康问题成为困扰我们的一个烦心事。我爱人非常关注食品的安全问题，经常觉得在城里买什么东西都不放心，于是她经常去乡下淘一些健康的食材。幸好，后来发生了一件事情让情况出现了转机，甚至从此改变了我们的人生轨迹。

2016年我们全家回老家贵州过春节，去给姑姑拜年时，姑姑端出一碗紫色浓稠的粥，香气扑鼻，甜而不腻，每喝一口都觉得润滑舒爽，唇齿留香，体验极佳。我爱人很好奇地向姑姑追问大米的来历。姑姑长期主管县城科技创新工作，对这种大米很熟悉。她告诉我们这种米是本地的老品种大米——紫米，并给我们详细讲解了这种大米极高的营养价值。后来我们了解到紫米的种植要求非常严格，必须用牛耕田，牛粪肥田，并且一定要遵循“稻鱼鸭生态农业模式”来耕种。“贵州从江侗乡稻鱼鸭系统”已经被联合国粮农组织列为全球重要农业文化遗产。这个系统是把禾苗插进稻田后，要放上一批鱼，放上一批鸭子，这不仅会增加农户的收入，最重要的是，有鱼鸭来回游动，鱼鸭的粪便变成肥料，禾苗长得更好，鱼鸭还把害虫吃了，就避免在田里打农药化肥。稻米也因此成为最健康、最安全的食材。这是我们第一次识别家乡的高品质食材。

等了解清楚后，我们似乎大梦初醒，这不正是我们苦苦为孩子寻找的安全放心食材吗？并且侗寨大山里像紫米这样的原生态食材数不胜数，完全能满足千万个像我们一样渴求健康安全食材的都市妈妈的心愿。带着这份激动与兴奋，过完年，我们立即着手创办了侗寨云商深山农产品直供平台，一方面可为都市妈妈们提供一个健康安全放心的食材选购平台，另一方面帮助贵州深山里的农民伯伯的劳动果实走出大山。同时我们回山东辞职，变卖房产，踏上了返乡创业之路。

扎根黄岗侗寨

回乡创业后，由于我们的定位是做原生态健康的食材，我们发现，要让人认识到产品的价值，就需要挖掘产品背后的文化，就要去找一个比较有特色的村寨。于是在朋友的推荐下，我们来到了黄岗侗寨。

黄岗侗寨位于贵州省黔东南苗族侗族自治州黎平县双江镇，有 800 年的历史，因至今还保存着原始古朴的村容村貌，并且是侗族文化保存得最完整的侗族古村落之一，是男声侗族大歌的发源地，被称为“人与自然和谐共生的活化石”。初到黄岗侗寨，我们就被这散发出宁静与安详气息的村寨所吸引。在寨子里，至今还有吃生肉的习俗，而且村寨一年 365 天，餐餐都是糯米饭，这是糯稻。糯稻一亩也就三四百斤产量。我们的稻米正宗的吃法是，先把米泡一个晚上，然后用“木蒸子”

来蒸，这样会比较香。我们有一个说法，就是一家蒸饭全寨香。因为我们有的田离家比较远，走路要走半天，所以糯稻要早上蒸好以后，需要拿到耕种的地方吃，它其实非常耐放，放一天仍然非常软。侗乡人非常爱田，哪怕就是桌子这么大，也不会让田荒。但现在大量村寨面临人口流失，村里只剩下老人和孩子。庆幸的是，我们村 1800 人，出去打工的只有 200 人，很多年轻人依然留在家里。

期间还发生了一个小插曲，我们结束一天的调查，问村长说我们可以带什么东西回去，村里的会计说当然带我们最有特色的“无盐咸鸭蛋”啦，就带我们挨家上门去问，终于一个老奶奶说她还有 50 来个。然后老奶奶从光线昏暗的房间里，端出一个集了厚厚一层灰的坛子，老奶奶说这个咸鸭蛋已经腌了 6 个月了，因为黄岗的无盐咸鸭蛋是把糯米的禾秆草烧成灰来腌制的，不是直接浸泡在盐水里，所以要腌很长时间，盐分（糯米的禾秆草灰富有碱性）才能慢慢地渗透到鸭蛋里。老奶奶一颗一颗地数着咸鸭蛋，数到 25 个的时候，突然用侗话说不卖了，我们很纳闷，怎么有生意不做呢？问会计是怎么回事，会计说老奶奶刚才在数鸭蛋的时候，发现有一个鸭蛋坏了，也怕其他的鸭蛋有坏的，不能把“坏蛋”卖给我们。坦白说，因为都是用黑漆漆的糯米禾秆草灰裹着，我们压根儿看不出来哪个好哪个坏了。老奶奶的这份淳朴深深地打动了我们。于是，我们就不再去其他村寨看了，决定以黄岗侗寨为根据地，把侗寨大山里的原生态的农特产品，输送到城市的餐桌。

电商创业窘境

带着一份感动离开黄岗侗寨后，第二天我们又迫不及待地回到了这个吸引我们的村寨，并且和村里签订了一份农特产品供销协议。我们的目标简单清晰，就是借助我们的一些做电商的经验，既可以解决自己回去创业的收入问题，又能把侗寨好的健康食材推销出去，让城里的家庭也轻而易举地享受得到。

没有办公场地，我们就在黄岗小学老校长的新房子借宿。当时他家的新房子还正在建设，一楼装修了 1 间，二楼装修了 3 间，但都还没有装门和窗户。我们想着没有关系，只要有一间睡觉的房间，有一间办公的房间就可以啦。睡觉的房间没有窗户漏风，买了塑料薄膜来糊着窗户。条件虽然艰苦些，但创业的激情满满。为了调动大家一起参与到电商项目中来，就把我们的平台叫“侗寨云商（黄岗村）创客基地”。为什么叫基地呢？当时“创客”这个词比较流行，我们希望在村里，让更多的老乡加入到农特产品的生产中来，对外吸引更多的对健康食材关注的宝妈和经销商加入进来。事实上，我们对“什么是创客”是一知半解的。但当时自己头脑一发热就把它叫做“创客基地”，这个名字挂了很长时间，但其实也就是电商。创业有时候就是这样，想到什么，先干了再说。政府当时也非常重视电商这一块，所以经常有一些各种各样的展销会，我们就会经常去参加。但是像这种展销会都是本地的，一般像我们这种农特产品有个特点，就是本地人很少购买，因为他们可以自己直接找乡下的亲戚拿，所以当时基本上也是为了政府举办了一些展销会，同时我们也会经常去赶各种集市。

签订供销合同时，我们信心满满，吹牛说一定把村里的农特产品全部卖掉，一年给村里创收几十万。但现实狠狠地打了我们一记耳光。在后来的实践中，一系列的难题接踵而来。首先，我们都是返乡回去的，最重要的一个困难就是人才的缺乏。比如做电商很重要的是设计、包装、美工，在农村，大家都不大会操作电脑，肯定找不到好的设计和美工。县城的做广告的门面，需要你一点一点地告诉他怎么做，在网上找，因为他没有生活在侗寨的经历，对侗族文化缺乏认识和体验，设计出来的东西，总感觉缺点什么。所以产品的包装盒平台的美工一直在不满意和不断修改的路上。这占据了很大一部分精力。

其次是物流问题。当时黄岗侗寨还没有通班车，发货要拿到镇上去发货，再发到县城，然后从县城再向外寄出。而光从镇上寄到县城的快递费就等于从县城往外发的费用。这一算下来，快递费足足比其他地方贵一倍。后来没办法，就只有再在县城租一间房子，既当办公室，又当仓库。隔段时间就从村里拉一车货到县城。由于费用高，虽然也有一些销售额，但利润很低。

再次，创业是既当爹又当妈，集多种角色于一身。在公司工作的时候，一个公司几百几千人，财务只要把财务的事情做好，行政把行政的工作做好，一线操作工把产品做好就行啦。但我们毕竟没有什么资本，没有钱请很多专业的人，让每个人各司其职。从产品的设计、包装、发货、销售、客服、售后、财务、工商税务等，所有的工作都要自己亲自做。为了开拓销路，参加各种各样的展销会，而每件事情都要占用很多的精力，这就导致真正用于销售、用于开发客户的时间和精力很少，感觉每天都有处理不完的鸡毛蒜皮的事情。所以销售业绩并不是很好，维持开销都很困难。

在做电商的过程中，我还发现它只能解决我们自己的问题，我跟村寨之间是不能相互融入的，就是说我只收他们的特产，然后我就卖掉，好像就只是一个商人。当时寨子里的人叫我向老板，我觉得会有距离感，所以我就想怎么样去融入村寨，怎么样让村寨再去接纳我，怎么样为村寨做点事情，于是我就搞了一个民宿。我们做民宿的原因，其实也是为了解决最重要的生计问题。第二个原因也是为了深度游，因为深度游有一个条件——就是刚刚介绍当中的最后一条——接待能力，就是说，“吃住问题”要解决。也就是因为这个原因，我们把那栋办公室改成了民宿。我们在做的过程中还发现，正是基于这个原因，我就不能单纯地只做农特产品，必须去挖掘它背后的文化内涵；我也不能单纯地只是做一个商人，我需要去融入村寨，需要村寨接纳我，为村寨做一件事情。从返乡创业开始，一路走来我们发现，在这个寨子，对它越了解，越发现它的文化内涵特别多，特别值得传承和保护，渐渐地我们放在电商这一块的精力就少了，我们把更多精力放在文化传承和传播这一块上。然而，一年下来，不但没有赚钱，还亏了不少。那时候，我们在想，怎么突破？正当我们迷茫的时候，一道亮光从黑暗中照射过来。

加入村寨联盟

我们在做农特产品销售的时候，为了赋予产品附加价值，对产品的文化做了一些较深入的了解和挖掘，越是了解得深入，黄岗侗寨的文化越深地吸引着我们，正是因为这份深深的吸引，我们才没有在长期亏本经营的情况下另谋出路。

黄岗侗寨经常会有一些摄影师、写生团、游客前来旅游，体验原始古朴的侗族文化。当我们跟他们交流的时候发现，与农特产品相比，黄岗特色的侗族文化更吸引他们。而且，由于我们经常在朋友圈展示一些黄岗侗寨的文化和习俗，一些朋友慕名前来找我们，每次吃住都很不方便，当时老校长家的房子基本上装修好了，而他们也没想好怎么使用，所以我们就想，不然把整栋木房子改造成可以接待的场所，这就是“月也堂客栈”的由来，我们的重心也慢慢转向旅游接待和侗文化的保护和传播方面。

我们在了解黄岗侗寨文化的时候，也结识村寨的一些返乡年轻人，大家经过交流之后，普遍都有一些担心。他们说村寨的一些年轻人外出打工后，受到外面文化的影响，回来后把头发染成五颜六色，做成“杀马特”造型，不爱穿民族服饰了，也不大爱唱侗歌了。由于侗族没有文字，文化的传承很多是靠侗歌，随着老一辈的歌师年纪越来越大，记忆力在衰退，更不知道哪天突然会离世。而年轻人学歌的热情不高，侗族文化的传承就会有断层的危机。因此，大家决定尽自己的一点力量，为村寨做点什么！于是，大家也就有了这样一个想法，想去做一些侗族文化的保护、传承和传播工作。

在吉林大学徐政雪的倡导和支持下，联合村寨的返乡年轻人成立了“月也学堂”，由侗族大歌省级传承人吴成龙老师任堂主。“月也”是我们侗族的一种传统社交习俗，侗族某一村寨的男女青年按约定到另一个侗寨做客，期间要举行赛芦笙、对歌等活动。这期间，我们募集资金，购买了侗族琵琶、芦笙、牛腿琴等侗族乐器。因为村寨懂得这些侗族乐器的年轻人很少，所以就开学习班，吸引感兴趣的年轻人来参加，也请老歌师前来教侗歌。另外我们组织大家走出去，进行村寨互访，让大家在交流的过程中，激发学习的热情。

当我们在做文化保护和传播的时候，意料之外的惊喜突然降临。2018 年 1 月 13 日，“黔桂乡村深度游村寨联盟”成立，联合了贵州和广西 18 个村寨，以“乡村深度游为载体，支持村寨自组织成长，推动村寨可持续发展，促进城乡互动”为使命，以“愿村寨成为我们身心安顿的幸福家园”为愿景，在贵州和广西的村寨广泛开展培育村寨内部力量、唤醒村民的文化自觉、提高村民文化自信的行动。黄岗侗寨，有幸成为联盟村寨的一员。更重要的是，我们认为村寨之所以薄弱，是因为能力薄弱，所以我们进行了一系列的村寨能力建设的行动：举办了“文化记录与资源调查工作坊”“黄岗侗寨摄影技术培训班”“乡民记录家乡数字文化记录培训工作坊”。参加了村寨联盟举行的一系列能力建设培训：包括“人·村寨·土地丨土地伦理工作坊”“村寨传播员培训”“村寨深度游活动设计与领队能力培训工作坊”“呈现我的美——生活美学工作坊”“土地·食物·健康——传统零食工作坊”“手工艺与深度游工作坊”和“乡约乡见·女神风采——首届手机短视频大赛”等活动。

与此同时，我们希望能够达到“村寨的故事村民讲，村寨的事情村民做”。黄岗侗寨作为至今极少数侗文化保持得比较完整的村寨，很多游客慕名而来，一些旅行社带着游客来了之后，导游举着红旗和拿着喇叭，大声地跟客人讲村寨的文化和故事，我们听了发现他们讲的不是我们真实的文化。所以我们提出一个想法，让村民来讲自己村寨的故事。村民自己的生活太习以为常，觉得没什么可讲的，或者不知道怎么讲，其实就是不懂得讲故事的技能。所以当有一些游客来寨子游玩时，比如中国传媒大学的康健老师，我们就借用这个资源，让他给我们的伙伴教授怎么去讲故事。

除此之外，我们还给孩子们教授侗族大歌，组织侗族大歌活动，让民族乐器走进课堂，请人到小学给学生上侗族乐器课。孩子们其实对民族乐器非常感兴趣的，但是没人教，我们就每周插空给学生教乐器、侗族大歌之类的。有了这个学堂以后，经过一段时间的学习，我们也积极地寻找机会让大家走出去。走出去就能得到别人的认同，有了认同就更有自信。有时候光我们自己讲好，不一定有用，但是别人都夸我们好，甚至羡慕我们的时候，效果更好。比如说日本的两位搞艺术的夫妻带着一岁的孩子来我们这儿，即便语言不通，交流很不顺畅，但艺术可以打破语言的障碍，他们因为喜欢黄岗的文化，跟我们进行交流，这是一种认可。还有欧洲几个音乐学院的院长到我们村寨采风，我们跟他们做了深度的交流。我们也走向大型舞台进行演出，比如我们派出代表参加“乡约乡见·大地民谣”音乐节，到北京参加中央民族歌舞团跨年度的演出等，通过演出，我们对自己的文化的认同和自信也会有一个很大的改变。

刚开始做这些事时，有我、我的夫人、徐政雪和吴成龙。我们有什么觉得这个事情对村寨有利的想法，就说服大家去做。但是我们发现这样做非常累，有的时候是我们着急，大家不着急。后来我们转变了思路，淡化我们的角色，让村寨中的村民参与进来，让他们共同商量、决定事情并去执行。这也是我们侗族的一种传统，在村寨鼓楼里通过的事情比从上到下安排下来的事情执行力要强，不用去监督，大家都自觉去执行。所以我们就用这种方式，让大家一起来讨论想做什么事情，大家的内在需求是什么，让大家列出来，我们一起来探讨，之后大家一起执行。包括选举领导班子也是这样，比如让谁负责哪一块也是我们讨论出来的。这样转变以后，我们就发现自己轻松很多，很多事情大家都愿意主动去做。其实这也是重视人的需求，重视村寨的需求，而不是个人需求的一个体现。不是我们想做什么事情，而是村寨需要什么事情，我们只是为大家提供支持。那时候我们经常开会，有时候开到半夜。

兼顾社会服务

在文化传承之外，我们也做一些公益。我们平常在村子里看到一些现象或问题，觉得能够去解决，所以就对接外部一些资源来做一些公益，比如邀请企业入村做一些初级的直接资助、捐赠等。

当时我们去的时候也想关注留守儿童，专门跟进了留守儿童的日常生活，我们想对这个群体有所支持和帮助。但是随着深入了解，我们越发觉得对留守儿童的定义有点歧视性的味道。留守儿童大多并不缺乏物质层面的东西，缺乏的是一种良好的生活习惯、对自己的自信，更缺乏父母的陪伴。当时我们想关注这个群体，也提出一个叫"农产出山，让侗寨爸妈回家"的项目，即通过电商这种方式把我们的农特产品输送到城市的餐桌，然后带动侗寨爸妈返乡创业、就业。因为解决返乡就业、创业很重要，后来我们继续回到深度游的项目以做更多的探索。

我们也会组织一些义诊、支教的活动。比如我们对接了吉林大学白求恩第一医院的专家团队为村寨人做义诊。我们这里的乡村学校最缺乏的就是老师。现在很多老师不太愿意在乡村里任职，乡村学校的条件又确实没有城里好。为此，我们就组织志愿者做一些长期和短期的支教，分担主课老师的教学任务，组织培养学生感兴趣的美术、舞蹈等课外活动。

在这过程中，村寨联盟在发展工作上给予了我们很大支持。我们返乡创业常常是很孤单的，没有太多的资本，也没有人才，大小事情都要自己做，什么问题都得自己解决，所以返乡创业很孤单很无助。村寨联盟把大家整合起来，大家抱团取暖，同时对接资源来，对我们进行能力建设。村寨联盟在我们面临困难和迷茫的时候，给我们指明了一个方向。通过联盟，我们找到一群同志，牵手前行，立足村寨，守护村寨，让村寨成为身心安分的幸福家园。

我们首先做糯稻老品种的保护工作。我们这个村寨几乎一年 365 天吃糯米饭，对我们村寨来说，糯稻已融入我们生活的每一个角落，生老病死，婚丧嫁娶，全部都是相关的。于是我们向联盟申请支持了糯稻文化的收集和整理项目，想梳理糯稻的传统习俗跟我们生产生活的关系。这些工作主要是推动村寨的糯稻协会参与进行的。

同时，我们还做了第一次的村寨文化记录。我们发现，要把深度游做好，必须认识我们村寨，认识我们村寨有什么样的资源，其中什么资源可以挖掘。这项工作由联盟在小基金的支持下做一次，我们面向整个村寨又做了一次。在这个过程中，我们也参与了文化记录培训工作，在很冷的天气里，我们烤着火学习。我们村寨文化记录是由寨老、鬼师、村寨男人、手工艺人、返乡大学生、在校大学生等各个群体一起完成的。其中老人的表现非常好，令人感动，他们对自己的文化比我们可能更要热爱，也更担心文化的断层与失落。此外，我们还有参加村寨联盟的文化传播员培训以及健康美食沙龙等活动。这些都促进了 18 个村寨之间的互访学习和经验交流，取得了显著的成效。

从 2016 年 3 月返乡至今已经 3 年多了，虽然一直在努力发掘我们的家乡文化，但越来越觉得我对村寨的了解并不全面。我们县政府非常重视侗族大歌、传统节日习俗等非物质文化遗产，希望以此来促进旅游发展。但是说到农业，就等同于种养殖业，都是为了脱贫攻坚。我们贵州是“八山一水一分田”，是全国唯一没有平原的省份，做任何种养殖业都很难规模化，难有效益。所以农业的地位极低，从事农业也普遍被认为是没有出息的，农村的年轻人不愿意再务农。返乡这3年，我们所做的文化的挖掘，都只是偏重于非物质文化的收集、整理和传播。但这次来中国农业大学学习，彻底地改变了我对于农业的看法，让我对农业文化遗产有了全新的认识。农业文化是民族文化的根，服饰文化、建筑文化等都是依托于根而长出的枝叶，都是围绕我们的生产生活而衍生出来的文化。尽管农业文化遗产并不像其他文化那么华丽，但它却是根本，就像空气和水一样，很平淡，好像不值钱，但我们的生命一刻也离不开它。就像闵庆文教授课堂上引用法国昆虫学家法布尔的话："历史赞美把人们引向死亡的战场，却不屑于讲述人们赖以生存的农田；历史清楚地知道皇帝私生子的名字，却不能告诉我们麦子是从哪里来的。这就是人类的愚昧之处！"我们从此不想再做一个愚昧的人。

我们返回家乡并不只是为了养家糊口，如果仅仅是养家糊口也并不需要承受很大的压力，我们所做的事情有更深的意义。我们是在守护一方山水田园，是在守护工业文明最后的净土，是在守护失去的乡愁，是在为国家的乡村振兴战略贡献一份力量，我们的生命从此和乡土中国的当下和未来联系在一起。江山是主人是客，山是不会变化的，但是我们的家乡会因为我们的行动而发生改变。虽然我们是客人，但我会为我们下一个客人、我们的后代留下更多。

耕（池海波 摄）

用红米线牵起哈尼梯田文化传承梦

李高福

传辉用公益“联盟”的方式链接了黔桂两地青年对家乡文化保护付诸的行动，我自愧不如。这些年我似乎每一天都忙碌于创造商业利润，试图以这种方式实现自己想对家乡哈尼梯田做点事的目的，却发现自己能为家乡做的贡献还少之又少，心里实在不是滋味。但愿我今天的分享，能够给我们遗产地的青年有一些启发，吸取一些经验教训，也希望能与遗产地青年产生某种共鸣和力量，尤其当我们创业过程中遇到挫折、质疑和绝望的时候，又该如何坚持梦想、坚持自我而继续前行。

根与身份：来自哈尼人故乡

首先我带大家基本认识一下哈尼族。在我国境内，哈尼族主要分布在云南南部红河哀牢山南岸元阳、红河、绿春、金平 4 个县，另外玉溪元江县、普洱宁洱县、镇沅县、西双版纳等地也有哈尼人。在境外，缅甸、老挝、越南、泰国等东南亚国家都有哈尼族，全球哈尼族人口大概有 180 万人左右，境内大概有 140 万人。我的家乡就在云南省红河哈尼族彝族自治州的绿春县。据说哈尼族原来是一个游牧民族，春秋时期由于种族纷争、部落战乱等社会因素迁徙到云南滇西一带，后又迁徙到云南哀牢山南麓，开垦了哈尼梯田，种植红米水稻，有了粮食作物保障和这片土地固有的战争防御功能，哈尼族从此定居下来了，从游牧民族变成了农耕民族，创造了闻名于世的哈尼梯田。

讲到哈尼梯田，它“四素同构”的农耕文化是最值得一提的。“四素”指森林、村庄、梯田、河流，哈尼族1300多年来都是以这种活态方式与自然和谐相处的，也许这也是哈尼梯田被评为世界文化遗产的一个重要原因。第一元素森林，它在山顶，森林下面是第二元素村庄，村庄再往下是第三元素梯田，梯田往下就是最后一个元素河流。森林的主要功能是蓄水，给村庄提供生活生产用水，给梯田提供天然灌溉用水。记得小时候，森林里的山泉水引到村庄，村庄农家肥通过水渠冲刷引流到梯田，给梯田提供所需的农家肥料，肥水经过梯田埂凹处引入下一丘梯田，每一丘田把农家肥吸收到土壤中，水流入最后一丘梯田（往往在河谷边），又变得清澈，最后流淌到河流里。通过整个自然生态系统，水系又循环到山顶森林里，形成了尊重自然、敬畏自然、利用自然的活态农耕生产系统，也最大限度地保持了哈尼梯田的生物多样性，千百年来一直如此。我深深地被这种文化创造所触动并为之自豪。

作为哈尼族的子孙后代，这几年我从事经营哈尼梯田红米、红米线产业商业开发项目，看似是商业行为，实际上我内心里一直很清楚，将来自己要做什么，要为家乡哈尼梯田做什么，时间不断飞逝，我越发认为自己选择这条路是多么有意义。我担心这种农耕文化从我们这一代起慢慢消失，我希望再过1000年，它依然能以这个民族的符号而存在。

哈尼族是一个多重的自然崇拜民族，在我们哈尼族人意识里，万物有灵，有山神、石神、水神、火神、天神、地神等。语言方面，我们没有古老的文字，我们通过先辈口述而传承自己的文化。新中国成立以后，国家有关部门用拉丁字母作为画笔，以绿春县大兴镇大寨村的发音为标准音编写了哈尼语，云南民族大学也开设了哈尼语专业。节日方面，有3个节日神圣而隆重：第一个是昂玛突，主要祭祀森林（寨神所在地），哈尼族新年过后农历第一个是龙日；第二个是矻扎扎节，农历六月间过；第三个是嘎通通，哈尼族过新年，在农历十月。这3个节日跟我们的梯田劳作息息相关，它们真实地映照出哈尼梯田是我们哈尼族物质文明、精神文明、宗教文明的载体，无论过去还是现在，哈尼族所有生活生产行为都跟我们的梯田劳作息息相关。哈尼族以黑色、藏青色为美。

我们村的房屋已经几次变化，在我七八岁时候，村子全都是茅草屋，后来换成泥砖墙和石棉瓦顶，现在基本上都是钢筋水泥浇灌房了。每一次当我在外面闯荡，当我遇事或者脑子一片空白时，我们的村子或者是我们家乡的哈尼梯田，这些场景往往会给我很多莫名的力量，不会让我感到紧张和害怕，很多思绪也就油然而生，我也能够因此从容淡定地与外面世界接轨。我想这个力量是无穷的，我很庆幸自己能发自内心地去热爱自己的家乡，因为有了家乡才有了我。

苦与发展：5年艰辛创业路

做哈尼梯田红米线之前，我还尝试过许多的创业小项目。我上大学的时候是一个贫困生，揣着300多块钱拿着录取通知书踏入了大学校门。2006年出来求学，妈妈身体不好，家里比较困难，所以当时想得更多的不是如何去学习知识，而是如何去赚取学费，所幸大学能够顺利毕业。9月份开学时我跟爸爸要了200元生活费，从此我很少向家里要钱了。上大学期间，有时候一天做两三份兼职，以保证不跟家里要学习生活费；还做了很多小买卖，摆地摊（卖袜子、小女生用的饰品等）、自行车租赁、开理发店等。到大三，我赚到了3万多元，那是2009年的时候，我开始用这笔钱投资开餐饮店，3个月后倒闭了，亏了钱欠下债务，大学还没毕业，私人债就欠了1万多块钱，当时压力真的很大，那会儿我们当地普通打工工资才400多块钱，单位上才1500元左右，我开始担心如何还清这笔钱。

2010年5月，还有一个多月就要毕业了，我想不读书了，恰逢五一长假，于是我卖掉餐厅剩下的餐具揣着1000多块钱来到北京。那时候只有绿皮车，坐了两天两夜，在火车上我一路反复思考，我问自己就这样放弃了吗？如果继续做餐饮业，做什么？我就想到了云南米线，但是云南过桥米线已经被普及了。那时候北京有的地方卖到100多元一套，昆明火车站卖到60元一套过桥米线，我告诉自己不能做过桥米线，于是就想到了红米线，想做红米线餐饮连锁服务。我只在北京待了3天，在天安门照了两张纪念照，便回到了家乡。从此，我几乎没有断过想把红米线做好的念头，直到今天都是这样。

2011年毕业后的第一年，为了积累资金，我在社会上也做了不少工作和小买卖，倒卖粮油、勾兑洗洁精、销售电动车、制作冰淇淋、白天在汽车装饰店上班、晚上去夜场上班，等等。但是内心里真正想做的是红米线，那会儿我一心想还债，重新开店，做哈尼梯田红米线连锁店。

我毕业的时候就已经欠债近2万元钱，为了尽早还清债务，我省吃俭用，一天同时做两份工作。第一份工作是在一家汽车装饰连锁服务店，早上8点到下午6点；第二份工作是在KTV里上班，下午6点30分到凌晨2点。两个工作地点离得很近，每天除了吃饭1小时、睡觉5小时左右，其他时间都在工作。后来，我参加了事业单位考试成为了一名教师。当时我考事业单位的目的也很明确，听说事业单位和公务员编制的可以凭借工资卡贷款5万元。于是，我就拼命努力备考，当了两年小学计算机老师，但贷款没有成功。实际上，我2011年9月底参加工作，原本不想去考事业单位、公务员岗位，但我父亲坚持让我去考，算是给父亲一个交代吧。事实上，我考取事业单位编制，又辞职出来走这条路，不是因为当老师不好，也不是因为老师工资不够高，是因为我听得见自己内心对家乡哈尼梯田、红米、红米线热爱的声音，我觉得我的生命已经和这些分不开了。总感觉有一种使命在。作为我们这一代青年人，我们对本民族文化懂得多少，对哈尼梯田认识又有多少？我们应该以一种什么样的方式去传承、保护和弘扬哈尼梯田文化？我们的村落文化是否会在我们这一代人就消失？是这些问号一直在召唤着我。但是不得不说，辞职的时候，我爸爸深深地被我伤害到了。

2014年正式注册成立公司，我从此走上了用商业形式去表达和传承哈尼梯田文化的旅程。2015年，我办了一个红米线的加工厂，那时候我发现红米线在互联网上搜索不到，不像今天已经比较普遍。当时我告诉小伙伴，未来5年内红米线在市场上会被普及开来，尤其在云南一定不再是一个陌生的食品。我办加工厂，初衷也很简单，这么好的梯田产品，没有一家是专业生产有资质的，全都是小作坊，“三无”产品。已经有几十年工艺的哈尼梯田红米线，没有资质就意味着无法向更广的市场推广，于是我决心做资质，开办了这个厂。欣慰的是，我是第一个在红河州州府开红米线加工厂的人，也是第一个在红米线行业内做了标准的企业，是第一个以红米线命名做标准拿到 SC 认证的企业，我想这个可以写入哈尼梯田红米线产业发展史上。

2016 年，我成功登上了中央电视台《创业英雄汇》栏目，之前我一直喜欢看这个栏目，我总告诉公司伙伴，有一天我们要争取上这个舞台，我的小伙伴根本不相信。这是节目现场，我旁边是主持人李雨霏，我拿着红米在节目录制现场介绍自己的家乡——哈尼梯田，这是我第一次在国家级媒体舞台上大声说出自己的梦想，说实话那时候一点都不紧张，没有今天在这里分享这样紧张。记得那天在节目录制现场，还有两位创业者跟我同档期。他们俩的项目技术、团队、管理、市场实际上都比较好了，但他们在节目拍摄路演过程中由于紧张需要重新录制，而我一气呵成。当时，我眼前只有家乡茫茫的梯田画面，我看不到在场的嘉宾、投资人和观众，当时的自信和力量我自己都感染到自己了。所以我想，任何时候，无论在哪里，只要我们对自己选择的道路充满信心，只要我们一直秉持最初的那份真挚，不忘我们的根本，我们就不会感到害怕。

2017 年，我们荣获团中央第四届“创青春”中国青年创新创业大赛云南省金奖，取得全国 13 强的优异成绩。我们做了知识产权方面的保护，也做了红米线的生产标准，未来我想把哈尼梯田红米线做成地理标识产品，它能更好地创造经济效益，从而反哺到哈尼族农民朋友。同时，我还做了绿春红米线和云南米线域名保护，前两年有上海域名公司机构一直打电话跟我说卖不卖，我说不能卖，这是我们以后把产业做深的起码条件，先把能做的基础性东西保护好，将来可以慢慢发展，大有可为。我辞职出来以后第一个创业伙伴叫吴亮福。2017 年，我的团队已经成型，我们拍了张“V 型”站队合照，照片的背面就是绿春县境内的腊姑梯田和桐株梯田，团队都是哈尼族青年人。

2020 年，我们将要开始尝试做红米，产品包装也是我们自己原创设计的。其实红米线简单地理解，就是云南米线的一个细分特色产品。强调红米线主要在于其原料红米就是种植在哈尼梯田里，我希望卖的不是红米、红米线，将来能很好地把哈尼梯田文化融入产品中。

过去几年创业中，3 次经历很难忘。有几次瞬间想过放弃，想过我为什么做这个红米线？从田间到餐桌上，从种植到加工生产到餐桌上的生产经营模式风险太大，我注定需要付出沉重的损失和代价才能做成此事。在我刚开办红米线加工厂时，因为自己不懂技术，几千斤红米线全都浪费掉，就连在厂里帮我们拉餐食养猪的老大爹都要不完，损失惨重。另一次是在 2017 年，两位伙伴出了车祸，差点丧命。那个瞬间我想过，如果做这份事业连性命都要付出的话，我是为了什么？还有一次，我曾想过放弃，那是 2016 年。当我接到中央电视台通知我海选通过，来北京面试，时间很紧，我从蒙自市出发到北京节目录制现场，两天两夜几乎没睡觉。1 月份的北京特别冷，那天晚上，为了节约住宿费，我就选择离节目录制中心比较远的宾馆，可以节省 100 多元。记得是第二天凌晨两点跟导演对接完后，我走在回旅馆的途中，很冷，感觉路都是晃的。因为有两天两夜没睡了，吃东西也是不习惯，我那时候也想过，要不我回去吧，不录这个节目了，感觉自己要晕过去了。确实那瞬间有过想放弃，但我顿时又想，既然自己是云南第一个上这个舞台的人，自己当初选择做哈尼梯田红米线，还有 10 多位团队伙伴、家人等着我凯旋，我又坚持了下来。

其实算算，从 2009 年第一次接触红米线到 2019 年已经整整10年了，从自己创业开始到后来做红米线、做保险、倒粮油、卖盒饭又去当老师等，几经波折却只为心中的梦想，想有属于自己的第一桶金再去追求哈尼梯田红米线梦。2014年我辞职出来的时候，种种原因，我不仅没有积蓄，欠债还10多万，一言难尽。

经历了这些以后，2019年迎来最好的发展机遇，殊不知一场危机也在向我走来。2019年过完春节，我都已经全部计划好了下一步如何发展。3月底，我们县委组织部打电话给我，回来绿春县发展，告诉我2019年有难得的发展机会，县里2019年要推动扶持发展红米线，已经被列为全县的重点产业扶贫项目。一直到10月份，我绝大部分时间都在跟政府谈，如何合作，怎么建厂，怎么带动老百姓，我似乎等了很久。孙老师也跟我讲过，我们一定要依靠政府的力量，因为我做这个红米线，不是为了自己挣钱，我想为这个民族做点事情，所以我就回去了。在这个背景下，我一口气关掉6家红米线餐饮店，按原计划红米线店2019年10月份要发展到省城昆明了。我回去以后，参与了县政府与东方卫视“我们在行动”栏目组开展的消费扶贫公益行动活动，接了960万的红米线订单，但诸多原因这订单没有落实完成。进博会期间，习近平总书记在上海看到我们的红米线称赞是好产品，产自云南红河州的红米线，当时是《解放日报》报道的。我想习总书记见到了我们的红米线称赞好，2019年经历了那么多的波折和辛酸，值了。然而因为2019年这个决策失误，我失去了很多之前好不容易打好的发展基础，遭遇了种种困难，幸运的是，我化险为夷，还能站在这里自由地做分享。

说实话，我不甘心。2019年是我创业5周年，由于整整半年没有营业收入，公司财务、现金流又一次陷入相当吃紧的境地。我当时组织了县里红米线生产企业前三甲，准备组建一个联盟，一同把政策利用好，没曾想，后来联盟内部发生分歧，联盟成员不按合约精神友好协商解决问题，相反把我逼到绝路。但即使这样我还是鼓起勇气面对一切困难和挑战，没想过放弃，相反我的斗志被激发了，我告诉自己，一定要化解这次危机，并要给自己一个交代。

作为一个草根创业者，其实每一天都要面临很多困难和挑战，尤其我去做行业联盟一事，好心没办成事。发自内心地讲，当时我找大家成立行业联盟，并没有想着从他们身上获取什么利益，我只是想连同大家凝聚更多力量，依靠政府政策力量，一心把红米线产业做起来，行业联盟可以获得好的效益，我们再真真切切地反哺到老百姓种植红米上。当时我手上有900多万的订单，大家一起做是一个很好的机会，可以带动整个产业发展，从而动员老百姓，保障老百姓种植梯田红米的经济效益，更好地进行哈尼梯田文化的保护和传承。但事与愿违，直到10月份，我已经意识到自己还没有能耐去做行业联盟，更缺乏能力与政府开展合作，在心理上我确实已经疲惫不堪了，这一年下来公司原来有收入的店铺关了，现在每天只有支出没有收入，已经奄奄一息，我告诉自己，现在就要从深渊里走出来。过去5年自己再怎么难也没有2019年这样难！

心与涅槃：重整旗鼓再出发

遗产地的朋友们，大家在前行的过程中，做我们现在能做的才是真正的发展。我们在座的平均年龄大概不到35岁，至少还有20年的时间可以去奋斗。也许有时候我们太急于求成，适得其反，我的经历告诉我，我们应该时不时地静下心来想想，我们的初心，还记得长什么样吗？最初那个单纯的念想还在不在？刚才我上台之前，孙老师说："也许经历了才能深刻地去体会和感悟。"我们好好领悟孙老师说的这句话，初心就是公仆心。我们只有归心才能更好地去拥抱公仆心，有了公仆心，难道我们还做不成一件事吗？

我讲"归心，再出发"。这个"心"指的是什么？在座的朋友有做板栗的、有做小米的、有做茶叶的、有做文化产品的，相信都经历过或者正在经历各种困难和挑战，但我们还会那样义无反顾地坚持3年前、5年前、10年前的初心吗？我们是否还保留最初的那份念想？是否你也曾经动摇过、怀疑过？我们是该归心去思考这些问题了。重拾当初那一份很纯粹的心、很纯洁的心，我认为这比什么都重要。要说资源和能力，现在的我和5年前比，一点不弱。讲阅历、讲情商、讲经验，到今天我们也不缺。但是为什么我们走到现在似乎迷失了方向，甚至没有自信了？我们一开始做遗产地相关事业的时候，可是信心满满，无所畏惧，今天却担心这样担心那样。而我们稍微遇到一些发展机会的时候，似乎又开始膨胀了。如果是这样，我想根本原因在于我们丢了初心，才会在发展过程中有太多焦灼心情。现在的我就是这样。

所以我想，我们是该整理整理自己、收拾好心境以后再出发，我们得重新倾听自己内心最初的声音。每当想起3年前我在央视舞台路演的场景，在没有彩排演练的情况下，我能滔滔不绝讲很多自己对家乡哈尼梯田的热爱、对民族文化的热爱以及想在家乡做的事情。那时，我有这样的初心梦想，意志坚定，我现在重问一下自己，还有这样的勇气吗？大家再听这段录音，也是央广乡村青年致富经栏目组给我做的节目，这里有一段习总书记的话，我感触很深刻。这个节目采访是在2017

年我代表云南省参加第四届团中央“创青春”中国青年创新大赛的现场，我代表自己的省份来参赛，信心满满，因为骨子里装着满满的对自己家乡哈尼梯田文化的热爱和自信，对红米线事业的执著，满满地装着想带领家乡老百姓发家致富的念头。2019 年我们当地政府找我商谈红米线产业发展问题，还有一个原因是 2017 年我写了一个方案——“一根红米线，一条产业链”——提交给县政府有关领导，我认为绿春县红米线或者红河哈尼梯田红米线，可以作为一个产业来发展，可以最大限度地让老百姓参与进来，最终实现给消费者安全健康的遗产地食材，还能更好地保障哈尼梯田老百姓的根本利益。

2016 年 10 月份在河北涉县，我第一次听了孙老师在第三届全国农业文化遗产学术研讨会上的发言报告。现在回想也是一个难得的机会，从此我和孙老师就结下了深厚的师徒之情，一直到今天越来越深，老师对我的影响也越来越大，无论是从行为上、思想上、行动上，还是在我追求梦想的道路上，孙老师是当之无愧的第一导师。2019 年 8 月孙老师和中国农大团队来到我们瓦那村做调研 20 余日，他们采茶叶、割稻草、收谷子的画面至少对我来讲是很大的震撼和鼓舞。我们的心应该放在哪里？是放在赚多少钱、获得多少名利吗？孙老师团队到瓦那村做调研，一起推动对哈尼梯田文化、对传统村落记忆的保护，使我的信念更加坚定了。这位老人是我们家族目前年龄最大的长者了，那天我和孙老师去采访这位老爷爷，讲了很多我们村里的故事。这是我父亲和孙老师在我家里的合影，慈祥而期盼的眼神，每次看到这张照片，我能感觉到他们给予我的希望和力量，这种眼神似乎在告诉我，未来我遇到什么样的困难，都不许停下来，也一定要保留内心那份真情和初心。

遗产地的青年朋友们，我们从保护遗产文化的角度出发，从挖掘自己家乡遗产地优质农特产品出发，从心底想着为我们家乡老百姓做点事，一定要为遗产地的明天而活着，无论任何时候发生任何事情，我们都千万不要乱了心。讲到这里大家可能会质问，这谈何容易啊！我们都想做自己的事业，都有心为自己家乡做贡献，但我们欠缺方方面面的资源，欠缺知识技能，欠缺资本，还要养家糊口，回到家乡容易，作出创业选择也容易，但发展得好不容易，现实生活总是会毫不留情地把我们的初心扼杀了。我的经历和经验告诉我，这并不矛盾，理想和现实并不冲突。

我坚持的这几年，一开始也是一无所有，也遇到无数讲不完的挑战，但每经历一次磨难和挫折后我习惯反思与整理自己，重拾最初的念想，就会轻松很多、平静很多。也是这样的初心让我不断前行，不断修炼提升自己，依旧保持自己对家乡的热爱，这样很多机会就会眷顾上你。这些跟我有多少能力、资源、资金几乎没有关系，何况我一开始选择这条道路的时候也是没有任何条件和基础的。保持初心，在遇到挫折坎坷的时候，总会有恩人出现，总有人愿意在精神上、物质上全力帮助我，所以我觉得真正的价值就在这里。

心怀正念，我才走到了今天。这不需要什么特殊技巧，当然每天还是要不断学习新的知识提升自己，除了这点就是不动摇地坚持最初梦想。我从学生时代走到今天成家立业，一路坚持做红米线事业，以实现将来自己能对家乡哈尼梯田做点事的梦想，这种坚持，从根本上讲，从未动摇过。我们现在安家立业了，有房有车，还有我们心爱的小孩，一家人很幸福。起初到现在做这件事，没想过自己要赚多少钱，物质层面的东西想得很少，只要自己能正常生活就好。其他层面关键看自己能否为社会、为自己家乡做点什么。虽然我现在能做的很少，但我坚持这样的初心，我认为比什么都珍贵，该有的总会有。我希望大家都能保持积极的心态，去坚持现在所做的事情，实际上也没有我们想象的那么难。

青年朋友们，今天我有幸站在这个讲台上分享我的经验和心得，希望我们能够让更多的青年返回到自己的家乡，希望我们能在研修班的课程中悟到一些精髓，重拾信心，以使我们能传承弘扬自己的家乡文化，让更多的遗产地青年朋友认识到老祖宗留给我们的宝贵财富不能在我们这一代人手里消失了。如果我们这一代人不去热爱、传承，那么我们的子孙后代拿什么去认识和了解我们先人的智慧？又去哪里寻找自己的根？丢了我们传统的文化与智慧，我们的人生就如同没有了灵魂，注定是空虚的。幸好，我们遇上了好时代，遇上了像孙老师这一辈的人生导师给我们引路。就让我们牢记孙老师以及这几天给我们上课的各位专家们的寄托与希望，让戴司长在未来有一天能见证我们的行动和结果，愿我们每一位遗产地青年都能找到自己的位置，能为家乡做出更大的贡献！

农人与土地（王文燕 摄）

家乡让我重生

王虎林

几百年前，有人进入了这个山沟沟，垒田开荒。很久以后，有个孩子渴望离开这里，读书考学。他到过东海，归来时却奄奄一息，一口小米，一碗豆芽汤，得以向死而生，他又站了起来，面朝黄土，背靠青山。

我叫王虎林，家乡在太行山东面，生我养我的小山村就是涉县王金庄。我的高祖是王金庄立庄之祖，到我已经是第 20 代了。小时候，我的愿望就是走出大山，去外面的世界看看。后来我考上了天津理工大学轮机工程专业，毕业后成为一名海运水手，几年的漂泊奔波让我遍知了世事的沧桑。2014 年我辞职返乡，就在这一年，因为一场意外的事故造成了双腿骨折，先后大小手术 11 次。那段日子是我人生最黑暗的时刻，但就是在这人生绝望之际，村里的同学、乡亲为我发起了募捐，3 天时间给我捐助了近 10 万块钱，我才得以继续治疗，避免了截肢。我重拾信心，要勇敢地活下去。我的家乡就是这样养育了我，让我得以新生。

我经常开玩笑说，别人是青年返乡创业，我是被担架抬回去的。我选择创业，更多的是本能，就是想在身体不便的情况下，想要有收入，把生活变得更好。当时我躺在床上，腿上带着大铁架，但家里的一家老小也需要生活。我没考虑过自己是不是返乡青年，反正我卖的也是自己家的小米，别人有需求，那我就卖。我就是这样开始创业的。

治疗基本结束后，我回到家乡，开始利用淘宝平台来卖我们王金庄的小米和各种农副产品，同时也做京东线下的家电业务。2018年我们卖出10万斤小米，家电销售额也有将近70万元。可以说家电目前在农村属于一个消费升级的阶段，农产品卖出去了，老百姓也不能只是天天坐着数钱，也得改善生活，家电消费是其中的一个方面。我的创业初衷也是想全方位地、最大限度地将互联网的功能发挥出来服务乡亲。

我为什么卖小米？并不是说王金庄的主要特产是小米。实际上我们王金庄有一个更大的产业是花椒，因为花椒单价太高，当时家里边也正好没有花椒。另外，花椒产业在我们当地还算比较成熟，小米却没人关注，所以我选择了小米。当时试图将小米和电商结合销售我还是独一份。

最初创业时，我抱着一种什么态度，又为什么能坚持到现在？2012年和2013年的时候，假如我那时卖两斤小米挣了两块钱，我会想可能赔了198块，因为出来打工一天可以挣200块。后来我受伤了，在这种困境下，我卖两斤小米就只当是赚了两块钱，在这样不和前面作比较、接受现实的心态下，创业才一步一步做起来。

当下王金庄主要还是以老人种地为主，年轻人季节性地回来帮忙。王金庄的核心梯田现在大概有5000亩，这些梯田是轮作的，2019年种谷子，明年种玉米或者豆子，不可能年年种谷子。所以根据这种情况，我们测算每年大概有2000亩（种谷子），因为是旱作梯田，靠天吃饭，每亩的产量在200斤到300斤，单产比较低，取中间数250斤的话，一年下来，2000亩的梯田也就是约50万斤的产量。目前算来可能王金庄的小米有五分之一是通过我的线上销售卖出去的，在替乡亲销售小米的路上我还需要努力。走在村里的时候，好多乡亲都问：“虎林，你什么时候来收我们家谷子呀？”我自然也是压力颇大，希望能多卖点儿，能为乡亲们多赚两毛钱。

就收谷子来说，现在存在两个问题。第一个叫有价无市，我确实比别人收得要高一些，一斤比别人高一块多钱，高50%到70%左右。还有一个问题就是现在实际上很难卖出去，因为没有接触农业文化遗产、没有接触电商之前，我们传统的农业思路是以量为纲，以产量定英雄。至于品质方面没那么多考究，也不去考虑一定要卖到多少钱或者做品牌之类的。2015年开始我们确定了必须做自己的品牌。

现在在涉县农业农村局的授权下，我们被允许免费使用中国重要农业文化遗产的标志。同时，我们的涉兴品牌现在一共有6个自己的商标，我们一直在申请自己的商标，坚持做自己的品牌。销量方面，并不是说一开始就定得有多高，我们一直坚持说我们能控制多少，我们就卖多少。最开始的时候，我们认为我们卖1斤小米到卖1000斤小米，可以保证1斤和1000斤的小米质量是一样的，所以我们那年就只卖了1000多斤。而2018年我们为什么能卖了10万斤，是因为2018年我们上了团队，上了设备，比如包装开始跟别人合作了。我们整个团队理顺了，所以我们能做到卖1斤和卖10万斤的小米质量是一样的，我们2019年的目标是卖1斤和卖20万斤的质量是一样的。

我们刚开始做农产品的时候，大家伙都会感觉，生怕别人不知道，生怕产品卖不出去。但是像我们这种做农业文化遗产地特产的团队，做到一定阶段、一定的产量以后，就会面临产能与品牌保证的取舍问题。我是要无限制地用低价格获取大市场，还是我要舍弃一部分做自己的品牌。我会走第二条路，就是说我们做到一定阶段、一定饱和以后就会控制产量。因为农业文化遗产地的传统农作物和农产品，它们有一个很大的天然优势就是稀缺性。如果你在北京超市随便能买到王金庄小米，我们王金庄小米就不珍贵了。虽然我们现在还卖得不多，但是我头脑里面一直在想的是我要保证我们产品的稀缺性。

关于小米的价格，49 块钱 5 斤全国包邮的价格不是我定的，也不是天猫给我定的，是谁给我定的？是消费者，是市场给我定的。我们卖过 60 块钱 5 斤、40 块钱 5 斤、58 块钱 5 斤。最后我们发现，49 块钱 5 斤的价格最能获得消费者的认可，而且我们也有做活动的空间，也有寻找代理的空间，能形成一个市场价格。现在这个价格是消费者、我们自己、平台用 5 年时间综合出来的价格，不是说拍脑瓜决定的。当然在这其中，农业文化遗产地的牌子发挥了很大的功效，我们如果不是农业文化遗产地的话，不是王金庄梯田的话，我们卖不到 49 块钱 5 斤，我们只能卖 30 块钱。现在网上普遍是卖 30 块钱或者 25 块钱 5 斤。因为农业文化遗产地，我们至少可以将价格提升 30%。我们团队有自己的产品线，我们的主流产品是 49 块钱 5 斤，但是我们还有 68 块钱 5 斤的更高端产品，就是纯正的驴拉石碾生产的小米。现在我们在做农业文化遗产地农产品的这批人，对农业文化遗产是十分认可的，但是大众和广大的消费者现在还处在认知的初期阶段。我觉得随着消费者对农业文化遗产、原生态产品的认可，我们的产品还会有上升的空间。

一方水土，养一方人，吃什么东西跟当地的生活习惯很有关系。我们王金庄梯田属于旱作梯田，所以它的物产相对来说没有那么丰富。梯田产生的第一原因，就是为了生存。所以说为了吃饱饭，我们这儿种粮食也好，做饭也好，就比较简单。骆世明老师和朱启臻老师那天在“乡村青年研修班”课上的分享都提到了乡村建设和一直强调的乡贤，还有我们在提的农业文化遗产里的文化。中国传统文化的根在哪里？就在我们乡村。

前段时间有记者来采访，他问我村里的乡规民约跟这儿的法律是什么关系？我说乡规民约是老百姓自己的，法律是国家的，但肯定得遵守法律，乡规民约依从法律。中国的传统文化里、《史记》里，礼书是第一，乐书是第二，第三才是律书，律书就是法律。礼书是什么？礼书是道德。所以说乡村的事情，非得打官司、非得上报机关吗？农村现在很多这种拆迁的问题，还有各种鸡毛蒜皮、鸡飞狗跳的事情数不胜数。前两天和一个老师聊天的时候也说到这个问题了，正好就走到了农大，看见《史记》这本书，我就抽出来看了一下。我觉得走到哪，总得翻一本书看看。朱老师和骆老师都讲到这个问题，也正好和自己书里看的、自己想的，都能相印证上，我觉得这就是人生一乐事！

王金庄有森林，“山顶戴帽，果树缠腰，梯田漫坡”，这是20世纪六七十年代我们老书记、全国人大代表王全有做的一个规划。但后来那边果树没做成，山上的树就主要以松柏为主了。我们的居民是住在山底下的，主要因为这里边的一个决定性因素——水。农业文化遗产讲“天人合一”，老天爷给你什么条件，你就得怎么适应。王金庄缺水，最根本的原因是我们的降水量在400毫米到800毫米之间，其他地方的降水量一般在800毫米左右。对哈尼族来说，他们就得住在山腰上，因为如果他们住在河边，在汛期的时候就会遇到大麻烦。现在王金庄，谁把驴卖了、不用种地了，谁家就是有钱，谁家就好娶媳妇！而在以前却是谁家有驴或者开多点地就是有钱，与现在的标准是截然不同的。

我和我媳妇初中就是同学，是一个村的，在我受伤以后，她依旧对我不离不弃，正所谓患难见真情。这么多年的相濡以沫，早已把爱情变成了亲情，而且我们还有两个孩子。2019年老大9岁，老二两岁。当我身体恢复、事业又刚刚起步的时候，迎来了老二，她的小名就叫小米。事业发展到现在，我觉得有两件事我是千万不能做的。第一是鼓励别人卖房子创业，这话说出去就是罪过。第二就是如果有年轻人说返乡创业咨询我的话，我从来不给任何人建议，因为这个事情我也没法去建议。回家创业这事真是九死一生。所以我现在觉得宁可劝人离婚，也不能劝人卖房子，也不能劝人回去创业。创业这个真是太艰难了！

我每天就特别焦虑，有句话我总挂在嘴边：战战兢兢、如履薄冰。每天晚上睡觉之前我都在想早上睡醒之后会不会破产。而且大家伙今天也都看见了，我比较胖，这与创业过程中的煎熬、焦虑有很大关系。我为了缓解焦虑，就暴饮暴食。当你没有一个决绝的心，不是在没有退路的情况下，不要轻易选择这条路。虽然我也没有一个决绝的心，是个特随便的人，但我是实在是没退路了，现实硬逼着我做出这种状态的转换。只要是和创业没关系的，我就是个特随和的人。只要是和我创业、经营有关系的，我的神经就跟上了发条一样，“咔”的一下就上紧了，马上就从一种特松弛的状态变得神经紧张。所以这些年我为了缓解焦虑，就开始写点文章。看书其实也是为了缓解焦虑。

像我们“80后”这一代人，从小就是在驴屁股上长大的。还不会咿呀学语就开始看着父母干活，自己能迈开步的时候就跟着父母牵毛驴，父母怎么种地的，梯田怎么耕种维护，我们都是亲身参与的。从这里磨炼了我们这些人的意志，磨炼了我们这些人的性格。所以说一方水土养一方人，我们王金庄的青年和梯田是有同样品格的。

我是个不安分的人，少小离家求学，打工当水手。回乡后又创办了微米电子商务公司，向大山外的人们推销我们的土特产。最近还在网上当主播，直播我与乡亲们在大山中的生活。但仔细想一想，我其实是一个安分的人，应许之地其实一直都在太行山中，我的家乡中。我不是落叶归根，我这片小小的叶子，一直是根的一部分。

鲁迅说过，世界上本没有路，走的人多了就有了路。王金庄本没有地，因为王金庄老百姓很勤劳，所以王金庄就有了地。也许正是因为曾经的经历，我才能更加体会到家乡对我们的生活是多么重要了。从自己在网上卖家乡特产，到逐渐发现家乡的美好，从物质到精神，我就是这样宿命般地与家乡融合在一起。生命的意义就在于拥有了应许之地，我就能活得精彩、活得踏实。这里有梯田、有青山、有风、有雨，能够寄情田园，在美丽的家乡创造美好的生活，这是我最喜欢做的一件事。

最后想说的是，我希望别人买我的小米，不是因为我是残疾人而同情我，而是因为我的小米全都是好吃的。别人认的是王金庄小米，而不是只认我王虎林这个人！

安溪铁观音女茶师“非遗”传习所

何环珠

安溪是世界名茶铁观音的发源地，我是安溪人。我“生于斯，长于斯”，在日出日落中守望茶乡。由于从小热爱茶文化，慢慢地我也把这份热爱变成了事业，变成了我安身立命的依托。

我的梦想与初心

安溪铁观音在我国家喻户晓。作为安溪人，我常常思考，除了将茶叶的输出作为获得经济收入的手段之外，我们还能怎样更好地满足人们的需要？在民众日益重视生态、关注健康的社会背景下，我们能守护些什么呢？于是，我开始关注茶产业发展的可持续性问题，坚定了从事茶产业的初心，并且积极参与铁观音茶文化系统的保护和创新传承，共筑茶与生命的共同体。

安溪是全国最大的产茶县，茶业是安溪的民生产业和支柱产业。全县有数十万女性群体从事茶业工作，从种茶、制茶，到售茶、讲茶，处处都有女性的身影。女性的细致、执着与坚韧，让安溪铁观音更加柔美、更加馥郁芬芳、更加韵味悠远。在茶叶经济持续发展和全球经济一体化的现代社会，女性的作用越来越明显。2008 年耶鲁大学南茵・谦（Nancy Qian）在题为《消失的女性与茶叶价格》的文章中指出：茶叶价格越高，产茶区的女性人口比例就越高，产茶区的女性地位也越高。研究表明，家庭平均每多种植一亩茶树，该地区男性的比例会下降 1.2%。每多种植一亩果树，男性比例会上升 0.5%，而种植经济作物在总体上对男女比例没有影响。种植茶叶会使得女性和男性平均受教育水平分别上升 0.25 年和 0.15 年，种植茶树有助于缩小男性和女性受教育程度间的差距，而种植果树会扩大这一差距。总体而言，种植茶叶能够为女性带来福祉，也能为茶产业带来正效应，茶产业的发展离不开女性的特殊作用。

安溪县正是依靠茶产业的发展从“百穷县”变为“百强县”。1985 年当国务院把安溪列入沿海对外开放县时，安溪县仍然是福建省最大的“国家级贫困县”之一。全县 80 多万人口中有 30 多万人生活在贫困线以下，农民人均年收入不足 300 元。而随着以铁观音为龙头的乌龙茶产业的发展，最终改变了安溪的经济格局。从 1996 年脱贫起，安溪县连年被评为“福建省经济发展十佳县”。

目前，我国茶产业的发展仍有困境，传统茶产业的茶叶单产量还处于较低水平，我国茶园面积占世界茶园面积近一半，但是产量只达到四分之一。茶叶单产低，表明茶叶生产的效益低，造成这一现象的主要原因是茶叶生产投入不足，劳动效率低，组织化程度低，缺乏龙头企业和品牌。而安溪茶产业却在全国茶产业中产业化程度最高，基本实现了三个转变：由家庭小作坊向社会化分工转变，由单一种植业向多元经营转变，由数量产值型向质量效益型转变，从而带动了茶叶生产、加工、销售、包装、印刷、机械制造、交通运输、餐饮旅馆、茶叶食品、茶文化旅游及房地产开发的发展，呈现出“一业兴，百业旺”的可喜局面。

正是基于以上背景，我意识到作为女茶师的社会责任和历史担当，应该成立一个平台，把性别与发展的理念注入茶产业中去。为了更好地聚集人才和促进茶产业可持续发展，这个平台还应该是公益性的，而不能带有商业气息。于是，我积极奔走于安溪县政府、福建农林大学安溪茶学院之间，希望引起有关部门的重视和支持。很快，我的想法得到了校地双方的重视，各方面给予大力支持，并于 2019 年 3 月率先在中国茶乡安溪建立起了一个以女性为主体的传习平台——安溪铁观音女茶师非遗传习所，旨在不断培养和输送一批能参与建设“人与茶”的生命共同体的全周期传承铁观音非遗文化的女茶师，以便更好地促进茶产业的可持续发展和乡村振兴工作。传习所成立的当天，福建农林大学安溪茶学院所有的院领导和安溪县的相关部门负责人都前来鼓励和支持，并为传习所设立在大学里提供了必要的场所和条件保障。我是幸运的，我从来没有想过，承担社会责任是一件多么快乐和有意义的事，从那时起，我更坚定了自己的目标。

为什么叫女茶师非遗传习所呢？由国务院批准，原文化部确定并公布的非物质文化遗产名录中，6 大茶类制作工艺赫然在列。当茶遇到“非遗”，那些快要流失和被遗忘的茶叶制作技艺得以重新拣拾、整理，博大精深的中国茶文化得以保护、传承。而这其中，很多女性担纲重任，她们不仅因为茶叶经济的发展成为致富带头人，也在发扬光大茶文化中得到熏陶，从而靓丽了自己的人生。在众多安溪铁观音茶文化的传承人中，我是第一批也是第一个女性传承人。多年来我坚持寻茶、种茶，学习生态茶园管理和茶艺、茶文化。虽然我的专业是园艺技术，但是在不断提升铁观音茶传统制作技艺的同时，我也非常注重茶学的品性修养。对传承茶艺我也一直有信心，所以在2017年提交了申请，2018年我就成功地被评上了非物质文化遗产代表性项目乌龙茶（铁观音制作技艺）传承人。当时我考虑的是如何通过平台把安溪铁观音茶文化系统做好、传承好，既然巾帼不让须眉，就全部由女生组成，让女性更懂得自立、自信、自强，要创造机会让她们在茶产业中逐步走到台前来。

传习所工作探索

作为全国非遗茶文化领域第一家以女性为主体的传习平台，我主要还是以传播安溪铁观音非物质文化技艺为特色，通过“师带徒”机制，重点开展3个方面的工作：一是积极筛选和培育女性非遗技艺传承人；二是“以赛促学，以赛促研”，大力培养茶产业振兴复合型人才；三是积极促进茶文化传播的国际化。

女茶师非遗传习所自成立以来，我们便以壮大女性非遗技艺传承人为己任。一是在全县茶区中进行广泛筛选，把茶区的生态振兴、产业振兴与人才振兴结合起来，把女性从业人员吸引到女茶师非遗传习所来。在第一批加入的95人当中，筛选了50名懂技术、有文化、会管理、能发展的优先培养；二是以传承安溪乌龙茶制作技艺（铁观音制作技艺）为重点，制订传承人培养方案，邀请茶界大师和名匠共同进行指导和培养；三是引入国内外茶学专家，共开展了5期非遗专题报告学习班，并把内容延伸至茶叶生产与绿色发展技术传习、茶叶传统制作技艺传习、茶叶感官审评技术传习、茶食品制作技艺传习、茶配套制作技艺传习、茶文化与旅游创业传习等，系统性地对女茶师进行了培训提升。

女茶师只有响应地方需求，并在产业振兴中投入自己的追求和努力，方能与茶融合为一个“生命共同体”。茶业振兴，人才是基础、是根本，抓住人才这个第一资源、第一要素是关键。为此，我们多方集成资源，以人才建设为主线，通过“以赛促学，以赛促研”，大力培养复合型人才。一方面，面向女大学生，通过“铁观音文化比赛”，通过日常的专题培训、专家讲座甚至考试等形式，激发她们对铁观音茶产业和茶文化的深入了解，助其进入茶叶生产一线，有意识地培养一批能挑起“产业振兴”重任的好苗子；另一方面，面向广大的女性茶叶从业人员，联合福建农林大学安溪茶学院、安溪县茶业管理委员会办公室、总工会、妇女联合会、人力资源和社会保障局、农业农村局、文化体育和旅游局、茶业发展促进会等多家单位，举办竞赛。以“铁观音女茶师非遗制作技艺竞赛”为依托，将竞赛项目分为茶叶初制、茶叶拼配、茶叶烘焙、茶叶审评、茶叶拣剔等 5 类项目，报名参加竞赛的对象均是安溪县内从事茶产业的女性从业人员，参赛人员通过安溪县各乡镇妇联、乡村振兴服务队、茶业发展促进会等单位严格审核并推荐产生，目前已开展了两期，在全县兴起了学习和研究铁观音制作技艺的热潮。2019 年 4 月开始的制茶竞赛，就是秉承以赛促学、以赛促研的模式进行的。之所以这样做，是因为免费请你来读书、免费请你来学习，很多人可能不会珍惜。另外，免费送你一本书，你也不一定会看。但是通过比赛，在竞赛中取得成绩的人便可以获得某个“光环”或“认可”，这种认可或许会对未来人生发展之路有帮助，因此她们就有了学习的主动性，就不用监督，会自觉学得扎扎实实再来比赛，然后我们便可以在其中挑选人才。我们的思路是，从每年的 4 月份开始举行制作比赛，7月份进行审评比赛，11月份进行文化比赛，循序推进。

茶文化无国界，成立安溪铁观音女茶师非遗传习所，是我们全周期促进茶文化传播国际化的一个重要途径。2017年10月24日，我有幸代表福建农林大学带队赴中国台北参加第十六届国际无我茶会，并提交了在安溪主办第十七届国际无我茶会的申请，通过激烈竞争和投票表决，最终成功获得第十七届国际无我茶会举办权。此国际茶会是1989年创办于台湾，每两年一次，走过十几个国家，目前在国际上有较大的影响力。鉴于安溪铁观音女茶师非遗传习所的独特性和影响力，2019年6月4日，主办单位福建农林大学、中共安溪县委、安溪县人民政府办公室决定邀请安溪铁观音女茶师非遗传习所为大会协办单位，同时聘任我为第十七届国际无我茶会组委会副主任。我们以此为契机，通过传习所的阵地，全力投入到为“第十七届国际无我茶会”（千人）在安溪成功举办筛选“精英女性排头兵”的工作中，通过邀请国际专家学者和开展无我茶会培训，大力促进安溪铁观音茶文化传播走向国际化。成立至今，已开展20多期培训会，前后共有来自意大利、俄罗斯、韩国、英国、马来西亚、格鲁吉亚、尼泊尔、斯里兰卡、新加坡、日本、捷克、美国、尼日利亚、喀麦隆、贝宁、巴基斯坦、坦桑尼亚、埃及、孟加拉国、厄瓜多尔、印度、阿富汗等20多个国家的国际生接受安溪铁观音女茶师非遗传习所的培训，并积极参与茶文化的传播，促进了“和”文化的认同与发展。此外，为在安溪传播和延续“国际无我茶会”文化精神，我们还深入调查研究，多方沟通和学习，把女性发展与非遗文化融入铁观音茶文化系统并推向“一带一路”，让人耳目一新。在我们传习所的影响下，国际茶友贝思蒂·梅耶

（Betsy Meyer）和迪威·梅耶（Dewey Meyer）姐妹俩还牵头在美国成立了“北美安溪铁观音女茶师非遗传习基地”。成功举办第十七届国际无我茶会后，各方都给予了高度肯定，福建农林大学安溪茶学院为了激励我，通过组委会授予我“突出贡献奖”，这是福建农林大学安溪茶学院办学以来颁发给导师的第一个重要奖项。

2019 年 9 月 22 日，来自肯尼亚的联合国粮农组织全球重要农业文化遗产科学咨询小组专家海琳达·欧耶琪专程到安溪铁观音女茶师非遗传习所考察，在现场深入接触和了解传习所的工作后，给予了高度的肯定。她表示：“非常感谢给我这个机会到安溪访问，在这里我不仅看到许多女性参与到这个活动中，也有许多国际生参与到茶文化的传播，我很高兴能够看到这一切。”

扩散式发展效应

自成立安溪铁观音女茶师非遗传习所以来，产生了较大的社会影响力。传习所成员快速增长，目前已达 158 人。我们选的人，她自身有能量，她能够带动，她本身扛着红旗，所以我们组建这个平台是为了每一个人至少可以带一个小团队，否则很难谈什么是传承。女性本身承担着很多家庭的工作，不仅要做饭、要带娃，甚至还要养家、要赚钱，但我们所有的事情都是公益的，非物质文化遗产的传承是没人给钱的，依靠的是自己的情怀、社会责任以及使命感，自觉去做这件事情，因此我们选进来的大部分是排头兵。鉴于茶叶生产大军中的女性越来越受重视，女性自身也在不断追求进步和实现自我价值，各大茶业主产区的理事成员也越来越多，在各茶区设立传习基地的呼声也越来越高。为了进一步壮大女茶师队伍和更好地在产区一线服务，目前安溪铁观音女茶师非遗传习所已在安溪的湖上乡建立了传习实训中心，在龙涓乡、虎邱镇、西坪镇、感德镇等主要产业区设立了基地，不间断扩大传习平台建设，深入一线，立足茶产业，持续推进产业振兴、生态振兴、文化振兴、组织振兴和人才振兴。

为聚集和培养一批安溪本地从事铁观音茶产业的优秀女茶师，引领更多妇女在创业就业中发挥示范带头作用，助力乡村振兴，我们通过铁观音女茶师非遗制作技艺竞赛，使传习所的拔尖成员脱颖而出。在两期的竞赛获奖人员中，传习所获奖人员分别占据总获奖人数的63%和72%，已成为行业中名副其实的排头兵。另外，2019年3月以来，传习所还成功推出一批在相关领域获得表彰和肯定的优秀女茶师，其中30位理事成员成绩显著，1人被全国妇联评为“全国巾帼建功标兵”，1人被授予福建省技能大师工作室领衔人、泉州市技能大师工作室领衔人、福建农林大学第十七届国际无我茶会“突出贡献奖”，2人被聘为福建农林大学安溪茶学院校外实践指导老师，2人被聘为福建农林大学安溪茶学院国际无我茶会培训导师，8人获得第十七届国际无我茶会“优秀个人”称号，2人获得安溪县“三八”红旗手称号，6人获得安溪县技术能手称号，2人获得安溪县“五一”劳动奖章，4人获得制茶工程师称号，2人被评为非物质文化遗产乌龙茶制作技艺传承人。虽然传习所成立时间不长，但目前已在行业中产生积极影响、发挥重要示范作用，86%的理事成员技艺提升之后，30%自己去创业，家庭幸福指数也有所提高，不少男生甚至动员自己的妻子说：“你也要争取加入传习所，我负责后勤工作。”为此安溪县非常重视，不仅在传习所成立了妇联，还授予传习所“工人先锋号”的荣誉。

自2019年3月7日成立以来，我们已开展的工作、服务和进行的各种探索，吸引了众多媒体的关注，迄今已有中央人民广播电台、光明网、《中国妇女报》等100多家媒体从不同角度进行了报道。由于安溪铁观音女茶师非遗传习所是目前国内茶叶领域第一家以女性为主体搭建的非遗传习平台，也吸引和聚集了众多国内外女性茶学者、茶文化传播者、茶业企业家等高层次、优质人才资源到安溪，助力茶产业进一步发展。

茶入选非遗名录，除了茶自身，更关注的是茶背后的炒制技艺、邻里亲朋分享茶的习俗以及由茶形成的文化生态。茶技艺的传承不是把茶当“物质遗产”收藏保护起来，而是一种“活态传承”，需要营造气氛和环境，将制茶技艺和茶文化传承发展下去。但凡列入非遗名录的历史名茶，制作工艺都必有玄妙，工序环环相扣，值得认真品味传承。我们始终坚信作为国家级非物质文化遗产的安溪铁观音非遗制作技艺，通过女茶师非遗传习所的努力，是可以进一步得到保护与传承的。作为民族文化的瑰宝，作为历史的遗产，活态化传承是关键，茶之于中国人不仅是一种饮品，更是一个文化符号、一种生活方式。因此，最好的茶文化与制茶技艺的传承保护就是要“见人见物见生活”。据初步调查，通过传习所的传习和宣传工作，在大学生和生产一线的人员中，分别有85.6%和75.4%的人增进和提高了对铁观音非遗制作技艺的了解，普遍认为要在保护中传承和发展非遗文化，并服务于乡村振兴。

“师带徒”传承模式

女茶师非遗传习所成立以来，我们便把焦点集聚在高校教师、茶农、茶艺师、茶商、茶学专业学生的身上，十分重视“产教融合”和服务社会。在茶园建设管理、茶叶采制加工、茶汤茶道以及茶叶营销等茶产业流程中，约有80%的女性在台前或幕后工作。我们设立传习所的初心就是要集合安溪铁观音茶产业的原乡品牌和福建农林大学的学科优势，和福建农林大学合作，以活态化传承方式，支撑传习所作为公益性人才平台，汇聚教师、茶农、茶艺师、茶专业的学生。我们希望她们能够担当起来，做好人才的培养传承，同时吸引安溪之外有志于茶文化传播的优秀女性人才到安溪合作交流，用易懂、易通、易受的传习手段，面向女性大学生、女性创新创业者、女性致富带头人、女性茶文化传播者，充分发挥女性能够顶起半边天的作用，讲好茶故事，讲透茶文化，讲活茶技艺，形成示范带动效应。

安溪铁观音传统制作技艺因工序复杂，年轻人不愿意学，曾一度面临失传危机。采摘、晒青、摇青、炒青、揉捻、复火、包揉、烘干8道工序中，最花力气的是摇青和包揉。摇青需要有翻江倒海的技术，没点力气根本做不来。而乌龙茶紧结、圆实、呈球形的优美外形是在反复的包揉中塑造成形的。“整个茶季过后，手上全是茧子。每每我们看到那样的一双手，心都会痛，感觉手艺人真的很不容易。”我们传习所的主要工作就是去抢救、保护和传承，目前全是女工，而且多是年轻人，不仅因为她们心灵手巧、耐心细致的性别优势，可以更好地发挥重要作用，也希望女生们学成后，感染带动男生，同时让老一辈的制茶师能够打开心结，不要总觉得年轻人怕苦不愿学艺，而要让他们在弘扬技艺、传承文化中获得成就感。

在安溪铁观音女茶师非遗传习所建设过程中，我认为一个重要经验便是用心构建和积极推行“师带徒”模式。为更好传承非遗文化，我们特别邀请了26位国内外女专家来担任传习所的导师，除了国内茶界的知名女专家和女茶师，还有一批国外的女专家，她们分别来自美国、德国、丹麦、斯里兰卡、澳大利亚、韩国、马来西亚、日本等。2019年，传习所通过扎实的“师带徒”工作，我本人还先后成功获批成立泉州市和福建省技能大师（何环珠）工作室。依托福建农林大学与安溪“校地”共生合作机制，传习所正努力建成为茶界中的特色人才平台。

相聚在农大（孙庆忠 摄）

他们的心里有故乡

在第一期乡村青年工作坊上的感言

孙庆忠

我于2016年认识高福，却不知道他有这么多创业的故事。他现在依然在困境之中，大家不要被他那900多万元的订单所迷惑，觉得他已经走出困境，实际上他还在创业的泥窝窝之中。虎林更是这样，大家看他的身体、他的家、他家乡的每一个人，都在为走出生活的困境努力着，所以他说他每天都在焦虑之中生活，我是非常理解的。

每一个人来世上一遭都不容易，而恰恰是在这不容易的生活里才让有志者有了自己精彩的人生。我希望你们在明天的自由活动，以及参观京西稻的时候，能思考一下他们为什么会在年轻人中脱颖而出。究其根本就在于，如果一个人这一辈子仅想自己，你的生活世界就只有家里的一亩三分地；但是当你的事业里有别人、有社群、有更大的乡土社会，那你的生活境界和生活质量就会有大不同。

我每一次和年轻人谈话的时候，都能够被他们的那一份公心深深打动。跟虎林打交道时，他告诉我说："老师，我的命是我们村里人给的，是他们的捐款才让我今天能走路，所以这辈子我只要活着就要回报村里的人。"在他的分享中你们会发现，他的每一句话都离不开王金庄，这是令我尤为感动的事儿。而跟高福和传辉的相识相知也一样，他们作为少数民族的青年，他们的生活事业里不仅仅有自己的生活、有自己的村寨，更有一份对本民族未来发展的深度忧虑。他们心中对自己民族文化失落的那一份伤感，以及用自己微薄之力试图去为这个民族寻找根脉、让她延续下去的内生性动力，是让我听来倍感欣慰的。

高福是一个特别爱流泪的小伙子，我们一共没见几面，但是每一次他都在微信上给我发长长几十段的留言，我比他说的还多，几乎都是在感动中进行交流的。感动为何呢？就是为一份对故乡的情感，就是因为他们心存着对于家乡的那份爱恋。我们这个时代需要这样的人走出来。正是因为有这样的年轻人，我们在前行中才一点都不寂寞。而今让大家聚集在一起，就是为了能够让我们在共同前行和相互砥砺中看到自身存在的意义。我们每个人的存在都和别人连在一起。

两周前，我去广西柳州参加一个土食材的工作坊，因为他们不会写案例，需要我来指导。我听完 6 个案例之后，做了一小段总结。我说："如果你就是一个土蜂蜜的二道贩子，从农民那儿收蜂蜜，然后再卖掉；如果你就是收点土特品种的玉米去酿酒，你也不过就是一个酒作坊的小老板。如果止于此，我来柳州，我来跟你们共同做工作坊的价值就不大了。"我相信土食材也好，哈尼梯田的红米线也好，王金庄的小米也好，都是你们通往乡村建设的一个路径。如果在你的视野中仅有你自己、仅有你的家庭，那么我们今天所做的工作就没有意义了。在你的生活视野中有一个更远的乡土中国，只有把你个人的命运、整个国家的命运、乡土中国的命运连接在一起，我才觉得我们大家在共同做着一件特别有意义的事情。我们如今生活着，也许三四十岁就走了，也许长寿的可以活到八九十岁，但不论长与短，如果都能为这个大社会、为别人做一点有益的事儿，那么我们这一辈子就没有白活。

几年间，每一次听他们的故事，都好像让我看到了希望、看到了一线曙光。因为在今天乡村凋敝的背景之下，还有人能够舍弃自己，愿意去为村落、为自己的民族做事。我坚信，就是在这逆风而行、逆流而上的行进中，不仅可以提升个体的生命品质，也为我们在乡土重建中获得精神力量提供了重要源头。

我相信 2019 年来到这里参加学习的每一位都有故事，但是因为集中分享的时间太有限，我们难以一一听闻。只期待你们能以踏踏实实的作为，成为这个时代优秀年轻人的代表！

2019 年 6 月 12 日

感动、心动、行动

在第二期乡村青年工作坊上的讲话

戴　军

刚才孙老师说我微服私访，其实谈不上微服私访，实际上我是非常希望和广大的农村青年朋友们有这样一个机会在一块儿聊一聊。我想静悄悄地跟大家坐在这里，静静地倾听大家的声音。因为刚才三位伙伴都进行了非常好的分享，我也想在这里简单地分享一下我的一些想法，希望能够对大家有所帮助。今天我就想以一个朋友的身份跟大家聊一聊。

我是1989年到原农业部工作的，到2019年已经30年了。在这30年当中，多数时间我一直从事农村生产关系方面的工作，一直在做的是农民农村这方面的工作。我以前在经管系统工作，2018年机构改革后，我到了农业农村部农村社会事业促进司。在这30年的工作当中，我每年有许多时间是在农村度过的，每年都要跑几十个县、几十个村庄。2019年我已经去过了20个县，也去了很多村庄。几十年来有一个变化让我心里非常不安，尤其是近些年来到村庄一看，村子里很少见到年轻人。大家都知道，我们社会上有一种说法：谁来养活中国？我们的地将来谁种？现在村子里大部分都是50岁以上的人在种地，很多村子六七十岁的老人还在地里劳作。年轻人、中年人都看不见了，都去城里打工，或者都离开了自己的村庄，去到城里生活。当然造成这方面的原因多种多样，有正面的，也有负面的。我关心的是我们将来的农村怎么办，谁来做耕作这件事？尤其是这两年到村庄看，一个村子里真是见不到什么人，我心里甚是担忧。我到社会司后，具体分管中国重要农业文化遗产这方面的工作，我去过一些遗产地，在你们这些学员的所在地中，有三个地方我去过，在这三个遗产地中我也看不到太多年轻人，因此我担忧我们未来的文化遗产该由谁来传承。令我非常高兴的是，2019 年夏天孙老师办了第一期研修班。当时我心里有这样的疑惑：这个班能办得起来吗？这班能来多少年轻人？这些年轻人是否都是我们遗产地中的年轻人？是返乡的，还是原本就留在村子里的？会不会有人关心我们的农业文化遗产？有没有年轻人愿意去从事这项事业？正是当时心里有顾虑、有想法，所以我就默默地注视着孙老师办的第一期班。这期间每一天的活动，每一天班上发生的事情，包括请大咖做讲座，学员的分享，结业时大家拍的照片，一些感言感语，我都有看到，当时我就一个想法，觉得办得非常好。为什么？因为当时我也想办全国遗产地的、年轻人的培训班。我曾经跟一些院校的老师们探讨过这个问题，究竟怎么办？但一直没有找到很好的办法，所以孙老师夏天的研修班给了我很大启发。第一期研修班结束我就等着孙老师的第二期，第二期班我一定要来，现在我实现了我的愿望，我来到了这里，跟众多遗产地的青年朋友，以及愿意从事农业文化遗产保护工作的年轻人坐在一起，听大家的故事，感受大家的情怀，因此我非常高兴。

听了传辉、高福还有环珠的分享，我真是很受感动。这是我今天想说的第一个词：感动。为什么？在每个人的生命中，每个人选择自己走的路都有这样或那样的原因。但不管怎样，刚才三位的分享，让我深受感动的是每个人都在朝着自己的目标，朝着自己的梦想去奋斗、去努力。而且我相信在座的各位每个人都和他们一样，有着各自精彩的故事，正是因为大家有这样的故事，所以你们能够坐在这里。除此之外，大家愿意花更多的精力来学习，来倾听，回去做遗产保护这件事情，有这个想法，我很是感动。这也像刚才我所说的，我们的事业是要有人来传承的，大家愿意做传承者，让我很感动。中国重要农业文化遗产是一个新的事物，虽然我们在座的每一个人都生活在遗产地，但是在某些方面对于什么是中国重要农业文化遗产，可能未必有一个完全的了解。这几天孙老师邀请在这个领域的顶级专家来给大家讲课，让我很感动。这些专家都非常难请，并且专门到这里给我们这些年轻人上课，非常难得，让我很感动。因此在这里我想表达的第一个意思就是感动。我希望能够让我永远地感动下去，把这个事情长期地、持久地做下去，让更多的年轻人加入这个行业当中来。同时也希望我们在座的各位好好珍惜这次难得的学习机会，大家能够近距离地接触到我们各位专家，能够倾听他们的讲座，这样能够释疑解惑的机会得来非常不容易，希望大家能够珍惜。

一年多来，我们一直在探索找寻着一条更加适合当前情况下的重要农业文化遗产的保护、传承、发展的道路。我们做了一些工作，可能在座的各位有的知道，有的不知道，我们做了一些宣传推介工作，做了一些基础性的工作，我们也做了一些类似于像培养年轻人或者是唤起这些年轻人投身到事业当中去的一些工作。比如 2019 年我们拍了一部纪录片，是讲阿鲁科尔沁系统，这个片子我们选取了一户牧民家庭，他儿子在呼市（即呼和浩特市）上大学，放暑假回到他们家，正好到了夏季转场，儿子就回到家里帮父母放牧，在这过程当中，父母和儿子之间，对将来儿子的去处、今后的发展的道路是一个什么样子有一些讨论，我们真实地记录了下来，其实想说明的就是我们遗产是需要有人来传承的这个道理。我们在这方面也在探讨，怎样去把更多的年轻人带动起来，我们搞了很多宣传，包括我们拍了一些微动漫，我们的初衷是想让更多的人知道这件事情。因为现在我们重要农业文化遗产的知名度还不是很高，可喜的是微动漫发布不到一个月，播放量已经达到千万。我当时跟我们的团队说，如果这千万当中有三分之一的人从来不知道这件事情，但是他们通过看视频知道了重要农业文化遗产这几个字我也就心满意足了。我们这项工作还要继续做下去，当然怎样做好重要农业文化遗产这项工作，事情很多，我们也将不懈努力，同时我们也希望在座的各位将来都能够给我们出好主意、提好建议，让我们共同来做好这项伟大的事业，这项关乎我们中华民族血脉、关乎中华文明传承的一项伟大的事业。具体道理不多讲，老师上课中应该都会涉及。

第二个方面我想说的是刚才三位伙伴都讲了一个关键字，传辉讲了一个内心，高福讲了一个归心，还珠讲了八个心，都是“心”。实际上我就想，心是什么？心是尊重我们自己，关键就是有了这个心，你要动，叫心动，心动你才能够有自信，心动你才能够有理想、有情怀，心动才能让你有责任感、有使命感，促使你去做自己该做的事情，我希望每个人在研修班上都能有所心动。

第三个我想讲行动，光有心动还不够，还要去践行，要行动。这项事业是一个非常艰苦的事业，也是一个非常艰巨的事业。怎样把这个事情做好？要行动起来，只要你动起来，没有解决不了的问题，没有克服不了的困难。年轻人最大的特点就是朝气蓬勃，不停地追求。像传辉讲的青春伴我好还乡，就是在行动。固然城市的生活非常诱人，固然我们每个人都追求更舒适的生活，但乡村仍然是我们很多人梦萦环绕的一个地方。我并不是说大家去乡村过苦行僧般的生活，而是说到乡村，通过我们的努力，让更多的人能够过上幸福的生活、过上舒适的生活。我特别感动，就是传辉所讲的，人需要有一种精神。物质生活固然重要，但精神世界更为重要。如果你离开了这种精神生活，即使物质再丰富，你过得也乏味。只有你投入到这个事业当中去，在这里遵循自己的内心，找到自己的价值，实现这个事业，你的人生才完美！不管在什么地方，我觉得都通用。所以今天在座的各位能够选择加入重要农业文化遗产发掘、保护、传承、发展的事业中来，我应该为你们点赞。正因为有了你们，也让我看到了我们的事业后继有人，让我看到了这个事业继续前行、不断做好的一个基础——人才队伍的基础。现在在座的很多是大学生，也有一些村里的干部，在村里你们都是能人、都是文化人，村里的百姓都看着你们，怎样把我们祖宗传下来的重要农业文化遗产保护好、传承好，你们肩上的担子非常重。我去过一些地方，包括像刚才几位讲到的一些地方，有些地方破坏比较严重，甚至刚才说的，由于市场化，过度旅游开发造成的我们侗族大歌，我们那些唱侗族歌的妇女只会唱一两首歌，这样的情况真是很悲哀的一个事情。在这方面我们应该怎么办？大家到这来学习，在孙老师这里找答案。所以希望大家能把这个事情放在心上，利用这几天时间把功课学好。

这是我今天想讲的三个“动”：感动、心动、行动。这也是我想跟大家分享的我自己的一点想法，希望大家能够不忘初心，砥砺前行，让我们一起把我们这项关乎人类发展的、重要的农业文化遗产这件事情做好，贡献出我们自己的力量，对得起家乡，对得起父老乡亲，对得起养育我们的这片土地！

2019年12月3日

（戴军，时任农业农村部农村社会事业促进司副司长）

農業文化遺產與年輕一代

中編

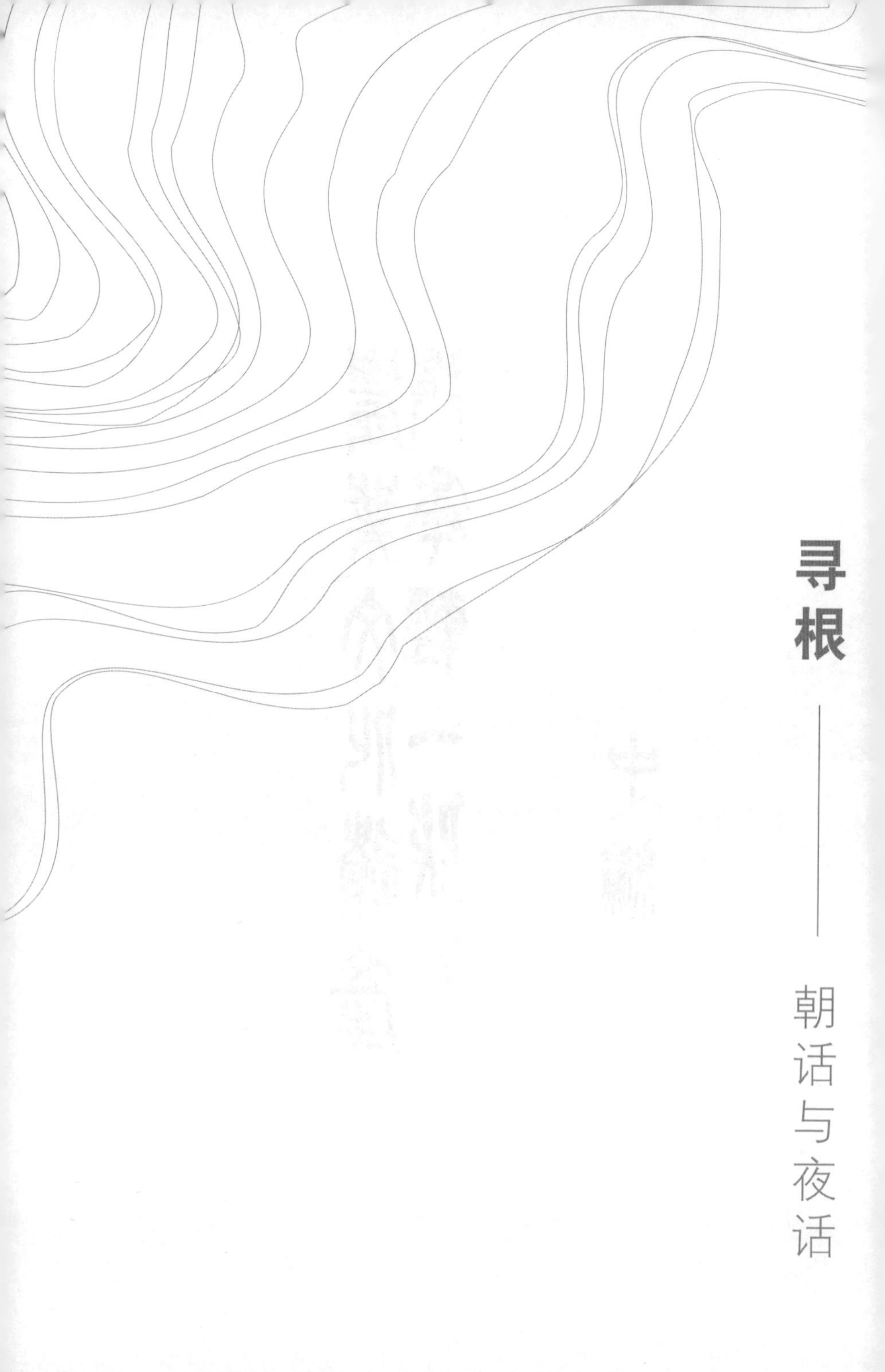

寻根

朝话与夜话

枣园掩映古村落（熊悦 摄）

泥河沟夜话——与青年学子谈心

孙庆忠

题记：2014年6月30日至7月8日，我带领宗世法、陈俞全、关瑶、宋艳祎、李世宽、李妍颖、冯星晨、曹玉泽、郭天禹、孙兆琦、谢彤华、张莹莹等12名学生来到泥河沟村，开启了我们对农业文化遗产地的探寻之旅。按照惯例，我带学生在乡村工作的日子里，有一个固定的环节就是“夜话”。每天分享心得，传递情感，在相互启发中获得力量。泥河沟夜话记录了我们在村工作一周的体会，也是我在乡村指导学生进行专业训练的“现场直播”。7月7日这篇夜话，是对我们此次调研工作的总结，它承载了我对乡土社会的理解，以及对青年学子的期待。

我特别希望诸位以后能成为优秀的学者，通过这次短暂之行，能够知道田野调查的完整过程，知道每个环节上的着力点。有了这样的经历，我相信你们每一位都会对自己的专业有更深刻的理解，也会萌生出一种挥之不去的社会责任意识。此行我特意邀请世法和俞全加入咱们的团队，一来想接续前缘，让我有机会在现场将田野工作的基本技能传递给他们，以了却我和他们曾经擦肩而过的遗憾；二来想让你们并肩作战，相互参看学习，在成为学者的这条路上见贤思齐。但愿这样的设计在你们的人生履历中，能转化成为他年追溯学术起步阶段时难以忘怀的事件。庆幸的是，这次彤华和莹莹遵照学院嘱托全程拍摄我的教学，这是一个难得的机会，从出发前的民主楼讨论，到后天的学校总结，泥河沟之行因为她们而被完整记录。今晚我想谈 3 个问题：教学、田野和乡土。明天就要告别泥河沟了，今天的座谈就姑且命名为“泥河沟夜话”吧。

谈教学

我想通过一个故事，让你们明白创造性学习的意义和价值。1993 年，托妮·莫里森获得诺贝尔文学奖，她在瑞典皇家学院的获奖感言中讲了这样一个故事，名为“掌中之鸟”。她说，从前某个时候有个老妇人，她是盲人却很有智慧。她在当地很有权威，名声一直传到城里。有一天从远方来了一群年轻人，他们想考验她。老妇人看不见他们，不知道他们的肤色、性别和年龄。他们站在她面前，一个人问道：“我手里握着一只鸟，告诉我它是活的还是死的？”老妇人沉默了很久，年轻人不相信她的智慧，他们几乎要发出嘲笑声了。最后她坚定而从容地说“我不知道！我不知道你们手中的鸟是死还是活，但我知道它在你们的手里。”莫里森这样解释老妇人的回答：如果鸟是死的，要么是你在发现它时就是死的，要么是你杀死的；如果鸟是活的，你仍然可以杀死它。也就是说，鸟是死是活取决于你们自己。

我时常想起这个故事，并以此回望我自己的求学与教学过程。这只“掌中之鸟”在莫里森那里意味着什么呢？是创造性！无论是本科阶段还是研究生阶段的学习，有没有创造性的挥发，不取决于别人，而是取决于自己。在奔赴田野之前，每个人都会有对田野的想象。但亲临现场并开始了解村民平淡而真实的生活之后，也许你会有失落，因为这里跟你想象的乡村生活相去甚远；也许你会有惊喜，因为这里有黄土高原的景观、淳朴的民风，还有那么多不期而遇的田野感受。在这里每天紧张的入户访谈，每晚在这间屋子里的高谈阔论，对于我们大家来说都是意义非凡的。就在这样的过程中，我们共同完成了一件事。我虽然没有那位盲人老太太的智慧，但我却目睹了你们的进步。但愿泥河沟之行带给你们的不仅仅是对枣乡生活的片段记忆，更有所学专业赋予你的对田野的体悟能力。这是我关于实践教学的一点感受，也是我对各位年轻学者的一份嘱托。

谈田野

田野是什么？我刚才听了几位的感受，心中很是欢喜。世宽跟我做了两年的 URP（中国农业大学本科生研究计划），他的表述风格和对田野的理解，都跟老师有许多契合。我们田野出行的目的到底是什么呢？从我们背起行囊的那一刻起，田野就在我们的行囊里了。有一天，当我们发现田野处处是行囊后，你就是一个田野工作的大家。今天我们的田野是奔赴泥河沟，是为这个与千年枣园相伴的村落写文化志，但是对于你们这些年轻学者而言，泥河沟仅仅是登堂入室的台阶，你们对田野工作和所学专业的深度体悟，才是此行真正的意义所在。

在田野我们要感受的是什么？人性之美！玉泽每天都为村民打水、扫院子，各位每天都认认真真地洗碗、帮忙拉风箱做饭。这些看似生活中的惯常之事，但很多人到了而立之年却未必懂得其间的真义。我的学生能够任劳任怨地做这些事情，这对我来说已是满心欢喜。别小看生活中的每件小事，每件小事背后都潜藏着我们对生活的理解和对他者的关怀。在泥河沟的日子里，每天经过“人市儿”，老人们每每对我提及的是“娃们都特别有礼貌”。在这里，礼貌未必是见面鞠躬，礼貌是你用温和的眼神传递尊重和关怀的善意，有这种情感的交流就足够了。我们何须拥抱，我们不必握手，如果你懂得默契，在生活里面品味人心，其实我们就走入了田野。我们在沟通中会感受到人性的力量，这种力量叫信任。治洲的爸爸、那位 89 岁的老人家今早特地跟我讲：“我在家里待这么久，很少能听到有人叫我爷爷，自己的孙子回来也只能听到几声，但是娃们每天喊我爷爷，我觉得对不住娃们，没吃我做的饭，没喝我烧的水，我对不住娃们。”你们知道老师听到这句话心里是什么滋味吗？我希望我的学生不仅把田野当作搜集某些事实的场域，还能切切体会到自己给别人带来的温暖。只有这样，你才能体会到别人不曾体会到的东西，此时田野对你来说就有了味道，它才能更加持续和长久。为什么这样说呢？因为我的学生能将田野行动转化为对自我心灵的反思。2009 年和 2010 年我两次去台湾，印象最深的是对“台湾风信子精神障碍者权益促进协会”的组织者刘小许的采访。她为那些精神障碍者回归社会而开办有机农场，她在“有机农业”中获得的启示是——“有机地对待土地，有机地对待精障朋友”。我曾对这位辅仁大学的心理学硕士所做的工作不解，总希望追问为什么她人生的喜怒哀乐都是从风信子开始的？她又是怎样理解生活、感悟人生的？她说：“生活是实践。大学在社会工作系时，认为社会工作者不切实际，可是当自己身体力行去做时，理念已经转化为现实。人生是苦的，事情做也做不完，实践的过程就是在解决我自己的苦！”正是因为有了这两次台湾之行，才有了我曾提及的在河南辉县积极创办乡村社区大学的后续故事。我希望我这个小教书匠，能够在中国的乡建运动中发挥一点力量。讲这些，是想告诉大家，我们的田野之行同样是来体悟自己的人生。我们在不同的年龄段里，对人生的体验差别很大，但是只要你认认真真去体悟，生活处处都是田野，事事都会让我们拥有特别的心灵感受。

谈乡土

可能来泥河沟之前你们对乡土有很多想象，那么乡土到底是什么？乡土就是这样一个村庄吗？在艳祎所谓的“现代化魔性”摧残之下，今天中国的乡村已经破败。据统计，2000 年，我国自然村总数为 363 万个，到了 2010 年，总数锐减为 271 万个，10 年间减少 92 万个。当作为“文化乡愁”的村庄渐已远去的时候，我们该如何认识乡土和乡土的意义呢？今天中午我和兆琦在小河边谈心时，他说泥河沟村跟他想象的不一样，这是想象与现实的落差。我们要明白，不是说农民对乡土热爱就是整天捧着黄土热泪盈眶，那不是真实的生活，不是生活的常态。但是当你把一颗枣苗割掉的时候，他表现出来的那份疼痛是切入肌肤的，是深藏心里的。郭宁过老人的故事就是最好的佐证。当黄河冲垮了大坝并把枣树冲毁之后，她的儿媳断定妈妈一定站在枣园哭泣。我们为什么听到这样的故事后满怀感动？因为在这样的突发事件里有乡民对生活的依恋，对脚下这片土地的一份深情。我们不要按照实验室式的推论遥想乡土，当你走近它的时候才发现，在那些平淡的日子里，在老百姓的一颦一笑里，时时潜存着那份深厚的乡土之情。我们来到这里就是要感受这种情感，同时，当我们美化乡村、神化乡愁的时候，也别忘了我们今天所肩负的使命。拯救乡土，我们没有能力。不过，我相信我们的每一步推进，都是在对这样一份神圣的使命尽着一份农大学子的努力。当我们想象乡村宁静的时候，别忘了它还潜存的危机，这就是农业文化遗产保护所彰显的深层关怀。

谈及遗产，我们首先想到的是祖辈留下的老宅子，但是除了这些看得见的身外之物，还有祖辈相传的、留在泥河沟人记忆里面的精神财富，我们今天抢救的就是这份遗产。如果我们前年到来，就能听到武国雄老人的讲述，但是“没有哪个老人会等到你下完田野之后再赶赴黄泉”。我们今天努力地存留一点历史，实际上就是给村落未来存留一份可以依托和找寻的记忆。如果有一天这个村子真的不存在了，那么还有谁能够记得陕北这个偏僻的小山村？这也是我一再讲要赋予我们今天这项工作以意义的原因所在。当村中的老人知道我们要为村子写书的时候，他们都说：“等你们的书出来，一定给我一本！”他们可能看不了几年了，但是他们要把书留给子孙看。今天我跟虎卫镇长在“人市儿”聊天的时候，人家说我们师生对泥河沟第一关心！第一关心！后人会把我们对泥河沟做的这些好事一辈辈传下去！不要小看我们的乡民，他们虽然只读了几天书，甚至没读书，虽然我们在他们面前好像一个知识累积的巨人，一听又是硕士又是博士，又是教授，但实际上我们来这里是向人家问询智慧的。

老师跟大家组成一个团队来到泥河沟，我们从记忆入手，关注乡土重建。我们将农业文化遗产保护和乡村发展联系起来思考，最终的目的是干嘛？我们不希望乡村流失得太快，它们应该能够有尊严地死去。从这个意义上说，一个村落和一个人的生命是一样的。但遗憾的是，我们不知道这个村落的源头在哪里，我们只知道它是一个有 1300 余年枣树陪伴的村落。我们努力地追溯它的过去并记录它当下的形态，就等于让它有尊严、体面地活着。当我们这样认知乡土、定位我们今天的工作时，我们就无愧于这一次又一次的乡村之行。我希望在我的学生完成几部有关农业文化遗产的著作之后，如果我的眼睛还能看到的话，我一定要写一本《农业文化遗产保护与乡土重建》，以此来表达中国农业大学一个普通的教育工作者对乡土中国美好愿景的期待。

在泥河沟的日子，我希望我的学生能和我有一样的田野感受。近 10 年来，我走访过很多村子，也欠下了很多还不完的人情债。也许有些地方我这辈子都不会再去，但是我不会忘记在那里发生的往事，我希望你们也能记住这里。今天我跟虎卫站在河神庙前说，这里清风徐徐，下边是黄河，所处之地是被尊崇千载的河神庙，一种非常复杂的情感突然充溢心头，我知道别离的钟声就要敲响！

今夜我们在这里畅谈心得，但我相信寂寞的山神会听懂我们的话语。在村子里的朝朝暮暮，我们的心里有太多的感激之情。感谢治洲书记，让我们每天吃得好、住得好；感谢虎卫，在我们心里他不再是镇长，而是我们的朋友，是你们的“一轮明月”；作为镇里下派的干事，年轻帅气的佳云和海强，尽心尽力辅助我们的调查工作，他们简直就是我们团队中的一员。正是因为有这样一份特殊的情感，原本平淡的日子变得不再平淡。对于这个千年村落，我们将带走一份社会责任，也将留下一份挚爱的情愫。也许这 8 天的记忆可以持续 8 年，甚至终生难忘。让我们记住 2014 年 7 月 7 日的泥河沟之夜，在这个淳朴的地方我们用一颗纯净的心做了一次纯美的交流！

敖汉归来谈——田野工作的教与学

孙庆忠

题记： 2014年7月14日至28日，我带领中国农业大学GIAHS调研组驻扎敖汉旗旱作农业系统的核心区域——兴隆洼镇的大甸子村和大窝铺村，围绕农作物品种、农耕技艺、农事生活等内容，调研团队遍访村里的种粮大户、文化名人、能工巧匠、村委队干。驻村调查结束后，团队成员又分散到旗里的另外10个乡镇，与乡镇推选出的经验丰富、年纪偏长的种植能手进行交流，采访他们的农耕经验，整理他们的口述史。7月30日，在农大民主楼269召开了田野工作座谈会，此文根据讲话录音整理而成。

此次的敖汉之行虽然长达15天，但是大家都坚持下来了，而且收获满满。也许你今天还记得那里的诸多不适，不能洗澡、饮食上的不习惯、访谈遇到的困境等，但几个月后，这些特殊的经历就会成为你愉快的谈资。与之相伴，田野带给你的思考也会深藏在记忆深处不招自来，这就是田野回音。

田野工作究竟让我们收获了什么？这是每一次下乡之后我们都要追问的。在我们告别敖汉的那餐晚宴上，在辛华局长请你们谈当地农业问题时，我已经看到了同学们的进步。你们对乡村的确多了几分了解，对我们研究的问题也日渐清晰。也许你们并未留意，那一刻间，老师一直在观察你们的表情，认真听你们的表述，一种欢喜的心情洋溢心头。

下田野是人类学、社会学从业者所必备的素质，表面看这也不是什么复杂的过程，背起行囊赶赴村庄，卷起铺盖回归日常，不过如此。但是如果深究下去可能就会发现，有些学生下乡3个月也没有学会如何做田野，更别说理解田野工作的本质了；也有些人熟知下乡的目的，经过田野浸染之后也搜集了很多资料，却不知如何驾驭文字，田野所得不知从何写起。这都是很悲伤的事情。那么，大家要通过这样的田野工作具备怎样的能力呢？我想3个方面是不可或缺的：第一，从田野中走出来之后，你一定要有自己的想法；第二，把这些想法用顺畅的语言表述出来；第三，把自己的想法转换成能让人读明白的文字。简而言之，就是有思想、有顺畅的语言、有用文字表达思想的能力，这不仅是对田野工作者的要求，也是我们应该具备的基本的专业素质。

7月7日，在我们告别陕北、分享泥河沟调研感悟时，我曾就教学、田野谈过一些想法，而今敖汉归来老师想重申如下几点，这也是听你们畅谈之后我最想回应和分享的认识。

出行的目的

在从敖汉去赤峰的路上，我跟咱们的摄影师梁健坐在一起，我们聊得很畅快。他谈了此行的困惑和他对乡村的思考。那一刻，我知道其实不仅仅是社会学专业的学生在思考着这些命题。面临着今天乡村的处境，有思想的大学生都在思考着有效的路径，到底怎样来研究乡村、拯救乡村？我希望在你们接下来的学术思考中，都把这样的问题放在一个主轴上，这样我们的乡村之行才是有深层次的、有潜在问题意识的。如果缺失了这一点，我们的田野调查就和乡村旅游没有什么差别。

我从2004年带2001级学生兰考之行，到现在带着你们奔赴田野，已经时隔10年的时间了。对于我这个老师来说，每一次出行，最为关注的是每一个学生在精神上的成长。应该说，是为了教学，我才赶赴田野，在田野中发现的事情我都要回归到我的教学。因此，在我的民俗学和人类学的课堂上，大家听到的研究方法，更多的是在乡土实践中我和我学生的田野实践。在我看来，这些才是学生最直接、最受用的田野指导和教育叙事。此时，经过25天的驻村调查，你们已不再满足于对乡村的想象和头脑中的激荡，而是有了许多冷静而现实的思考。田野回来之后，我发现大家谈及乡村问题时偶尔会陷入哑言状态，你们知道为什么吗？因为你意识到你的每一句话都可能与乡村的事实相悖，因为你们已从想象回到了真切的现实，所以懂得了慎言，这就是你在田野中的长进！

老师带领大家出行，是希望你们知晓田野工作的流程，并学会化解村落调查中的难题。不知你们是否意识到，泥河沟之行为我们的大甸子、大窝铺的调查做了非常好的铺垫，这是我认为的成功之处。接下来在大甸子和大窝铺9整天的工作，为我们后来诗歌乡镇口述史的专访打下了良好的基础。如果没有这9天，面对性情各异的老人，你真的会无所适从。我相信，陕西和内蒙古的田野之行给你们打开了学术视野。别小看这样的行动，如果有一天把你派到一个村子，你会知道基本的调查程序，会知道访谈的路径，一定会把今天的田野实践转换成下一次自己调查的能力。尽管日后大家的乡村研究关注点会有变化，但是我们剖析村庄的方法和对村落事实的认识却是相通的。当然，除了这项基础性的训练，我更为看重两个方面：其一是问询乡土知识、乡土文化、乡土智慧；其二是希望我的学生在行动中能感受到团队同伴的力量，能感受到自我存在的价值，能反观自己身上的弱势，而后在接下来的生活中有所改变。刚刚在你们每一位的道白中，我听出了你们对自己和同伴的真诚与率直，那些在个性上、生活上和对问题认识上的差异与包容。我真的希望你们能够愉快地接纳每一位兄弟姐妹的建议，这里边都有促进我们未来成长的积极因素。要把田野所学所悟真正地转换成自我反省的能力，这是我们集体出行的核心要义所在，也是老师从出行之初到现在都有的一份特别的心理期待。

文化的力量

我在大甸子村的时候，小组成员问了我一个问题：在研究村落文化的时候，如何勾连它与政治和经济的关系？从农业文化的视角来研究村庄，其独特的学术思考又在哪里？我曾调查过几种类型的村落，也试图去实现自己的构想。广州南景村调查，让我放弃了对乡村经济的追问；辽北西扎哈气村的调查，让我止步于乡土政治的探寻；对河北龙居村 12 年的关注，让我对性别与发展的热情减损大半。在几度的思路调整中，我找到了地理标志，那是我接触农业文化遗产研究的最初源头。2008 年，朱启臻老师从欧洲考察回来，在系里做了一个关于地理标志的演讲。他的一些想法与我试图按照地域研究土特产的念头恰好相合。这是我当年学习民俗学带给我的灵感，也是在农大和农大研究紧密衔接的一个领域。各地都有土特产，而且大多是地方经济的主要支柱，是农民赖以维持生计的来源。通过阅读和思考，当时我已经浅浅地知道从农业文化入手，可以关注整个乡土社会，可以研究乡村发展，可以将其视为乡土重建的一个路径了。因此，对地理标志农产品的专注，实际是我研究农业文化的一个特殊的起点。

从农产品入手研究乡土社会也让我意识到，农业文化是一个谁都可以介入的领域，从基层政府到地方官员都容易接纳。以此为突破点，完全可以把村庄的黑幕政治的状态了解清楚，只要你在那里待足够多的日子。村庄的经济不是不可触摸的领域，当你从文化入手，你就知道老百姓的基本生存状态，以及他们对于贫富、城乡的认知和态度。你们此次的村庄走访，在普查农作物品种及其经济效益的过程中，就能够触摸到村庄经济的神经，村委会的运作及其深层的矛盾状态，同样得以呈现，所以说，文化、经济、政治从来就没有离开过，只是人为地把它给切割了而已。当我们把文化问题深入到一个较深的程度时，你所关注的问题都可以自然地呈现。因此，从文化的视角去关注村庄，就等于关注村庄的全部。表面上看，我们不关心村民选举，也没有将村庄教育纳入其中，但事实上，这些问题都在我们的研究范畴之内。我们选择从农业文化研究入手，是深入思考村庄的另一条路径。我们在乡村的日子里，让农民知道了农业文化遗产保护，让官员懂得了遗产保护的意义，这本身就是一种特殊的文化干预。作为一个学者，我虽然自知力量有限，但是这种积极的干预，是我唯一能做到的。作为年轻学者，你们也同样在以自己的方式影响着这一个刚刚开启的文化工程。这就是文化的力量。

田野的温度

在敖汉的 15 天里，无论是在大甸子村的围坐，还是在大窝铺村的畅谈，我一直说要给你们讲一个专题——人类学田野工作的前台与后台。其实前台就是你们的种种表现，后台说得简单一点，就是我们自己心灵的起伏变化。如果仅仅是看到前台的风光，没有看到后台股股潜流，你的田野工作一定不是成功的，最起码不是我认为的田野。对田野工作，我们都应该有一份基本的洞察和感受能力。我记得大甸子组有一个问题，田野的投入程度应该有多深？是像河床一样，让水静静地流过，还是要改变河流的方向或缓急？前者也许是一种更为洒脱的生活，但是对于村落研究来说，可能就不大现实了。因为走到村庄，就要与人接触。与人接触，如果不能生情，你的田野工作就很难深入。关键是怎么来把握这份特殊的情感。我们对村民生活短暂的介入，也许不能改变什么，但就在老奶奶抓着你的手流泪的时候，就在老爷爷站立村口与你挥手道别的那一瞬间，你已走入了他们的世界。我相信在你的田野工作中，有那么一刻间，你能理解老人的心境，能够认识到他心绪深处的孤独，能够以此认知他背后的活了几十年的乡土社会中不只是淳朴、温情的人际关系，更有冷漠伴生。如果是这样的话，你对乡土的认知就已经向前迈了一大步。

我始终认为，田野是有温度的，因此我们不必刻意去回避情感，让它尽情地流淌去吧。田野经历可能很短，但田野记忆会很绵长。此时，我们已经告别了村落，但村民能在平淡的生活中依然记得你曾经投给他握手的温度，这难道不够吗？如果把这份情感去掉，我们的田野可能除了干瘪的事实之外真的所剩无几。我们下乡不仅仅是跑到一个有边界的村庄里去收集一种事实，而是用我们年轻的、阅历尚浅的生命体验，和古老的村庄和村民相约，实现我们人生中的一次相遇。从这个意义上讲，我们要投注情感，不然就是田野中的匆匆过客，好像你从没来过。所以不要为你田野中的感情感到困惑，那是你生活的一部分。如果没有这份情感，我们的田野就没有了温度，下乡的目的也就减损了大半。我细致地回想自己从读研究生到现在20年的时间，下的田野给我留下的是什么？我可能忘却了因田野而写成的文字，但田野中的情感却让我对每一步的生活都存留记忆。正是这些田野中留下的足迹和情感，记录了我从事民间文化研究的轨迹。

最后我想强调的是，每一次下乡我们的言谈举止都非常重要，因为你不仅仅代表着中国农业大学的形象，也代表着你们这一代大学生的精神风貌。泥河沟的村民夸："这些娃儿们都好！老师也好！"大窝铺村的老奶奶说："这孩子们这么好，老师也应该不赖。"听到这些话的时候，我的心里舒畅。你们出去的时候不是代表你自己，正如你们今天从家里走出来在学校读书一样。我在"民俗学"课上一再讲，你们在外的表现不要辱没了父母的名声，因为父母是孩子的镜子，我们透过你可以看到你的父母。老百姓还有一句话说："三十年前看父敬子，三十年后看子敬父。"今天你们的学术起步阶段从中国农业大学开始，我希望他年之后，当你们成名成家的时候，你们能因今天的研究而对自己的经历无怨无悔，对所学专业生起感激之情，能对中国农业大学心生敬意！

黄河边的2014年（刘虎卫 摄）

泥河沟夜话——“把种子埋进土里”

孙庆忠

题记：2016年1月5日至14日，我与侯玉峰博士带领宋艳祎、李妍颖、郭天禹、孙兆琦、李禾尧、高凡、江沛、韩泽东、辛育航、王嘉雪等10名学生再访泥河沟，这是团队的第三次集体驻村。与此前夏日酷暑的感觉不同，此次对陕北冬天的严寒有了难忘的记忆。然而，天气的寒冷并不能阻隔我们与村民彼此传递温暖。学生们为了求证一个事实、一段往事，几乎跑遍全村，不放弃任何一条线索。大家知道这项抢救性的工作有多么急切，因此，在田野工作中尽心尽力。当我看到他们小鼻子、小脸蛋冻得红红的时候，心里其实不是个滋味。但是看到他们在实践中娴熟地应用所学、在与村民的交流中收获感动时，一种言说不尽的欢喜又会洋溢于我的心头。我们这个时代呼唤年轻人投入激情、服务社会，这是青春的旋律！

作为学术研究的“种子”，学生们在一次次的乡村之行中培养为学和对生活的想象力。无论是对田野调查的谨慎态度，还是对他人的尊重和对自己的严格要求，在这些年轻学者的心里已经开始生根发芽，作为一种特殊的文化符号，农业文化遗产地的研究如实地记录了他们学步时的足迹和梦想。从这个意义上说，人类学家林耀华先生在《金翼》中所说的“把种子埋进土里”，充分地表达了在乡村的每一个日子里带给我的心灵感动和心理期待！

此次泥河沟之行，除了学生们补充村落文化志调研资料之外，我的一个核心研究命题是扶贫。为此，我走访了贫困户、驻村干部，也听闻了县长和县委副书记对扶贫的解读。13 日晚，也是回京的前一天，我们师生座谈到凌晨。下文呈现的，是学生们谈完调研收获和感悟之后我的讲话。它记录了我当时的心情，也寄予了一份在田野中培养学生的愿望。

尽管夜已经很深了，但这个分享过程还是让人欢欣鼓舞。尽管这里面有多少困惑、问题，但是大家都能不断地拓展自己的田野，能去发现新的线索，这本身就是田野工作中最美妙的事情。我们团队在泥河沟一起走过了酷暑与严寒，曾经的不适应都已转换成了理所当然的生活状态。我相信这些生活在乡村的日子，会成为你们四年大学生活、两年研究生生活中最难忘怀的记忆。

这一次原本不想集体出行，但想来想去，还是把它当成我们团队一次完美的收官吧。对我来说，多年的田野工作令我伤情的，有对乡村百姓生活状态的忧虑，但更多的是源于我对学生的期待。在村中度过的日子，我对你们的要求是严格的，也许有些批评是你一生都难忘的，但是无论怎样，你们应该理解老师对你们寄予的一份深切的情感。

前天的夜话，侯玉峰老师说我比原来带学生下乡变得温和了许多。实际上，我在骨子里对学生的要求从来没有降低过标准。庆幸的是，我们这个团队尽管大部分成员还是本科生，但是你们的田野发现和工作热情确实是许多硕士和博士都无法企及的。我非常幸运的是在你们精力最旺盛之时和你们有如此美丽的相遇，不论这田野多辛苦，我都能在你们的成长中获得一份欢悦和满足。在这个看似培养你们的过程中，田野也在磨炼着我的意志，你们在打磨着我的性情。正是在这双向互动中，我们拥有了更为深厚的情谊，也促发了共同服务乡村的使命意识。

今天听大家的田野收获，无论是学术思考，还是情感上的梳理，都让我有种昔日重来的感觉。我自己在田野工作中经历的那些往事，一直都难以忘怀的生命体验，在我的学生身上都如期出现了，而且比我预期得还深刻，这对于老师来说真是莫大的幸福。应该讲，在农大工作的 12 年里，尤其是和我们团队一起阅读文献、一起生活在乡村的日子，是我目睹我学生进步最快、自己也沉醉其中的两年。真希望有一天我们这么多的田野感受，能够以文字形式记录下来，成为他年之后我们追忆这段日子的精神储藏库！

今天晚上的夜话，我要围绕田野工作谈两个关键词，一个是理想，一个是境界，虽然都是老生常谈，却也能部分地回应你们的追问。

我们做全球重要农业文化遗产地的研究已经两年了，回首看来，它的意义何在，价值又在哪里？我曾经跟你们说，跟老师一起做农业文化遗产吧，等你们成为祖爷爷、祖奶奶的时候，后辈还记挂着你在本科阶段曾经做过泥河沟的研究。这是哄小孩的话，你们为什么信呢？事实是，你们来了，还做得有滋有味，像模像样。原因只有一个，因为你对田野有一种想象，因为你对社会学专业有一种认同，因为你对人类学心存一份情感和敬意，才让你走到了这块田野中来。无论是误打误撞，还是早有预谋，走到泥河沟后才发现，我们都掉到“沟”里了。这个沟就是陕北的地域文化，是我们对一方百姓的想象与亲和。

昨天我心情沉重，沉重到了不想再讲话。似乎曾经的沟壑景观变得满眼悲凉，曾经温暖的窑洞变得格外寒冷，因为这里的贫穷，因为村民无力改变的生活状况。陕北的土地最容易唤起人的悲伤情绪。在去往镇政府的路上，看着车外的风景，我满脑子想到的是路遥和他的《平凡的世界》，想到的是那些平凡世界里的平凡人生。任锦双书记跟我说："哎呀，今天能吃上大米白面，但是为什么人都这么不幸福？他们不幸福，我也不幸福，好像今天没有几个人幸福了。教授你说，不幸福的原因是啥？"我笑了笑，没有作答。他说："我有一个说法，这个人是有理想的，他没有理想了，所以不幸福了。"理想，听起来虚，可它是多实在的一个事情。我给你们发过余光中的诗，他说要成为一个理想主义者，只有理想主义者，才会在寒冷的冬日里也能闻到玫瑰的芳香。这句话我印象很深，在你们这些"90 后"的世界里，理想好像太奢侈，等待好像太漫长。但实际上呢，我们心中揣着理想，行动才是内发的、原生性的，没有了理想，平淡的生活哪里还会有光彩呢？

路遥去世 15 年的时候，新世界出版社出版了一本纪念文集。在这些追忆性的文章里，我感触最深的是，路遥是一个情感充沛的人，在他的小说里，总能透过主人公的泪水让我们感受到这片贫瘠的土地带给人内心丰富的情感。作家王安忆说，初春的时候，走在山里，满目黄土，忽然峰回路转，崖上立了一枝粉红色的桃花，这时候路遥的眼泪就流了下来。如果没有路遥的提示，我们不会注意到它。因为那崖上的桃花，总是孤零零的一棵。它在黄土与蓝天的浓郁背景上只是轻描淡写的一笔，而它却是路遥伤及心肺的景色。为什么看到粉红色桃花的那一刻路遥流泪呢？因为那不只是荒凉黄土地上竞相绽放的桃花，那还是贫瘠的环境里人们对生活的火辣辣的希望，那是跨越了寒冬之后的春天。外在的自然景观和路遥的心灵世界在这一刻是高度契合的。

我们此刻生活在陕北，与泥河沟的乡亲们一起走过了冬夏。我们对这片土地的理解虽然有限，但内心深处的情感却总能和这里的人们连在一起，总是对改变这里的生存境况充满期待。我们集体出行的两年，应该在你们的心里埋下了理想主义的种子。尽管这里的贫困让我们无力，老百姓赋予的情感让我们感到沉重，但我们不要“畏惧和退缩”，更不要心存愧疚，我们能为这里尽心做好我们能做的事情就足够了。

我们留在这里的情感都是有回音的，请你们相信这一点，否则就不要做田野工作了。但一定要记住，当你试图为别人去解开精神锁链的时候，自己首先要成为一个自由而内心强大的人。从这个意义上说，田野工作就是一个不断地制造枷锁让自己前行，不断地解开枷锁让自己获得心灵自由的过程，这样的人生之所以富有挑战性，是因为理想主义的情结始终与心灵相伴。有了这份坚定，我们的生活里就不会有那份畏惧和退缩。我小时候看过一部苏联电影《乡村女教师》，女教师的名字叫瓦尔娃拉。她把自己的大半生献给了西伯利亚一个偏远的小山村，最终桃李满天下。这部片子影响了几辈人的青春，总能让人们在心灵沉寂之时燃起对新生活的希望、对平凡人生的梦想。每一次的乡村之行带给我们的是什么？是一种独特的心灵体验，让我们在这个过程中能够感受到活着的幸福。这是一个内心充盈的过程。如果你对这生活、对这世间、对人性没有一份美好的想象，这辈子做人一定是干瘪的。所以，我们这个肉体生命不论是强壮的还是瘦弱的，只要里面灌注一种情感、一种理想主义的魂灵，这辈子就不会感到孤独，就不枉来世上一遭。

谈罢理想，我们再来说说境界。

每次下乡我都要问，我们来到乡村就是到老百姓脑袋里打听点事吗？就是想跟老师学学调研的技巧吗？如果不是这样，那田野工作的真义又在哪里呢？你们跟老师下乡的原初想法，基本上是为了学习田野调查方法，但两年走下来，基本不再以此为目标了。为什么？就如禾尧前天所说，我们的驻村调查已经跨越了技术层面，进入到心灵问询的状态。的确，看似简单的村落调查，每一个细节都是值得我们玩味的。刚刚妍颖说，我们团队出行好像是一个人在做田野，而一个人出去又好像是团队在跟行，这就是团队协同工作的魅力所在。大家应该有所察觉，与2018年暑期的田野工作布局不同，2019年强调的是——把握整体之后的个别追问。2018年集体出行居多，目的是相互学习启发，2019年独立前行，是要培养你们独立下田野的能力。当然，在你们一次次访谈结束后，除了那些尘封了多年的村庄轶事，老师更想听到的是你们对生活、对生命的感悟。因为一旦你们可以共情地走入他者的心灵世界，用真情去建立与受访者的连接，还有什么可以阻挡你对事实的接近呢？所以，我才一再说，调研无技巧，真心是要义。田野工作是一个修行的过程，让我们走入自我心灵的深处。我曾经说过，要给大家讲讲“田野工作的前台与后台”，概括说来，所谓的前台就是我们听闻和目睹的这么多故事，是你们走到某一个家庭之后在那里的问询与攀谈；而田野的后台则是我们对此类行动的追问，是对自身情感的考量，是对为学与生活的一次次定位。因此，田野工作带给我们的深层领悟，一定不止于技能技巧，而是超越其上，是磨炼了我们的意志，培养了一种胸怀。这种磨炼和培养的根本是要理解人性、亲近民间智慧，这应该是田野工作带给我们的最大收获。

我强调田野跨越了技艺，是一个修行的过程。那接下来的问题是，我们该怎样投入到修行之中？这既是如何理解田野工作的问题，也是寻找路径的问题。我今天早晨跟兆琦有一段谈话。我想，他的问题也是你们共同的追问——今天我做这件事情有意义吗？我认真观察过你们的神情，仅以你们中的一个为例。小凡是一个资质很高的孩子，他的眼神漂移不定时，他是在怀疑我今天在这里辛苦工作的意义；当我让你们阅读文献的时候，他虽满口答应，但在眼角上翘的一瞬间，他是在追问做这件事情的价值。我当然理解你们的状态，如果在田野中对意义没有三度追问，那你们就不是学习社会学专业的学生了。我要强调的是，我没有那么大的魅力让你意志坚定，但在你怀疑和追问之后，一定要在自己的实践中去不断地验证。但不论怎么追问，有一点是不会变化的。这两年多次集体出行的田野工作，将会对你的一生产生影响。你们要明白做好一件事情的重要意义，也许这件事跟你的未来表面上没有多大关系，但实质上如果你能认真做好一件事，并且努力把它做到极致，你就跨越了自己设定的标杆，也就是你自己能力提升的时刻。我跟兆琦讲，将来你可能搞艺术，可能搞管理，表面上跟做乡村调研根本不搭调，但是这个过程中培育的性情和能力，培育的胸怀和眼光，足以支撑你后面去应对所有的事情。这个用四个字概括叫“触类旁通”。

我很理解你们此时的压力，连续两年驻村调研，我们和这里的乡亲们有了深厚的感情，因此为这个农业文化遗产地留下村史和村志，也便成了一份重重的托付，一份精神上的托付。明年我们的 3 本书完成，一定会为泥河沟的社区营造作出很大贡献。刚刚天禹用“粗壮的腿”和“瘦弱的腿”来比喻村庄文化和经济不相宜的现状，我想当一个村落精神自足真的达到一定程度的时候，物质上的富足就会接踵而至，所以，那种担心可以姑且忘却。

老师希望通过这样的田野工作，让大家悟得一个道理，就是人生境界。每年的社会心理学课堂，我都会为研究生讲一则禅话，这是我 1997 年在柏林禅寺体验生活时听静波法师讲的。多年来，故事里的禅意总会在不经意时出现在我的脑海里，让我重新思量自己的生活。

故事是这样的：弥勒菩萨和无著菩萨是好朋友，也是师徒，弥勒菩萨圆寂之后，无著菩萨就想通过禅定的方式见到他的老师。于是，他就进入了闭关的生活状态。3 年间，他希望在禅定中看到弥勒菩萨，能像他在世时一样向他问道。但是 3 年过去了，他在失望中走出了屋门。行至不远，他看到一个老婆婆拿着一根铁棍子在磨针，他深受鼓舞，于是又回到了禅房，闭关 3 年。这次他失望了，因为这 3 年里他没有见到老师，连个好梦都没做。当他在无望中孤独前行的时候，他看见一个人拿着一根羽毛在山脚下刷来刷去。无著走上前问其缘由，那人说这座山挡住了去路，他要用羽毛把它刷平。此时的无著菩萨再度受到感化，又回来闭关了 3 年。之后怎么样？他彻底绝望了，因为他根本没有见到老师的影儿。当他破门走出禅房的时候，他突然看到一只狗从远处跑来，是一只腿部受伤的狗，是一只因受伤腿上长满了蛆的狗。见此情景，他心生怜悯。他想，如果用手把蛆从腿上拿下来，狗一定会很疼，如果用舌头把它舔下来，狗的疼痛就会好些。这份悲悯之心驱使他趴在了地上，为这只狗来舔腿上的蛆。当他闭眼睛一舔的时候，发现自己舔的不是狗腿，而是土地。等他抬头的时候，发现是弥勒菩萨就站在他的眼前。这一刻间，他满心欢喜，而后又蹦起来抱怨地说："我闭关了9年想要见到你，你为什么不来见我呢？"弥勒菩萨说："9年间我没有一刻间离开过你，仅仅是你看不到我而已。如果不信的话，你背上我走向人街闹市，问问人们你背了什么。"于是他就背上弥勒菩萨，到人群处他便问："你们看我的后背上背了什么？"得到的反应是，这个人是疯子，他的背上什么也没有呀。他在无奈中背着弥勒菩萨走了很远，突然对面走来一位老太太说："你的背上为什么背一条狗呀？"这时候，弥勒菩萨说："这个老太太的业障已经消的差不多了。"

老师为什么给你们讲这样一个故事，你听出了什么？我从听到这则禅话算起，将近20年的时间已经过去了，在回望自己的生活时，总能在这个故事中受到启发。以此来看看我们在泥河沟的工作吧，表面上看与其他乡村调研别无二致，但只要你能坚定以修心为根本，你的人生境界就会不招自来。它不是贴在你脸上的标签，但那份心灵深处的变化你自己最清楚，可谓"如人饮水，冷暖自知"。在修行的这条路上，人生境界以及外化的言行总是有所不同。为什么他看到的你没有看到，为什么他经历的你不能经历，为什么他说出的你无法说出？我告诉你们，不是因为那一刻间你没有想到，而是因为你自己的心灵没有修炼到位。田野是好多专业人士都谈论的话题，但是能从中品出滋味者又有几何？你想体味人生的高峰体验吗？如果想，就让你在做一件事情的过程中，去充分地体现自己的意志和耐力，只有这样，"境界"才能与你相伴。

泥河沟的夜话就到这里吧。希望田野工作让大家感受到生活的美好，尽管在这个偏僻的山村，冬日里更加显得清冷。但我看到了你们的变化，在你们的心里蕴含着一种自我强大的能量。

探访车会沟（熊悦 摄）

王金庄岩凹沟朝话——采录梯田地名的意义

孙庆忠

题记：1964 年，毛主席发出“农业学大寨”号召以后，王金庄村民在王全有（1912—1983）书记的带领下，把“向岩凹大进军”作为学大寨的具体行动。当时全村成立了 5 个治山专业队，夏战“三伏”，冬战“三九”，以 600 多个工才修一亩梯田的速度，兴修了岩凹沟，治理了高峧坡，修整了桃花水岭，造出了梯田 2250 块、500 余亩。修梯田的同时栽种花椒树 5.6 万株，山顶上种植松柏 11 万株。《王金庄村志》记载了这一代人的创举。而今，岩凹沟口路堰根青石板上篆刻的文字依然清晰可见，“胸中有朝阳，前进路上无阻挡”，是 1965 年秋天岩凹治山专业队的誓言。2019 年 7 月 19 日，中国农业大学农业文化遗产研习营的青年学子到此采录梯田地名，中午野炊时，有感而发，讲述了踏查山林的目的与价值。

今天在来岩凹沟的路上，有几位同学一直在追问我一个问题——我们来王金庄调研为什么要走村外的山林，为什么老师要带领村民普查梯田的地名和作物？我们关注的是村庄发展，要解决当下农业遗产地出现的问题，要在这里学会做研究，难道走完这些大沟小沟就能达到我们的预期吗？

与村民一道进行梯田普查，一来可以让他们更清楚自己的家底，二来可以让我们熟悉这片土地。我们在这里进行村落调查，如果能了解每一户人家的情况，知道每块梯田的名字，我们的研究可谓成竹在胸了。记住名字有这么重要吗？我在课堂上要记住学生的名字，这“没有无名氏的课堂”有一个功效，那就是每一个学生都会觉得自己在老师的视野之内。我们每天和很多人擦肩而过，但如果在回头的瞬间，你能叫出他的名字，这意味着你们有过交集，并非人海中没有留下任何印记的一个。对于一个村子来说，如果你能把村里的人和每一块土地的名字记下，那无疑会证明你跟这片土地的连接并非朝夕。

我们走入乡村，一定要知道为何而来。培育热爱乡村的情感，是我们做好一切工作的前提。今天来村里的拍客不少，遗憾的是，100 个人来过，50 对看到的仅仅是这里的景观，他们与这里没有什么情感的联系。而我们则不同，走进王金庄，我们要从熟悉村落周边的地名开始，要知晓 12 条大沟 120 条小沟的 399 个地名。我相信，这是本村人也极少能做到的。通过这样的方式了解村庄，并从此跟这片贫瘠的干旱的土地有了难以割舍的感情。如果你对这里一无所知，你怎么去爱它？爱是需要理由的。我们这伙人为服务乡村而来，但效果如何，则是对我们是否拥有能力和智慧的一次考验。

对于本村人来说，这片神奇的土地可能已经使他们“爱无力”了，年轻一代在外出打工多年之后，更多的是想永久地逃离家乡。这是中国绝大部分乡村的共相，太多的地方已经人去村空。在这种情况之下，我们要用什么样的方式重新唤起村民对家乡的热爱，可能我们当下这种工作方法就是一种积极的尝试吧！连一个外乡人都可以如此这般地了解这片山林、亲近这片土地，作为本地人，难道不该爱恋自己的家乡吗？我们从记录村庄的地名开始，像熟识一个人那样去了解一个村庄，表面上是在普查梯田，实际上是在追溯王金庄的过往，深层的价值是在传递一种能量，让我们的村民重新发现自己，重新发现村庄，重新燃起对乡土的希望！

我们在这里追问每一块梯田的历史，让一辈又一辈人的往事得以重现，虽然有些还很模糊，但有一点是肯定的，它愈发清晰了土地、作物、村庄与每一个家庭的关联。一块块不会讲话的梯田从此有了准确的记载，静默无声的石堰有了祖祖辈辈融入其中的温度。这就是我们今天要做的工作，它的意义和价值不仅仅可以催生我们因为爱恋而对这方土地产生的情感，还能因此让你熟悉这里的每一个家庭。当你带着对这片土地的认知，走到他们家的时候，他们会找出地契文书，会更加珍爱祖上传下来的“命根子”，尽管那里的石堰已塌，只留下被大雨冲落的泥土。因此，我们与村民一道普查王金庄 12 平方公里的山地沟壑之后，这个村子对大家来说才不再陌生。只有做了这样基础性的工作，我们才敢拍胸脯说我是这里的志愿者，是有能力来为乡村服务的。因此，别小看我们来岩凹沟问问洼、垴、坡、岭，我们是在问询王金庄的历史与当下，是在了解一方水土、识一方人，是在搜寻千百年来农民的生存智慧。

再来看看既熟悉又陌生的我们吧。在农大校园的时候，每天有无数的学生从我身边走过，但大部分却无缘相识。而此时，我们不仅仅因研习营结识，还能一起赶赴远方、赶赴乡村，在太行山的深沟野壑里还有思想的交流和精神的相遇。前世多少缘分，才有今生如此这般的共行。我们彼此珍惜，一起来为乡村做事儿，对我们的生活、对我们的生命都极具意义。如果没有我们在这里助力推动，梯田的故事可能永远锁定在这几个文化人的头脑里，难以转化成为我们对于村庄的集体记忆。

我们协助村民完成梯田普查工作之后，我希望看到的结果是，年长者因重温历史而感念祖先，年轻者“80后”“90后”也能因此对家乡这片土地产生一份深情。当这种力量在村庄内部被一次次激活时，土地荒了，他们会心生怜惜；石堰塌了，他们就会自觉地修建。所以我们今天做这项工作，表面上是为了对得起祖先、为了现在活着的人，实际上不止如此，农业文化遗产永远是关乎过去又指向未来的。

而对于农大学子而言，我们今天做这些事儿，就等于努力把王金庄村撂荒的土地变成热土，让乡村寂寞的山林，成为延续根脉的资源。这是乡村振兴的内在要求，我们能够投身于这样一个充满了期待的时代，该是多么幸运。这项工作最终会用文字、图像、声音的方式记录下来，王金庄的历史里从此有了我们走过的印迹。在中国农业大学读一次书，你们能在这方土地上展现年轻人的热情和生命意志，这是多么值得期待。

5年前，我带队到陕北泥河沟村做了与此相近的事情，我们让一个没有文字记载的村庄有了定格的历史。这样的记录对那片土地上的人是重要的，尤其是在老年人相继告别尘世之后，在外打工的几百位年轻人也不会忘记家乡的历史。当他们读到3卷本文字和图片的时候，唤起的是与每一个地名连在一起的童年记忆，还有那些他们不知道的家乡往事。就此而言，我们所做的这项工作，其意义要多深有多深！

我在2019年6月的遗产地乡村青年培训班上曾问过，乡土中国乡土重建离你远不远？可以说，要多远有多远，要多近有多近。王金庄就是乡土中国的一部分，你们服务了这片土地，就等于服务了乡土中国。正是基于这样的认识，我才在结业式讲话的时候，想到了前一天在地铁站里听到“我爱你中国”时的那一瞬间。那首轻柔而深情的乐曲，让我想到了李高福、张传辉和王虎林这样优秀的乡村青年，让我看到了乡村的希望。当一股热流涌上心头时，当我的眼前变得模糊而湿润时，我才更加坚信，我们每一个人都在用自己最柔弱的生命为国家分忧，都在力所能及地让我们的生活更有意义，那一刻间我觉得自己一下子变得神圣而高大。今天，我们的年轻人带着一份热情来这里工作，表面上为一个王金庄，实际上是为整个中国。

我们生逢一个灿烂的时代，中国人不愁吃也不少喝，高科技快速发展，农业增加值占国内生产总值的比重只有 7.2%，但是这并不意味着我们可以和农耕告别了，恰恰相反，在现代化、城市化日益成为社会发展的终极目标时，农业遗产的传承与保护已经迫在眉睫。我们来到农业文化遗产地，要破解其得以传续千百年的密码，要为这里的发展寻找出路。此时，全国有 91 个农业遗产地，共计 104 个县，其中有 40 多个是国家级贫困县。这些生态脆弱、灾难深重的地方，无论是中原区域还是边疆少数民族地区，都已在年轻人外出谋生的洪流中变得凋敝萧索，在繁华都市的映衬下变得失魂落魄。乡村有了魂，才有生命活力，才有振兴的希望！这样看来，我们今天所做的事情，是救人的工作，是给乡村以希望的工作，哪里是社会实践或写两篇论文所能比拟的！

我们用自己微薄的力量为今天的乡土中国做事，这是农大的学生应该肩负的使命，也是我们用自己所学回报这片土地最直接的方式。我现在急切想做的事情是，争取为不同类型的遗产地村落做文化志，与村民一起发掘村庄资源，一来为他们爱家乡找到理由，二来为乡村发展打好文化根基。2009 年我到日本访学，名古屋大学有一个馆藏让我心动，那是民俗学家对每个县每个村落的文化记录，从地形地貌到风土人情，从民事活动到神社祭典，记录之详尽超乎想象。依此文本和图片，即使某一天村落被海啸冲刷掉也可以重建。我觉得日本民俗学家真是了不起。回过头看看我们自己，能有如此记录的村落又有几个呢！

我们来到王金庄，用脚丈量这里的每一块梯田，心里应该觉得特别踏实，因为这块原本陌生的山林，从此不再陌生。我们把这项基础工作做好之后，跟村落中的每一户家庭对接，祖祖辈辈在这里生存的状况就会有一个大致的轮廓。再接下来，我们会在文化普查的基础上，让梯田和梯田记忆走进年轻一代的心里。我们会以幼儿园绘本和中小学校本教材的形式生动地展现出旱作梯田的本土知识，让这里近 800 年的农耕智慧始终有根。我期待村里的孩子们喜欢跟爷爷一起去搭石堰，随着年龄的增长，他们有一天会以此为荣，因为他们不仅习得了祖辈的生存技巧，也能体会到一代又一代人传递下来的根的情义。只要这种情感在，王金庄的梯田就会与我们同在！但是如何通过科普的形式让子孙与祖先对话，全依赖于我们今天细致的调查。他年之后，等你们摇身一变成为学者、成为教授的时候，老师也希望你们能拍胸脯说，王金庄是你们的学术起点。那时你们要定期回来，感谢这里的老百姓，感激农业文化遗产赋予你们的能力与灵感。

为什么要从山林入手，为什么要搞这样的地名普查，现在可以简单概括为，去寻找我们跟这片山林之间的感情联系，去唤起当地村民对自己过往生活的记忆，从而使得他们更加热爱自己的家乡。对于我们的年轻学子呢，老师希望你们能从这里获得能量，而后去服务更多的乡村。在你记录每一个地名的过程中，要知道你是在为乡土重建尽微薄之力，因为你的命运是和中国社会、和乡土中国紧密连接在一起的。

庭院里的星空（计云 摄）

王金庄五街村夜话——在乡村反观自己的生活

孙庆忠

题记：2019年7月21日，参加五街村第四组师生夜话，分享了他们重新踏查大崖岭的收获。之后，围绕村里地名“马鞍山”带给村民的不同感受，讲述了走出自己的生活视野和改变固有观念对人生的意义。同时，叮嘱年轻人用心发现乡村生活之美，这既是走入他者的心灵过程，也是尽心为学的修行之旅。

今天听了大家的夜话，很高兴你们能够延续这一传统。每天调研后，大家都能坐在一起交流思想，增进感情，这是田野工作中难得的经历。你们组今天走了大崖岭，听说你们的工作策略转变以后，获得了不少的新知，彼此都很欢悦，还有了一份成就感，我也很为大家的收获高兴！你们刚刚讨论了十几个问题，都有深入探究的价值，证明今天的走访是富有成效的。此次的田野训练大家不必着急发现论题，重要的是，在这里要学会如何把握一个村落，如何走进一个家庭，如何和一个老人进行倾心的交谈。同学们每天和不同年龄段的村民接触，能感受到他们的生存境况。这就是走出自己原有的生活，去体味另一种生活的状态。

刚才你们说在村里发现几十种药材，这些都没有被充分利用起来，想着日后怎么利用，这正是我们要做的。我们年轻的大学生来到这里，就是要凭借自己的专业所学告诉人家，天天熟知的生活常识里蕴含着多么了不起的生存智慧。我听你们讲到老人自杀的问题，后面应该有跟进调查，这样才能做出符合实际的解释。做研究最忌讳的是，在村里待了 3 天，回去就写一篇超过万字的报告，鬼才相信。因为在这里观察 13 天、23 天和 33 天发现的问题是不一样的。同学们无需急着对某个问题做出直觉的判断，要学会认真地听、慢慢地想，这是你们此时田野工作的重心。

刚才虎林讲的马鞍山的故事，虽然是一种简单的生活叙事，但故事里有故事，它说明了一个道理。为什么他常听人说起马鞍山却不知它在何处？因为他生活在一街村，从他的视野里无法看到五街村的这道风景。这给我们一个启发，那就是一定要走出自己的生活视野，给自己创造一个机会，改变那些我们熟识并且已经用偏见牢牢拴住头脑的固念，要相信每一次改变都是生活的一次拓展。举个例子来说吧，现在很多人认为外出务工的年轻人返乡农村才有希望。可是，如果他们在不成熟的时机回来，村子看起来有了人气，可是家庭的经济生活却难以为继。我们怎样理解乡村社会问题，这是同学们要想的大事，不可以用一种简单粗暴的方式开出药方，认为乡村复育就这么一条路。马鞍山的故事告诉我们，可以用不同的眼光看待同一个地方、同一件事。2015 年，我到浙江青田去考察那里的稻鱼共生系统，那里是著名的侨乡。如果按照认识的惯性，这里的农业遗产早就不复存在了，因为年轻人都跑到西班牙、意大利去了，但这里的农业系统保护和利用得很好。我发现了一点，无论他们身居何处，他们每天都通过微信关注家乡的发展，关注着村里的天气，关心着稻子的长势和田鱼的价格。

乡村建设当然需要年轻人，但今天的乡村还没有足够的力量吸纳年轻人回来。假如他们回村却无所事事，生计无着，那将是更可怕的事情。对于中国大部分乡村来说，农业机械化水平的提升已经不需要那么多的劳动力。再有，从人性关怀和个性发展的角度来看，在这个地球村的时代，我们没有任何理由把年轻人捆绑在乡村。他们有资格走出去，不仅仅走出自己的村子，而是要走到省城，要到北（京）上（海）广（州）这样的一线城市。如果可能，他们还要走到国外去，到欧美去看一看这个丰富多彩的世界，这是每一个年轻人应有的权利。

事实上，乡村面临不景气的经济状态，每一个年轻人都有一种无力之感，尤其是当生计来源不能够满足他们基本生活所需的时候，他们唯一的路就是走出去。近年来，每年大约有两亿多农民工迫于生存压力而离开家乡，这一事实决定了乡村破败的共相。现在的问题是，我们能为乡村做什么？2016 年 4 月 1 日我在贵州大学讲座时说，在乡村里的年轻人为了生计而无力守望家乡的时候，就让我们用另一种精神力量替他们守望吧。有朝一日，当他们缓解了经济压力重返家乡的时候，故乡还在，那是一种多么美妙的人生境况啊！村里马鞍山的故事启示我们，走出固有的生活状态和认知局限，才有视野、有格局，才有机会重新反观自身，看待我们认为本该如此的生活。这是我要讲的第一点。

第二点也与虎林有关。昨天晚上，虎林在五街村看到的月亮非常漂亮，可是跑到家竟然发现两公里外的一街村没有月亮。等到半夜时分，月亮又从远山处升起时，我们的讨论被虎林带着几分孩童般的喊声打断，他站在楼顶兴奋地指着月亮说：“老师，看月亮！”虎林的妈妈扶着栏杆也说，“孙老师，你看月亮。”那一刻间我很感动，为什么呢？不是因为昨夜的月亮，而是因为他们母子那一刻的心境，忙碌操劳的日子里还有一个瞬间欣赏这份美！

2019 年 1 月，我第二次到云南宁蒗彝族自治县的油米村做调研。这个摩梭人的村落有 82 户，东巴教是这里的全民信仰。老村长石农布是超度仪式上的舞者，被称为“侠舞”。在村里时，我每天早晨都会上山，远眺无量河和坡地上这个静谧的小山村。有一天，当我上山走到半截的时候，看到他正围着一棵树走来走去。我说：“老村长，你在干什么呀？”他说：“孙老师，我在看梅花，梅花就要开放了，我们油米村的春天要到了。”那一刻间，我竟不知如何回应，只是站在远处看着那些吐露新芽的梅花，看着这位欣赏梅花的老人。我们多少人都错误地认为乡村人粗枝大叶，好像没有机会去感受生活、感受美，但事实并不是这样。乡村如此落寞，生活如此贫困，却没有人能遏制他们欣赏美和以此传达他们热爱生活的感受。

在我看来，乡村的生活虽有苦难相伴，也不乏老人自杀这样的痛楚相随，但是我们也应该看到在生活里还有虎林这样的年轻人，有石农布这样的村落长者，是他们让生活有了美感，让我们有了对生活最积极的想象。这是我们热爱生命、热爱生活的重要依据，也是我们今天还能积极投入生活的重要理由。无论在多么落寞的乡村，总会有这样一种人，他们用自己的韧性对抗着我们所认知的生活的无奈。他们是什么人？是日常生活里最平凡的英雄主义者，他们展现的是热爱生活、热爱生命的姿态，这不恰恰是我们最应该亲近、最有温度的乡村吗？

也许一提到调查与研究，你们就会想到那些呈现乡村社会问题的报告，除此之外，是否会从现在起，学会发现乡野里的美好瞬间以及那份令我们激动的心绪。也就是说，你们来到这里感悟乡村，不要只是盯住所谓的问题，应该去发现这里的美。我这种说法，曾被某些人归入“乌托邦的乡土”，好像那是对乡村的浪漫想象。但是当你们坐到这里，当你们听我讲虎林看月亮、讲石农布等待梅花开放的时候，你不觉得这是乡村生活里令我们心动的故事吗？

这世间最贫瘠的日子，根本不是物质生活的匮乏，而是一拨人成为行尸走肉，尤其是知识分子成为思想的“短命鬼”。如果我们把这点屏蔽，生活的美好就会始终与你相伴。当然，我这样讲并非颠覆你们寻找问题的努力，只想带着你们一点点地学会发现生活里潜存的美好，这是乡村生活的絮语。乡村有一种巨大的疗愈功能，可以治愈我们心灵的疾病，可以解除我们对生活的困惑，这也是人类学田野工作最迷人、最富有情感光泽的部分。既然乡村是一个让人驻足思考的地方，田野工作又是一个走入他者心灵的过程，那就让我们愉快地享受在这里的每一天，有所思，有所获吧。

最后想说的是，“把田野工作当作一次修行”。我们住的每一家都在尽心为大家服务，也许看起来每一餐都很简单，但是他们已经拿出了招待客人的美食，要悉心体会每一餐饭里的情义。每天吃饭的时候不要胡思乱想，睡觉的时候不要琢磨沉重的社会问题。日常，是我们最好的修行。再给大家讲一个禅话吧。故事是这样的：唐代的时候有两位和尚，一位是讲佛教戒律的有源律师，一位是大珠慧海禅师。一次有源问慧海：“大师修行禅道，是否用功？”大珠慧海回答说：“用功。”有源律师又问：“如何用功？”大珠慧海回答说：“饥来吃饭，困来即眠。”有源律师说：“一切人都是如此，不是与大师一样用功吗？”大珠慧海回答说：“不同。”有源律师问：“为什么又不同呢？”大珠慧海回答：“他们吃饭时不肯吃饭，百般挑拣；睡觉时不肯睡觉，千般计较。因此，他们与我的用功不同。”这则禅话啥意思呢？有源律师向慧海禅师询问修习禅定之道，慧海禅师说修禅的用功之处在于，“饿了就吃饭，困了就睡觉”。有源律师说，谁不知道饿了吃饭、困了睡觉呀，这也是修行吗？慧海禅师说，不是这样的，有的人吃饭的时候不好好吃饭，而是百般挑拣，睡觉的时候不好好睡觉，而是辗转反侧，心有千般计较。故事听明白了吗？当你专注于吃饭、专注于睡觉的时候，就能够品味到米粒的香甜与酣眠之后的畅快和清爽。我们的田野工作也一样！你们到大崖岭、到岩凹沟，投入其中，忘情而不知疲倦，回来吃饭的时候，细细地品尝香海叔给你们准备的饭菜，这是土豆，这是南瓜，原汁原味的米香和菜甜都品尝到了，你不就禅心大悟了嘛！（众笑）

2018 年的古枣园（于哲 摄）

瓦那村朝话——入乡随俗的村落调查

孙庆忠

题记：2019 年 8 月 2 日至 22 日，中国农业大学农业文化遗产青年学子研习营 28 位师生在云南省绿春县大兴镇瓦那村委会调研。全村由 9 个寨子（村民小组）构成，最大的是瓦那村有 264 户 1204 人，最小的是迷卡村有 36 户 150 人，9 个寨子总计 1067 户 4967 人。为了稳步推进调研工作，8 月 8 日的朝话，我重申了为什么驻村调查、如何进行村落调查，以及如何适应和体悟乡村生活等 3 个核心话题。

我们从北京来到边疆村寨，每天行走在云雾缭绕的山林之间，眼望如画也如诗的哈尼梯田，心里应该是非常惬意的。无论是前两天的茶园采叶，还是过几天要参与的割稻打谷，老师都特别希望你们有一种眼光，去观察乡亲们平淡而忙碌的日常生活，去感知这一方水土带给村民独特的生活体验。在语言上，我们与这个哈尼族村寨是有隔阂的，而这恰恰是我们“生活在别处”最直观的感受。假如村民间的交流我们都听懂了，看到的也是熟悉的生活内容，你就不会觉得身处在一个边疆的少数民族村寨。这里离你的家乡、离北京非常遥远，正是因为这份遥远，才让我们可以把很多事情抛到脑后，安静地享受在这里的每一天，甚至是每一分钟。

如果你觉得这里的风和雨你都能愉快接纳，那说明你的内心就是一道风景。假如你的心被各种琐事纠缠而难以平静，再美的风景也只能是过眼云烟。人活一辈子，其实没有几个瞬间可以让身和心合一，所以你永远不要问人家身在何处，那仅仅是一个物理空间上的定位。当你觉得身和心在一刻间是高度统一的，那是这辈子你真实活过的瞬间，否则身心是游离的。我们一起出来做调研，希望每一位在这个过程中体味到远离故乡、生活在别处的滋味。能够因为专注一件事儿而拥有忘我的精神状态，那将是生活里难得的高峰体验。

我多年的田野工作，有自己的一套处事原则。无论是在学校的研习营，还是在王金庄村调研的时候，我一再表明我的观点。我们到农业文化遗产地调研，肩负着一个重要的使命，那就是不仅要发掘传续千年的农耕智慧，为日后 5 年、10 年的保护行动做好铺垫。而且，我还要在这个过程中选择同道，这也是日后共同推进一项事业的前提和基础。

乡村调研的初念

我一直认为，农业文化遗产保护就是现代背景下的乡村建设，因此，人的建设、人心的凝聚是最核心的工作。最近 5 年来，基于这种认识，我试图走出一条自己的路，也希望能够带出一个团队，给每个遗产地的村庄做一本充分呈现其本土资源的文化志。这个文化志不是为了存在于国家图书馆，而是要把每一个遗产系统的地方性知识转化成科普读本，以鲜活的形式让当地人认识自己的家乡，把融入了汗水和泪水的土地里发生的故事重新梳理出来，这是村民文化认同的重要依据。如果没有这种想法，为什么要在这里做这样的事情？如果仅仅就是为了出产学术产品，那绝对不会是现在这种做法。

在前天夜话时我曾说过，如果你来这里调研仅仅是为了发表论文或者是猎奇式的观光，那么请你离我远一点，不是怕你影响我，而是我怕耽误了你的前程。换句话说，如果你不是为服务团队、为服务农业文化遗产地而来，你就不应该走到我的身边。我让你走开，真的不是怕你耽误我的事儿，因为我可以不断地重来，但我唯恐耽误了你的前程，贻误了你的青春！因为如果一个团队不能拥有共同的价值追求和工作理念，那就意味着这个团队没有存在的意义。

乡村建设要靠谁？靠我们这一代人的真心真情。这点必须清楚，我们一起做事，要能给这方百姓带去一份温暖，要能给这里的后辈子孙记录一份足以令他荣耀的祖辈留给他们的文化。这也正是我们赶赴乡村的意义和动力所在。我始终觉得这是一个严肃的话题，是一件非常神圣的事情。如果你们不能理解到这一点的话，也就枉为跟老师在一起这么长时间。我们要做的事情，如果不能有利于当地的百姓，不能比这里的农民多想几步，还有什么资格冠以青年学子和大学教授之名呢！我希望大家能够跟老师拥有同样的思想认知，有共同的行动理念。

如何做村落调查

我们此时身处瓦那，无论是老年人守护的梯田还是哈尼族文化，都急需要我们付出努力。我很希望我们中国农业大学能培养一批又一批优秀的学者，踏遍每一个农业遗产地，通过精细的研究，挖掘地方文化的特质，记录下这个时代里乡土中国的文化形态，这是乡村可持续发展的根基。这些特质怎么来挖掘？这就要看人类学者的功夫了。村子里有贝玛、龙头和咪司，也有神林和专供祭祀的地方。这些曾经被视为迷信的生活礼俗或民间信仰，是哈尼梯田得以存续千载的文化密码。9 个寨子从村落选址到聚落形态，从土地利用到作物变迁，从日常饮食到人生仪礼，无不呈现出哈尼村寨的文化特质。你会发现所有的这些村落信息是连接在一起的。我们前 10 天的工作全是扎根，是在打地基。在这个基础上，我们的调研工作才算正式开始。

农业文化遗产不同于非物质文化遗产和世界文化遗产，它最突出的特征是和农民的生产生活融为一体。作为一个自洽的生态系统，所谓的文化就如魂灵一样，体现在村庄生产和生活的处处在在。因此，我们到达一个陌生的地方调查，先别急着追问自己设想的那么几个问题，而是要做好村落踏查。目的是啥？发现访谈人，寻找村落文化的现实，深度或者进一步挖掘出村落文化的线索。所以我们未必要把每一家都走到，关键的报道人能被发现几位，调查工作就会非常顺利。我希望通过这样的努力，让我们发现一个村庄，让村民重新发现一个村庄，让我们发现生活在别处的一种生活样态，让他们重新发现自己惯常的生活事实，把这些重新发现累积在一起，就是我们做好文化普查工作的前提。

前天我们在四角村走访，先后留下 4 拨人。第一拨跟两位老奶奶聊，其中的一位是村长的妈妈，是老党员；第二拨跟一个 78 岁的老人家谈，他当过 20 多年的生产队长；第三拨遇到的是当了 12 年老人协会的会长，还当过茶厂和砖厂的厂长；第四拨是我们指定去采访的人，那就是村里的大文化人——贝玛（“摩批”）。顺德的岳父是四角村的贝玛，是头脑特别灵光聪慧的那种人，一边抽大水烟袋，一边跟我们聊。尽管我知道我问的不当之处，顺德会给过滤掉（“没有过滤，完全说给他。”——顺德插话）（众笑）。我问了很多深层次的问题。瓦那全村共有 8 位贝玛（“摩批”），各自分工不同，都是哈尼文化的人物。他们都是重要的信息源，片刻的闲聊之后就可以顺藤摸瓜，这就是我们村落普查的起点。除了上面讲过的这几拨人，我们还要跟踪采访泥瓦匠、木匠和篾匠等乡村手艺人，以及那些熟知家族和村寨历史的老人，把村落里散落的旧事尽量搞清楚，把大姓家族的传承谱系搞清楚，这个村子的文化挖掘工作就有了大致的轮廓。

我们这样推进工作的目的是啥？究其根本是为巨变中的乡土社会存留文化记忆。今天当村寨里的年轻人为了生计不得不外出打工，当祖辈的文化离他们的生活渐行渐远时，我们来为他们记录、存留。有朝一日，当他们不为吃穿忧虑，当他们可以跟同时代的年轻人站在同一条线上规划生活的时候，家乡文化没有因为老人的离去而变得虚无缥缈，而是因为我们今天的努力使他们还拥有精神的归属。这就是高校的青年志愿者当下迫在眉睫的工作，也是最神圣的使命。

此时的乡村，老百姓对自己的村落文化普遍缺乏自信，以城市为发展目标的现实，早已使传续久远的乡土智慧失去了光泽。也许你并没有留意，让老人开口说话到底意味着什么。尘封多年的记忆重新打开，束之高阁的物件掸去灰土，只知名号的村落由干瘪变得立体、由沉寂变得灵动，所有这些都源于你的追问与倾听。这样的路径足以让你增长知识，远比书本上告诉的那些人类学方法灵验得多。

如何适应乡村生活

到村里一周了，我没有问各位住得怎么样，吃得好不好。

我已记不清谈过多少次，跟老师来村落做调研的目的。既然怀着一颗滚烫的心而来，你还会在意这里床铺有点窄，晚饭有点不应时吗？果真如此的话，你是否想过，这里的村民披星戴月地在地里采茶，不分昼夜地插秧收割？他们在劳累的时候一再念叨的是："真的不明白我们的老祖先为什么要留在这么一个艰苦的地方生活？真不知什么时候我们的日子可以更好点？"我们走过 9 个寨子之后，不得不感叹路途的遥远，去对面的迪马、咪卡、上下四角村，单程要两个钟头，马上村往返要 6 个小时。这些可想而知的长途跋涉，曾是村民经年累月面临的考验。我们在村的时间不过 20 余日，而他们的艰辛却是一年又一年。假如真的住得不好，这是人家常年过的日子；吃得不好，这是人家逢年佳节时才有的美味。要时刻记得，来到乡村，不是以我们的生活节奏为准，要的是"入乡随俗"，不管是你一个人的田野还是集体的田野，以不干扰当地人的生活为做事的第一要义，这是为学为人的基本原则。如果你相信老师的话并慢慢地去践行，一定会体验到田野带给你的心灵感悟。

另外，老师还想说的是，我们要特别感谢高福创业团队的小伙伴，他们放下蒙自的生意，回来带领大家走村串寨。村里的顺德把养竹鼠的任务交给家里人，为我们带队、联络亲朋、当好翻译。想到他们的这份付出，我觉得大家没有半点理由抱怨。在这里，我们每天目睹的是村里人的忙碌，看到的是他们为了生存而不停歇的劳作。我们上山采茶的第二天大雨瓢泼，你是否留意村民还在那里采叶不止，而后加工至深夜？采茶的时候，我不忍抬头，因为面对他们的时候，总觉得有一种愧疚感。假如我生在这里，我的命运不是和他们一样嘛，哪里是个人的能力有多强，仅仅是生活的眷顾而已啊！因此，下乡调查时每每看见"30 后"就会想到我的父母，看见"60 后"就会想到我的同辈人，看见“80后”“90后”就会想到我的晚辈。每次想到这些的时候，就会觉得应该回报生活的这份厚重的赐予。难道就回报你自己的家庭吗？你的格局就那么大？你的视野就那么窄？我们要回报乡村中国，要让乡村振兴熔铸我们的力量。

我们生逢一个灿烂的时代，这个时代需要我们拥有一种创造性的生活。时不待我，千万别觉得年轻的岁月无限，转眼你们就像我这样年过半百。我们这辈子能为社会、为他人做事的时间非常短促，等你觉得万事俱备再投入其中时，机会早已流逝了。那么，最佳的时机在哪里？就在此时，就在这里。1981年，在我初中的语文教科书里有一篇课文《驿路梨花》。我第一次听说“哀牢山”“哈尼族”就源于此。38年过去了，山美水美人更美的西南边陲，那个乐于助人，名为“梨花”的哈尼族小姑娘，一直活在我的记忆里，那是年少时一份美好的珍藏。2016年，在河北涉县举办的农业文化遗产研讨会上，我结识了一个哈尼族小伙子——李高福。哈尼族小姑娘和小伙子在我记忆中跨越时空的相遇，让我笃信那份质朴却散发着人性光辉的情感，依然活在哈尼村寨。每每念及于此，我就觉得能来到这里是一种注定的荣耀，能为这里做一点事更是一种言说不尽的幸福！

大讲堂之后的一瞬（熊悦 摄）

瓦那村夜话——问询学术前辈的足迹

孙庆忠

题记：2019 年 8 月 16 日晚饭后，听闻部分学生讲述调研心得之后有感而发，回忆起自己读博士、硕士和大学时代的岁月，黄淑娉、乌丙安和张家鹏等几位先生的旧事重现眼前，遂分享给学生，以期他们能体会为学之要义，履前辈之足迹，拥有丰沛之人生。

我们走进村寨，学术研究也好，体验生活也罢，是要有温度的。我们在陕北佳县、在内蒙古敖汉旗调研的时候，我总能见到学生们泪流满面，其中最重要的原因是他们感受到了老人的孤独。你们到瓦那村已经两周，走访了 9 个寨子，体验了采茶的辛苦和收割稻子的劳累，感受到哈尼人生活的不易了吗？虽然寨子里几乎看不到“80 后”“90 后”青壮劳动力，但梯田并未荒芜。这里的人们，祖祖辈辈在这块梯田上耕耘，爱与怨同在。乡村的孤寂和老人的孤独，你们体会到了吗？如果对梯田、对哈尼文化没有产生一份情感，你的研究多半已失去了意义。

我们住在这里，参与家里的田间劳作、洗碗做饭，虽然出力有限，却让主人心里欢悦。我们处处以乡村生活为准则，让人心安，自己心安，这些都是田野工作的内在要求。入户访谈并不是拿上录音笔，简单地聊聊天，而是一个互动交流的过程。你们可能谈话的时间不长，但能彼此存留印记，受访者接纳你，你自己也在这种接纳中获得快乐。这就是一个由“小白”向年轻学者转换的过程。因此，作为方法的田野工作说来说去，其实就一个事儿，和人打交道的能力，是对生活的一份基本洞察。我们来这里调查，不是从村民脑袋里抠点信息就走，而后写篇论文发表就叫学术研究，如果这样的话，那是对田野工作的莫大亵渎。我 24 年跑乡村，特别是最近 5 年做农业文化遗产研究，体会最深的是，开启田野工作并且能够延续田野工作是以情感为基础，是以真诚为纽带的，而后才是修炼养成自己的学识。

我每一次下乡调查都会想起我的几位老师，特别是中大的黄淑娉先生。老人家 75 岁重访畲族村寨时还说：“自己的背包是不能让学生拿的，如果包都拿不动，我就不要下乡了。”她留在我记忆中的故事很多，无论是带我读书，还是她多年在少数民族地区调查的经历，都深度地影响了我对为学与生活的定位。黄先生是 1930 年生人，1947 年在燕京大学接受教育，1952 年毕业到中央民族学院工作。她曾参与 20 世纪 50 年代的中国民族识别，而后多年为林耀华先生做学术助手，是那一代学人当中出类拔萃的女学者。

1998 年我到中山大学人类学系读博士，这一届只招收我一个国内的学生，4 门专业课是我老师一个人讲的。每每回首学习的过程，感动就会充溢心头。老师总会提前 5 分钟开门，总是在马丁堂铃声响起之后说“今天课就上到这儿”。在我的记忆中，4 门课没有一堂课提前过一分钟下课。在 4 小时的课程中，她会让我汇报 3 个小时，这是一周读书的心得。我相信在座的各位，可能没有第二个人享受过这样的待遇。也正是在她的催促之下，我这 3 年的学习读了 6 年的书。上第一次课的时候，老师拿给我一摞手写的书单，总共有 89 本。我说："老师，我 3 年要读这么多书吗？"她说："这是这学期这门课的书单，不必全读，但是我指定的你一定要读。"一个学期下来之后，我读了 32 本书，我对中国少数民族和民族学的认识从此有了一个基点。当然，这门课老师给我最大的冲击在于，她要求我读的每一本书她都与我同步阅读，她的讲授分享总能引导我急切地去看下一本书。她给我讲马列原著的时候，还重新做了笔记，我的眼前总会出现她分析马克思给维・伊・查苏利奇复信的情景，她的笔记写了 10 多页，我当时感动得不行。年近七旬的老师如此这般，我哪里敢有半点偷懒！因此，每周向老师汇报读书所得之后，最期待听到的一句话就是——"小孙，这周的书读得不错"，那是我最开心的时刻了。

在我读博士期间，还有一件事令我刻骨铭心。1998 年，中山大学招收 166 位博士生，导师在培养学生的各环节都拥有自主权。那时候，提交给研究生院的专业课成绩单只要有导师签字就可以了。因为跨专业，每门课的书都看不过来，文章没有时间写，也不会写，便请求老师先给成绩，以便在规定的日期内上交成绩单。老师说："我没有看到你的文章怎么给成绩呢？"于是就在盖有研究生院章的单子上写下 3 个字"待审核"。我的 4 门课有 3 门待遇如此，她用行动教会了我应该如何对待学问，如何对待培养学生的每一个细节。新学期补交作业之后，我急切地盼望老师的回音。第三天的下午，老师给我打电话，让我去她家里取成绩单。中山大学的校园布局是这样的：中区是教学区，东区是学生区，西区是教工住宅区，从东区到西区要走 15 分钟左右。老师给我两门课的成绩都是 85 分，虽然与我期待的"优秀"有落差，但是我没有怨言，我不敢，因为她对自己的要求是我这辈子都难以企及的——说话不说一句废话，写文章不写一个错字，这是她与吴文藻、费孝通和林耀华等前辈学者一起工作和学习中训练出来的。等我拿着成绩单回到宿舍的时候，老师又打来电话说：“小孙，我想改变一下成绩，因为不能仅仅看你最后交给我的这份作业，还要考虑到你一个学期的学习态度是非常好的，所以我决定把两门课的成绩由 85 分改到 86 分。”我说：“能获得老师这样的评价我已经很满足了，成绩就不用改了。”她说：“如果你现在不来的话，我就去你宿舍找你。”我拿着 85 分的成绩单跑到她家时，刀片、笔和一把尺子已经在桌子上摆好，她用刀片刮过之后，把两个 85 分改成 86 分。这件事情也许对于很多人来说是不可思议的，难道只差一分吗？但事实上不是，我觉得这是一个学者为学、做事的态度，是老师对学生的最用心的评价。我从中看到的，是一个学者的自律，是为师者对自己的要求。我来农大之后，几乎每一年在研究生课堂上都会讲这个故事，也因此与 90 分相比，我的学生们可能更愿意将 86 分看作是孙老师对他们最高的评价。

对我来说，每一年我不知道会多少次想到我的老师，特别是在田野调查的时候。无论是在贵州黎平县的侗族村寨，还是在云南宁蒗县的摩梭人村落，我总会在某一个瞬间想到我的老师，那一刻间好像她就坐在我的身边，和我讲述 1954 年她跟随林耀华先生在彝族地区调研的种种经历，以及在数月劳顿后走铁索桥、过金沙江时的独特心境。2018 年 8 月和 2019 年 1 月，我曾两度去小凉山摩梭人村寨，当车走到金沙江畔的时候，我特地说要停一停。那一刻间我不是为了欣赏金沙江峡谷的壮美，只为能够在 60 多年之后与我老师在同一个地方，在精神上还能有一次相遇。

我们调查的摩梭人村寨，20 世纪 30 年代有李霖灿先生的足迹，50 年代和 80 年代有詹承绪与和发源两位先生的采访记录，他们进村路上的时间以月、以周计算，而今我们从丽江出发仅用 12 个小时。虽然也是舟车劳顿，但与前辈学者的探究之路相比，真是不值一提。想到我老师在西南走过 13 个民族聚落，想到那么多留有她文字印记的村寨，我就会心生仰望之情。今天我能够因为农大研究农村发展的缘故，有机会重走老师走过的路，于我而言，这种幸福感一直洋溢心头。而今，我们在村里调研，每当听到有的学生说这里生活很苦、农民的节奏难以适应的时候，我还是会想到我的老师，想到 20 年前她给我上课时讲到她在黔东南做调研的小事。她说早晨五点钟就醒了，静静地躺在床上看着木头房子的天花板。为什么不动？怕自己的脚步声影响主人的休息，只有透过不隔音的楼板听到主人起身的声音时，才能够去做自己想做的事情。这是为什么呢？看似平常，传达的却是对乡民的尊重。她对自己的这份自律，对做学问的这份要求，是我们这一辈学者最缺少的。我多希望自己能在生活里不时地体味这些看似琐碎却极具深意的往事，也是一个老师对于学生产生深度影响的往事！

今天我们来到这哈尼人的村寨，表面上看是生活空间的转换，实际上这里是考场，是一个衡量你人品、衡量你智力水平、衡量你专业意识最好的考场。我们师生都在这里接受考验。昨天我和村里的几位大学生聊天，本来想问问他们对于哈尼梯田的认识，但被“大学应该收获什么”这一话题屏蔽了。此时的你们，或读大学，或读研究生，对于课堂应该有一份热切的期待。我一再说，无论是老师还是学生，缺少了高峰体验的课堂，大学滋味就会减损大半。作为老师，我有过教学带给我的幸福记忆。2006 年秋学期，我给社会学 2004 级学生讲“人类学理论与方法”这门课，当时发展系的学生选修，总共有68名学生。在讲授英国人类学家维克多·特纳的象征理论时，他的《仪式过程》引发了我的一些想法，并以大学和大学精神为核心，讲了“朝圣”的意义与价值。一个穆斯林一辈子要努力积累财富，目的是能够赶往圣城麦加。他坚信从麦加回来之后，他的灵魂经过了净化，生命得到了提升。所以，我们把穆斯林的麦加之行称为“朝圣之旅”。那么，朝圣又如何与大学联系在一起呢？2000年时我曾提出“大学是人生超越庸常的阶梯”。2007年在人文与发展学院开学典礼上我做了题为《大学滋味》的讲话，强调“大学是一次悉心体悟生活的朝圣之旅”。之所以将“超越庸常”和“朝圣之旅”与大学联系在一起，就在于大学可以增进智慧、净化心灵。如果我们把大学当作一个圣城，那么在这里求学的过程就是朝圣。我在讲完之后，下课的铃声已经响了。当我转身的瞬间，突然间听到满屋的掌声，学生集体起立，久久地为我鼓掌。学生带给我的这份惊喜，是我教学生活中的一次高峰体验。当时我家住在德胜门附近，骑车回家需要40分钟，但那天我却用了一个半钟头。可以说，那一刻我被幸福包围着。

作为学生，我曾沉浸在老师带给我的始终有期待的课堂。25年前，我在辽宁大学跟随乌丙安先生学习民俗学。乌先生是1929年生人，1953年在北京师范大学师从钟敬文先生攻读民间文艺学专业研究生，1957年被打成右派，“文革”时期被下放到乡村改造了九年零三个月，回到辽大的讲台时他已经年过半百。在其后的30多年间，他撰写了10余部具有前瞻性和里程碑意义的专著，为中国与国际民俗学事业和民俗学专业教学的发展作出了卓越的贡献，在当代民俗学史上，被誉为“我国第二代最富有声望的民俗学家”。

乌先生2018年7月11日在德国去世，在这一年多的时间里，我已数不清多少次想念他了。应该讲，到目前为止，我所有的民俗学的滋养全都来源于我的导师，他确立了我对学科认识的底色。他在课堂上随意洒落的精彩妙语，让我二十几年之后依旧记忆犹新。我们师生之间曾经有过一个故事，就是上他的课，我竟然有过打盹睡觉的经历，这是 1994 年的事情。

我们这一届辽宁大学总共招收了 76 名研究生，而我们民俗学专业就占了 7 个名额。在民俗研究中心上课时，我们围着他，满心期待，说是着迷也不为过，那简直就是研究生期间最幸福的时刻。老师的讲述如此精彩，为什么还睡觉呢？2006 年他受原文化部之邀来北京参加一个“非遗”的会议，我们师生在安徽大厦见面，我重提了这件令我愧疚的往事。我说：“12 年前在您的课堂上我曾打盹，您还轻叩桌台叫了我的名字。也许这件事您早就忘记了，但我一定要告诉老师我那次瞌睡的原因。因为第二天有您的课，头一天晚上竟然兴奋得一宿未眠！”我讲这件事的时候，老师好像有点意外，他没有想到我对多年前的课堂还有这般记忆。我之所以这样讲，没有半点玄虚之意，我读研究生的日子，是在我这一辈子都难以再体味到的兴奋中度过的。每一门课、每一堂课，都那么值得盼望。在学期间，乌先生为我们讲授 4 门课，其中《民俗学原理》他讲了 180 个学时。他的课堂简直就是艺术的殿堂，说唱就唱，说跳就跳，平淡的日常生活在他的讲述中浸透着满满的人生智慧。乌先生的才华，那份骨子里透出的美是别人根本无法想象的，他的课堂令你痴迷呀！

多年之后，当我自己的课堂略有心得并沉浸其中时，只要想到乌先生，就会瞬间平息我所有兴奋的情绪，那点因上课而带来的得意和满足，一刻间削减到零。这就是老师对我的深度影响，他让我领会过课堂教学至高至美的境界。作为一位老师，他带给我的是“美”。我沉醉其中，也希望自己的课堂也能有点老师的影子。因此，如果我的课堂上缺乏了一份人文学科基本的美感，我会觉得对不住我的老师，也愧对我的学生。我从 1995 年开始回到母校沈阳师范大学讲授“民间文学”和“中国民俗学”，24 年间从未间断下乡，目的只有一个，希望我的课堂能够因为我自己的体验和我个人的采录而变得丰富多彩，像我老师当年影响我一样，让我的学生感悟生活之美。

而今，二十几年过去了，但是他带给我的那份美依然可以瞬间占据我的整个心灵，想到他的时候，我还会久久无法平静，尽情地享受着他把知识之美转换成对日常生活智慧的传达，就好像重新回归了他的课堂一样。从这个意义上说，我一直觉得没有哪一个人能够如我这般幸运。我在农大工作的 16 年间，每一届学生的“民俗学”课堂，我都会在备课、讲课和课后不止一次想到我的老师。我也因此觉得如果老师的学术思想可以因我的课堂而再度复活，这就是为师者最大的幸福。每一年，无论是在下乡还是授课的过程中，我总觉得我的老师一直跟我有一种神秘的关联。尽管他去世了，但是有一种奇妙的近乎奇特的感受，那就是你明明知道今生再也不能相见，但始终能感受到他的精神与你同在。这是老师所传递的最高的人生境界，我已充分体会到了这一点。就此而言，没有哪个老师能比他更幸福。来到农大之后，我极力地倡导开设“中国民俗学”课程，如今已经 16 年了。我觉得不论是学什么专业，最不可以缺少的就是对日常生活的深刻理解。

我大学时代的老师中，而今联系最多的是教我唐宋文学的张家鹏先生。每年的教师节我最愿意跟他通话，因为他用行动告诉我始终不忘读书，是一位学者最享受的生活。老人家已年逾八旬，却天天和师母在家读《二十四史》。2007 年，我受命在全院的开学典礼上讲话，在那篇后来命名为《大学滋味》的讲话中，我讲到了我的这位老师。那一年我跟他通话时，他说正在看《牛顿传》，并且告诉我："牛顿说，相对于知识的海洋，他不过是一个在海边奔跑着拾贝壳的孩子。也就是说，科学的海洋就在他身边，他还没踏进去呢。跟牛顿比，那我老糟头子还仅仅是一个隔山听潮的人，海是什么样子，我还没有见到呢!"第二年再通话时，他在看《爱因斯坦全集》。多年来，与老人家通话后，我总是彻夜难眠，由衷感慨老师痴迷于书带给他的快乐感和幸福感。

每一次讲起我的几位老师，我都会有很大的压力，有时甚至令我透不过气来。2015 年，为纪念我们社会学建系 20 周年，系里专门安排了学生对每一位老师做口述采访。我曾用 3 个词形容过老师的处境——如坐针毡、如履薄冰、如临深渊。表面上看，做老师没有那么复杂，但是当你赋予这个身份特别的意义时，这个称号真的重如泰山。庆幸的是，我的老师都用他们的言行阐释了为师之道，都以现身说法的方式，告诉我如何做一个最好的老师。尽管我做不到，但我知道做一个老师应该是什么样子！生活中有这样的老师，在为学这条路上，学生就不得不心生敬畏。如今，我做大学老师已经 25 年了，最想对你们说的是，年轻的时候不积聚内力去培养自己的性情，让你的精神生活丰沛，真是枉为青春。日子一天天过，别人变老你也年轻不了，所以要珍惜当下。别在意那些令你炫目的生活，别在大学校园里让年轻的日子白白流逝。吃穿不必讲究，简单的生活对得起父母，自己也踏实。当你才华横溢、出类拔萃的时候，即使你穿破衣裳，你依然是别人心目中的英雄。老师希望你们在 2 年或者是 4 年的读书过程中，能有过那么一瞬间，被一种情绪情感撩拨过，让你因为读书与思考对社会、对生活、对人生从此有了不同的认识。如果读博士期间，尚不能体会到这样一种情感，这辈子你离学者这个名号实在是太遥远了。

今晚与你们分享了我几位老师的故事，也让我重温了自己的青春。我希望自己这一辈子也能像我的老师一样，不论在哪个年龄段，都能饱有年轻人般对于新知的渴望，终生为学不怠，把老师们为学的精神和理念转换成自己的生命实践，去做一些对于乡土中国最有意义的、最符合我专业意识的工作。一旦拥有了这样的日子，读书的生活就没有白过，这辈子就没有白活！

寻根——田野叙事

值得你奔赴的乡土

陈俞全

如果细心观察，我们会发现“乡村文化”正经历一场现代版的“文艺复兴”。现代社会所引发的疏离感和身份孤独，迫切需要一种能够“自我救赎”的解药，而乡村、自然、传统，便成了现代生活的一个出口，一个具备宗教性质的精神朝圣之处。

乡土文化复育的路径之辩

让城市重拾对乡村的关注固然令人振奋，但以怎样的视角去理解乡村，理解生活于乡土中国下的、真实的生命状态却更具挑战性。令人遗憾的是，正在轰轰烈烈上演的乡土文化复兴，更像是按照现代审美去揣度和臆测出的文化产品。通过拼凑“自给自足、男耕女织”的文化碎片，构建出田园牧歌般的生活方式，其本质也不过是披着乡土外衣下都市文明的拓展与延伸。它当然是乡土文化复育的一种选择，但它同样具有两种隐忧：第一，它会不会沦为一种只具有观赏性和服务性的文化景观，而失去了乡村文化原初的生命力与再创造性？一个文化系统一旦沦为“览胜”之处，就难以推陈出新，其生生不息的村落文化民俗将会被定格在需要被展示的空间状态之下。在我看来，与废弃状态下的文化消亡相比，这不过是一场更加热闹的死亡。第二，它真的能救赎现代人精神的失落感和孤独感吗，它能体现出村落安顿心灵、拯救落魄的价值吗？我想一个文化形态能否承载个人意识，具备灵魂栖居之功能，不在于场域物理条件之设置，而在于是否能形成精神与空间的互动，从而创造共同的集体记忆。如果没有这样一种精神上的投射，又何谈安放生命之可能？

书写于此，便理解农业文化遗产的现实意义所在。多次往返于泥河沟农业文化遗产地的经验以及个人对于泥河沟文化志与口述史的阅读体验，让我更加理解全球重要农业文化遗产地所展现出的包容性与系统性，理解它“活态”的文化特质。让我重新回归到泥河沟的叙事中来，受益于孙老师的支持，我曾两次前往泥河沟实地开展调研工作。我虽常感村庄仍旧在凋零枯萎之中，但却仍然呈现出“壮心不已”的文化创造之力。从佛堂寺千年古韵到卧龙湾里的风水预言，从千年枣树下生生不息的枣缘社会到十一孔窑和开章小学的学堂记忆，泥河沟千年古枣园自始至终都在创造着属于自己的文化符号与历史印记。而对于生于斯、长于斯的村民而言，他们与千年的枣树朝夕相伴、与浸濡着乡间传统和儿时记忆的文化景观相伴，便可从稳定的大地和古老的仪式中获取营养，形成具有浓郁陕北风格的性格特质。定期举行的各项生活仪式和围绕着“人市儿”所建立的社群文化，像是被不断激活的文化密码，创造出一代又一代村民共同的集体记忆。它不仅在文化形态上具有持续性，亦在内容上具有创新性。我们今天对于泥河沟的乡村建设、对于文化志和口述史的撰写工作，不正是农业文化遗产地正在创造的历史中的一部分吗？正是基于对全球重要农业文化遗产系统的这样一种认识，我才意识到乡村文化的复育工作绝不仅仅是营造都市审美的“样板间”，而是如何通过切实地走进乡村，通过详实的观察和记录，发现村庄历史与当下农民生活的关联，从而寻找乡村遗失的文化积累和情感力量，让外来者理解古老村落独特的文化价值。唯有如此，才能契合 GIAHS（全球重要农业文化遗产）“发掘与保护、利用与传承、研究与实践”的目标，焕发乡村的新一轮生机。

认识乡土的方法论之辩

我强烈地感受到，我们今天对于农业的研究，已然离真实的乡土和农民愈发遥远。而这种距离感首先来自于方法论的失败。我曾经拿着问卷奔赴田野，把每个鲜活的人生决定，记录成一个个冷冰冰的选项，“您对现有的生活感到满意吗?”“您觉得自己贫困吗?”我们真的能从这样的问题里获得想要了解的信息吗？在我看来，这样的问题里充斥着学者和学问的傲慢。在更多时候，我们把受访者变成了一件可以索取信息价值的原材料，通过他的回答，验证早已确立好的假说，再通过数学公式和统计方法加工、整理，变成能够提升自身学术身份的文章。当这样的研究，已然成为一种普遍共识，又何谈真实了解乡土现实之可能？而基于这些数据所提炼出的观点，往往脱离实际，亦难以获得农民的内心认同，自然在农民心中种下知识分子远离实际、空谈妄论的印象。如此循环往复，学者与农民之间形同陌路，渐行渐远。

学者如何实现关于乡土研究的自我救赎？我感谢孙老师让我认识到还存在另外一条认识乡土的道路，也让我饱览口述史研究的魅力所在。当我摒弃掉功利主义的急躁，而能够静下心来去了解远方的“他者”，才发现现在的乡土虽然破败，但仍有光亮可寻。我不是要否定社会科学领域的定量方法，而是想指出口述史带给我的意义：当我听着他们讲当年的故事，看着他们眼睛里的不安一点点散去，留下光亮，我才发现原来研究可以这样温暖而有力量。好的研究，在获取信息的同时，也在重新塑造受访者对于自身的认可，重拾对不安生活的信心。我希望在我的学术研究中，能让他们感到安全和快乐，感到平等和尊重。希望他们在讲述完自己的故事之后，觉得没有白白活过。真正的社会研究，都是有热度的。关于人的，都是人的。

或许在时代宏大的背景下，被隐去和模糊的个人失去了被记录的意义。年轻一代都渴望拯救世界，而我在泥河沟里看到的，是个人拯救生活的努力。2014 年我来到泥河沟村，听到的第一个故事是高峰主任为了在佳县发展枣树，而耽误了相伴 17 年发妻的治疗，最终导致妻子的离世。这位 60 岁的陕北汉子在我们面前潸然落泪、情难自抑。这种强烈的冲击让我看到了普通人在与枣树爱恨交织的一生里，充满着悲欢离合的个人沉浮。从那一刻开始，我逐步理解红枣所折射出的深层意义。随着调研的深入，越来越多相同的故事出现在我们眼前。原村妇女主任郭宁过在我见到她时，已然是一位耄耋老人。她佝偻的身体显示着一位老人风烛残年的迟暮。然而正是这一位连走路都需要人搀扶的老人，却曾带领泥河沟的妇女们在黄河的滩头劈石筑坝，意图拦住滔滔的黄河水，为泥河沟的枣园创造更加肥沃的土地。“为有牺牲多壮志，敢叫日月换新天。”这一种顽强抗争的背后，体现的是人与枣树之间割舍不断的互动。时隔多年，我仍然惊叹于那弱小身体里所爆发出的惊人能量。2017 年郭宁过老人已然驾鹤西去，再遇故人聆听长者的计划因为生命的无常而戛然中止，但我仍然是有幸的，能够在她离世之前记录下她的经历，听一听她年轻时那些引以为傲的故事。正因为这样的努力，他们才没有被平凡的生活所抹平，才让我们这些外来者，才让她的儿女们记住了先辈们筚路蓝缕却又波澜壮阔的生活。

诚然，在今天的时代语境之下，我们好像找不到村落与农民的位置。封闭的生活环境加之羸弱的经济能力，让他们成为现代社会的失语者，没有人在意他们的现实处境和精神世界。人们宁可关心小演员毫无价值的家庭琐事，也不愿意关注普通人艰难的生活追求。但孟德斯鸠在《农民的终结》中说过，“对于我们整个文明来说，农民依旧是人的原型。”口述历史就是通过记录农民的生活，让我们看到一个完整的乡土文化的形成脉络，看到了学术研究中的人情味道。而泥河沟一代农民的嬗变，表现出典型的“家国同构”的生存模式，更折射出当代中国农民群体的命运沉浮。每一次重大的历史事件和社会转型，都曾关照过这个陕北的村落，并在自身独特的文化土壤里，异质出新的叙述。

时间会改变很多东西。上一次造访泥河沟，已然是四年前的事情。记忆会模糊，印象会淡去，唯有那些平凡的村民却依旧让我念念不忘，并成为我生命的一部分。作家郭玉洁曾说：“并不是每一个人都会被记住，我们现实的生活是由成功者书写的，而当我们的故事变得单一的时候，其实我们就失去了梦想，有太多人就失去了尊严。”而口述研究所有的努力，就是为了保留平凡生活里，那一点点最后的尊严。为了这一点，就值得年轻一代再次拾起行囊，奔赴乡村。

在乡土中融注生命

宋艳祎

第一次听到“农业文化遗产”的时间已记不清晰，但毫不夸张地说，以农业文化遗产保护为主题的田野调查不仅是我完成本科和研究生毕业论文的学术方法，更是令我在乡土社会中重塑生命认知、价值判断以及至今仍能汲取力量的不可复制的人生经历。

一、走进乡土与角色定位

乡村是什么？不同的人大约能给出成百上千个答案。有人觉得乡村是风光秀美的山水田园，有人觉得乡村是破败脏乱的草屋平房，有人觉得乡村是与城市相对的落后符号，等等。这些答案背后潜藏的是不同的生活背景、眼界和立场。2000 年到 2010 年，我国的自然村落数目从 363 万锐减到 271 万，平均每天就有 252 个村落从我们的生活中消失，村落数量的锐减是近几十年来快速城市化大规模推进的必然后果。在现代社会城市文明和工业文明牢牢掌握话语权的时代背景下，在“农村真穷，农民真苦，农业真危险”的真实写照下，“乡村”与“落后”似乎成了密不可分的固定搭配。可是乡村就应该从此消亡了吗？它没有存在下去的意义和希望了吗？

于我而言，乡村曾是儿时记忆中的生活片段或是没有特别感受的名词，但当我成为中国农业大学社会学系的学生，特别是参与了农业文化遗产调研后，“乡村”便不再只是两个没有灵魂的字眼。当我们走进村落，就能明白乡村不仅仅是几百万几十万分之一的纸上数字，亦不仅仅是几十户或者几百户构成的聚落单位，它熔铸了村民世代传承的情感，文化标志与集体记忆汇聚了超乎想象的精神内涵，是值得倾注生命与情感去探究和保护的精神家园。

2013 年暑假开始，在导师孙庆忠教授和师兄师姐的带领下，我有幸到了河北宣化、内蒙古敖汉旗、陕西泥河沟、河北涉县和浙江青田 5 个遗产地，其中在泥河沟调研的时间最长。地处陕北的泥河沟是中国乡村的一个缩影，年轻人外出打工、老年人留守等中国乡村的“离土状况”都在这个偏僻的小山村有着淋漓尽致的体现，沉寂的村落渗透着浓浓的衰败气息。可是，就是这样一个小小的村落，拥有着佛堂寺、河神庙、龙王庙和观音庙等 4 座庙宇，承载了村民对于风调雨顺、黄河平稳、美好生活的期待；小村落的老书记曾于 2001 年牵头沿黄 14 个村落组成了数百人的上访队伍团结一致，促使沿黄公路真的沿黄河而建并于 2013 年顺利通行；黄河经常泛滥的岁月里，小村落的妇女们在滩头肩扛手挑，筑造了拦河坝；还有卧虎湾的风水传说、“人市儿”的评说论断；从十一孔窑到开章小学以及与枣树有关的喜怒哀乐等。这些连接着过去与未来、融注在泥河沟人身体里的集体记忆与情感，只是一时沉寂，而非永久消弭。一旦有人唤起，它们便能成为集聚希望的宝贵能量。曾经四散外出打工的年轻人哪怕少挣几天钱也要回到家乡观看演出，共同探讨家乡未来的发展，因为“泥河沟才是我的根，我的家”。

农业文化遗产保护的核心命题是与乡村发展紧紧联系在一

起的。2014 年 12 月的泥河沟之行中，我们与乐施会的两位老师展开了一次以“行动者与研究者”为主题的“围炉夜话”。研究者应该是客观中立的，而行动者不一样。孙老师的答案是：“我们的定位是研究者，但是，我越来越觉得如果我们的研究不能给当地的百姓、不能给乡村带来些什么的话，那我们工作的意义就大打折扣了。农业文化遗产保护工作是具有特殊性的，我们不能只是资料的搜集者、攫取者，还应该是干预者，为这个乡村的复育、为这个社区的营造尽自己所能做些事情。”这段论述在当时颇有醍醐灌顶的功效，让作为一名青年学子的我在田野中坚定了自我定位，这也是整个团队开展调研时遵循的基本原则之一。

二、田野温度与生命个体

在惯常宏大叙事的时代背景下，个体的意义时常被模糊甚至隐去。在很多人眼里，甚至对于许多研究者而言，农民只是一个身份，是一个集体名词。可是，统计数据上冷冰冰的数字背后，是现实生活中一个个拥有喜怒哀乐与独特经历的鲜活生命。学者所研究的乡土社会，正是由这些生命构成的。乡村的发展归根结底是人的发展，乡村复育的核心就是让乡村重新拥有自己的活力。以此为目标，孙老师带领团队进行了以口述采写和老物件搜集为主的民众参与式研究，记录农民生活，唤醒集体记忆，从而探寻乡土文化脉络与精髓。这是收集材料的手段，是拉近研究者与村民的契机，更是温暖心灵与传递真情的体验。

2014 年 7 月，在敖汉旗大窝铺村的倒数第二天，关瑶师姐和我约了当时已经 83 岁的胡俊兰奶奶采访。奶奶年岁大，但是记忆和口齿清晰，所以除了耕种技艺、谷子种类等问题，我们还问了她许多事情，包括儿时的生活、出嫁的细节、儿女的生活等。奶奶讲得兴致勃勃，中间多次开怀大笑。采访到最后，我们告别说："奶奶，我们明天就要走了，以后再来一定看您。"奶奶愣了一下，颤着音问："明天就走了？"然后眼泪"刷"的一下流了下来。原本就充满不舍的我们看到奶奶流泪也哭了。奶奶就拉着我们的手："好孩子，别哭，你们就像我的孙女一样。我这些话一辈子也没跟别人说过，今天跟你们说了，我这辈子就没什么遗憾了。"

直到今天，回想起当时的画面我依然会湿了眼眶。奶奶为什么哭呢？我想在她生活的圈子里，一定很少有人甚至没有人愿意耐心地听她讲过去的事情。我们常看到她跟自己年纪相仿的邻居聊一些生活琐事，她是家里的母亲、婆婆、奶奶，也是她自己，她有自己年幼时关于"老毛子"的记忆、做儿媳妇时候的委屈和如今成为婆婆的心态变化，是这些与旁人相似又截然不同的经历使她成为自己。我们去采访她，不因她是谁的媳妇或者妈妈，只因为她是她。想到这一点我会有些难过，但想起我们与奶奶的交流或许能令她有那么一段时间的愉悦与满足，能够让她在某一瞬间获得被关注与被尊重的感动，这份访谈就不只是挖掘材料的过程，而是有温度的情感传递。这次的采访经历也让我更加意识到倾听老人说话有多么重要。2016年8月，姥姥因心脏病去世，我在悲伤的同时又有些许知足，因为姥姥在世时，我是聆听她讲故事最多的孩子，我因此对她有了更深的理解，这份记忆会让我在思念她的时候多几分安慰。

搜集老照片和老物件的过程中也有很多惊喜，因为它们不只是一张纸或一个摆设，每个东西背后都有一段故事，那段故事就是连接着过去、现在和未来的生活记忆。在泥河沟，我印象特别深的是小组采访武小雄那次。他是1975年生人，老宅子中存着不少老物件，包括爷爷抽烟用的烟嘴和母亲做鞋用的鞋楦，还有他小时候读书用的煤油灯。开始他总说“这也没啥”，可是问着问着，他的话匣子就打开了，后面每拿出一件老宝贝，这个已至不惑之年的人就像小孩子发现了玩具一样开心，而后指着老物件一个个讲以前的故事，然后想起来更多的故事。他讲故事的时候，眼里是放光的。当时我只觉得他很高兴，后来每次想起都很感动，那是一种被访者与自己和过去的对话吧，他是在讲故事，同时也是在重温年少的经历和亲情。正是因为奶奶给他讲过很多与村落地名相关的故事，比如金马驹、木格岩、金鸡滩、塌庙梁等，所以虽然武小雄在村中年纪不算大，但有关地名的事很少有人比他知道得更多。也正是因为有了他的讲述，泥河沟的形象才更加丰满生动起来。

三、乡土韧性与生命底色

有关农业文化遗产保护的田野记忆是笑容与泪水交织而成的，这份笑与泪是因为团队出行、收获新知的愉悦和思考不深、写作不顺的苦恼，更是因为田野工作给了我一个丰富生命体验的机会，我在听被访者讲述自身故事的时候，分享了他的骄傲自豪、兴奋快乐，看到了无奈愤怒和艰难贫苦，更感受到了乡土社会及其所孕育的生命所具有的特有韧性。同时，这些感受与认知也促使我自己的生命底色更加健康。

研究生毕业那段时间我找工作并不顺利，与之前的一帆风顺相对，我生出了一种强烈的挫败感。边投简历边流眼泪的时候，我竟然想起了泥河沟的武占都爷爷在采访时说，“我可爱受苦了，受点苦才好吃饭”；想起因地主身份家产被分和儿女生活不能自理以致几十年来贫苦度日的武光勤爷爷轻描淡写地说，“反正这么多年也都过来了”；还有王金庄的曹海魁大伯，他 20 岁时为了割韭菜从悬崖摔落，在医院醒来之后不是喊疼哭闹，而是在看到漂亮的病房想：“真好！等以后我也盖这么白的一个小屋。”这些老人的眼睛已经浑浊，但讲述故事的时候眼神是明亮的。那大约是生活对他们历练和洗礼的痕迹，也是乐观面对生活的证明吧。而后想到自身，便觉得那点困难根本不值一提。那一刻，我更加理解了孙老师在《田野工作的信念与真情》中所提到的：“作为一个乡村的行动者，我们不仅仅可以唤醒别人的生命意识，同时也能唤醒我们自己；我们不仅可以用情感去传递一种内生性的力量，同时这种情感也能在不同的时间里温暖我们自己的心灵。所以田野工作本身是情感的学问与实践。”

工作以后，有个别同事常在言语中表露出对乡村和对农民工的鄙视，而他们并不具有农村生活或调研的经历。很多次，我想到了泥河沟的年轻人。从某种意义上来说，泥河沟是个再普通不过的村子，像其他地方一样，泥河沟的年轻人大多在外务工，异地漂泊时也受了很多苦。阅读他们的口述史即可知道，他们中间有人 15 岁就去外地做了保姆，有人被骗去做过传销，很多年轻小伙子都有跑大车、下煤矿等打工的经历。讲到这些时他们脸上的苦涩和无奈，与回忆起童年在家乡上学、跟小伙伴一起玩闹游戏的欢乐形成了鲜明的对比。他们也是农民工群体中的一部分，可是这些为了生活努力打拼的人凭什么要被嘲笑？然后，我反驳了同事，并将自己在田野中看到的故事讲出来。我知道改变他人想法的可能性极低，但重要的是，我知道年轻人的想法并不都如他们一样，更重要的是，以泥河沟为代表的遗产地正在慢慢地发生变革。

正因为在外吃过许许多多的苦，所以人们对自己的家乡有一种特别的眷恋与牵挂。但是不打工就没有收入，所以只能继续在外漂泊。在这个时候，农业文化遗产保护就成为一个特别的契机，让泥河沟的年轻人觉得自己家乡的发展是有希望的。比如武艳霞姐姐说："出门在外，看到枣就会想起泥河沟来，山东的小枣和冬枣也很有名，但是我就是觉得没有家里的枣好吃。那天我就在想，如果我们村的枣能成为一个产业，能在村里打工的话，就算是少挣 1000 块钱我也愿意。照顾了父母，照顾了家里，还养活了自己，而且在家门口赚的钱是真真正正属于自己的。我还和父母说：如果泥河沟以后能有投资的项目，我也一定要回来参与投资。我也希望泥河沟能越来越好。"当年轻人对自己的家乡有了信心，乡村就有了希望。

几年过去，农业文化遗产保护已从一小拨学者自主研究发展成为政府愈发关注、村民主动参与、慈善力量支持，母校中国农业大学的研究也从最初的"农业文化遗产研究团队"拓展出"农业文化遗产研习营"等多种形式，不仅培育从事研究的青年学者，也培养生长在乡村的有志青年。尽管作为第一批参与农业文化遗产研究项目的学生，我已离开校园、离开泥河沟 4 年之久，但依旧会为"文化大讲堂"的设立、"枣园人家"民宿的开张感到兴奋，会因武玉书和郭宁过等老人的离世感到难过。农业文化遗产田野工作给了我正确认识世界、亲手触摸乡土和愈加尊重生命的机会，能在二十几岁的时候认真将自己的时间和生命投注其中，是我一生值得骄傲且幸运的事情。

生活体验反观的田野实践

高　凡

2015 年 7 月至 8 月间，经过两个月的文献学习后，在孙庆忠老师的带领下，我们先后到了陕西佳县泥河沟村和河北涉县王金庄两个农业文化遗产地调研。初识陕北，100 多人的秧歌队、300 多人的热情村民，突然很难将这火热的景象与“遗产地”联系起来。在那一刻，也更加明白了保罗·拉比诺为什么要在《摩洛哥田野作业反思》中写道：“人文研究中的求知既是智慧性的，也是情感性的和道德性的。”村民的热情与慷慨让你不由得亢奋起来，几天几夜都辗转反侧，首先想的是要对这热烈的情感“有所回报”。

田野工作的节奏和状态

田野工作是学术性的实践，也需要生活习惯的适应。2015 年 7 月 21 日，我在日记中写道：“在这 10 多天的时光里，对我来说收益是很大的。最深刻的是‘为人’。虽然我们是抱着调研考察的心态前来，但真切的生活却是全方位的。如何生活在陌生的乡村、陌生的地域？这应当是竭力调整自己，适应当地的生活习惯。”作为一个南方人，在陕西和河北的村子里生活，基本会遇到两个主要问题：一是饮食不习惯，二是不能洗澡。在饮食上，这两个村子都以面食为主，在村子里是没有什么选择的。给我们做饭的阿姨，偶尔会煮一些米饭，这是对我们的照顾，但我们不能每天每顿都有这个要求。在最初还不能习惯面食的几天里，来自南方的同学就自己想办法，将前一天的剩米饭加工成蛋炒饭，既不增添多少麻烦又解决了饮食问题。在洗澡的问题上，北方没有每天洗澡的习惯，也不具备每天洗澡的条件，我们也不可能辛苦村民帮我们烧水。于是，我们想到一个办法，将水装进铁桶里，用一个塑料袋把桶口蒙住，在中午的时候放在太阳底下暴晒，下午五六点的时候，趁着水热擦洗一下。田野中遇到的问题是多种多样的，除了生活不习惯外，也会有其他问题，如方言听不懂等，但是，只要我们不感到慌张，在既有的条件下发挥主观能动性去克服，度过了磨合期，慢慢就能适应了。

生产劳动是村民活动的核心，这也是一个看得见、摸得着，需要用身体去体验的过程。参与村庄的生产活动，是我们进入当地生活的一个好途径。按照老师安排，每人都要尽可能参与体验一下村民的生产活动，在王金庄，我们刚好赶上了摘花椒的季节，于是就试着跟村民一起摘花椒。2015 年 8 月 2 日，我和江沛师妹凌晨五点半起床，准备好出行的装备和干粮，跟随王书真爷爷上山摘花椒。这种劳动比我们想象的艰难，还没一会，稚嫩的采摘手法就让我们的双手被花椒刺扎得不行，满手都是黑色的花椒油。后来，那深深的刺痛感停留在身上好几天，每次隐隐作疼都让你对当地的生产生活有更深入的体会，这也是做访谈的时候能和被访者共情的一个前提。

王金庄村居住区集中，耕地很细碎，部分土地离住所较远。有些“过岭地”（需要翻山越岭才能到达的土地）从家到地里单程就得走两个小时，为了减少在路上耗费的时间，村民到远处的田地劳动时，中午并不回家，而是就地“野炊”。当天中午，我们就体验了一次。我们和书真爷爷一起捡拾柴火，用一个简单的铁锅烧水煮面，在里面放上土豆、南瓜，就是一顿劳作后的美味午餐。那天，回去的路上是喜悦的，看见什么事物都那么可爱，又摘到了许多新鲜的野韭菜。不由得感叹：或许生活中就得先有苦难后，才有深刻的快乐与幸福。

在王金庄村，在一锅南瓜面，或者是一碗小米粥、一碟土豆丝的一日三餐里，那一盘绿油油的野韭菜就是融入田野、化身为当地人的生动实践。在山上采野韭菜其实是很难的，可能走很远的地方才可能采到一小撮。正如在石山上辟梯田、在薄土里种小米、在刺丛中摘花椒一般，采摘野韭菜、做成一盘佳肴送给团队伙伴，就是主动利用当地资源做出生活改变的尝试，更是由田野体验而生发的对身边人的爱护。

村庄经济的变迁与延续

村庄是中国广阔地域上和历史渐变中一种稳定的时空坐落，它是一个充满活力、传承文化和发挥功能的社会有机体。王金庄村坐落在太行山南段东麓涉县，境内均为山地，重峦叠嶂，沟壑交织，干旱缺水。虽然条件恶劣，但王金庄人经过几百年的开垦，从山脚到山顶，层层叠叠修建了大量面积不等的石堰梯田。“鱼靠水，虎靠山，王金庄靠的是修梯田”，这是村民祖祖辈辈的巧夺天工之作。以王金庄村梯田做核心区域的涉县旱作梯田系统因其生物多样性、文化多样性和可持续发展性的农业特点被列入中国重要农业文化遗产名录。

一个村庄从来都不是一座孤岛，而是和外部世界紧密联系着。作为国家社会的一部分，村庄组成国家社会并受其影响，经济生活的变化是一个村庄面对国家、市场和社会影响最初和最直观的表现。在过去，王金庄苛刻的自然条件决定了王金庄村的物质资源是贫乏的，肉蛋奶和蔬菜等生活必需品都不能完全自给，村民没有选择的能力，只能是果腹度日，谈不上营养富足和均衡。近年来，在市场和货币需求因素的介入下，村民的经济社会生活发生了许多的变化。村民也不必被迫束缚在土地之上、束缚在乡村之中，他们通过售卖花椒、外出打工等方式获得货币收入；村里的物资产品也有了极大丰富，当地生活物资流通，也大大改善了村民的饮食等生活条件。

与此同时，盖房修屋的过程仍然是村里人来，只不过不再是无偿帮工，而是用货币作为了中介，也即修房盖屋时的帮工形式变成了现在的雇佣为主、帮工为辅，村民人情往来用的也是金钱而不再是实物，虽然村民之间的情感、认同和人情期待仍然是交往的本质诉求。在盖房顶的那一天，房屋主人的亲戚朋友、邻居仍然也会无偿地来帮忙，而主家会以一顿好饭招待。但是作为个体来说，可以不必为了将来自家盖房的人工需要，而随时准备着帮助别人盖房来积攒人情，也可以有更多的生活选择和时间自由。

然而，村庄社会的变迁过程不是单向的和被动的，作为完整的社区共同体，村庄有能动地自我调整的能力。以当地作物的调整为例，作为重要的农耕类型，主要作物之生产生活本身，是当地经济生活的重要一环。村庄主导作物的调整直接反映了经济生活的变化，但是这种调整始终是适应于村庄的自然环境和文化惯习的，它与村庄原有的有机整合机制相调和。在王金庄村，传统上以谷子、花椒、小麦、豆类的种植为主，近年来放弃种植小麦、选择产量高的玉米品种、大量种植花椒是村民适应市场需求，作经济价值考量的结果，但也跟这种作物不适应当地的自然环境密切相关；选择生育期短的谷子和玉米品种、减少田间管理的次数、放弃山上和路远的耕地、以微耕机替代驴和骡是村民为了节约农业劳作时间，进一步解放自身劳动力的举措；谷子虽然产量不高但因其耐旱而被广泛种植，花椒树更是整个梯田护堰保水系统中不可缺失的一环。市场力量的介入，并没有迫使村民选择完全异于本土知识的作物，作物的调整过程适应了原有的生态和文化环境。

菲斯泰尔在《古代城市：希腊罗马宗教、法律及制度研究》中写道："对于人来说，过去永远不会完全消亡。人们可能将过去忘记，但是却会永远将其保留在自己的身体之中。因为，不管它在每一个时期是什么样子的，都是所有之前时代的产物和总结。""传统"和"现代"不过是人类在解读历史和当下的一种分类方法，从铁器和牛耕技术的使用至今，农业生产不知经历了多少次的"现代"。我们不能一味地对农村做浪漫主义式的想象，村庄不会一成不变，村民也在不断地接受新的思想和理念。但是农业社会不是无力的，当面临新因素介入时，会根据自身的客观条件做出合理调整。只要这个农村地域还在从事着农业生产，其变化就逃不开村庄原有的自然环境和文化惯习，否则将注定是失败的。我们应该有这样一个认识：乡村自然会有新的发展，不必为其一时的改变而郁郁寡欢。

个体生命的冲击与洗礼

2015 年 7 月 31 日，在王金庄村南院的分享会上，孙庆忠老师深情地告诫我们："做田野不是'掏资料'，是用别人的故事丰富你的人生，再用你的体验来回报田野。"每个田野访谈的背后，都是数十载的光阴、数不清的经历和道不完的故事。那是方强爷爷奔走打工、四处学艺、终成石匠的不易；那是小林爷爷就差一分、没能上成高中的遗憾；那是书真爷爷畅谈幸福、对人心不足蛇吞象的感叹。老人们的感言是深刻的、是具象化的，偏居一隅，亦能看出社会百态。这些诉说既是悲壮的，又是顽强的；既是苦难的，又是豁达的。那些奔波辗转的冲击与震撼，因鲜活的生命体验已然凝结了岁月的智慧，帮助我们更自然地面对生活中的困境与艰难抉择。让你相信：总有属于你的位置等着你，总有柳暗花明又一村的时候，让你即使“在最严酷的冬天也不会忘记玫瑰的芳香”。

我们要学会“超越庸常”，能够“活在当下，赋予生活以意义”。回顾过往的田野实践，最初认为想学的田野之“术”已经不是最重要的了。田野既是真情的交流，更是自己人性的打磨和精神的修炼。虽然受过许多批评，但铭记了认真做好生活中所有小事的重要，学会了更加从容地面对生活的坎坷。

磨炼心性、培育爱心和社会责任感，当我们有了这份情愫的时候，就有了热爱生活、热爱生命的能力。乡村在我们眼里就不再是萧条凋敝的，生活对于我们来说也不是束手无策的，这就唤醒了我们作为年轻人想为社会做贡献的信心和决心，重塑了那种看清生活的本质之后依旧热爱生活的平凡的英雄主义！

重走村民背粮路（侯玉峰 摄）

启迪心智的乡村之行

李　志

从当下一点点地溯源而上，曾经的过往渐渐浮于眼前。原来与农业文化遗产结缘才短短两年，而我的人生却发生了翻天覆地的变化。

与农业文化遗产结缘发生在我的本科时期。我本科就读于江西农业大学，在大三的下学期，一位学习农村发展专业的准研究生学长带队到江西的某个县域做精准扶贫调研。幸运的是，他带上我一同前往，让我能够有机会接触家乡之外的乡村。江西省多山，这是我第一次见到大山里的乡村。正是这一次的经历让我的命运轮盘悄然转动，回来之后我决心要考一个跟农业相关的专业。也许是心思纯粹，有了追求的目标，考研的日子让我每一天都过得充实快乐，这也是我 20 多年来第一次感受到读书学习的乐趣。仿佛一切就这样水到渠成，我顺利地考上了中国农业大学，也从此正式与农业文化遗产结缘。

与孙老师的相遇让我的命运真正有了转折，田野带给我的生活体验与生命变革也悄悄地开始了。2019 年 7 月至 8 月间，我与团队分别去了北方旱作梯田为代表的河北涉县王金庄与南方稻作梯田为代表的云南绿春县瓦那村调研。如果说考研的选择让我站在了命运的转折口，那么还未入学的初次田野体验则给了我懵懵懂懂闯入人类学领域的机会，开启了我对为人为学奥秘的探索之路。

王金庄：苦痛却坚韧

王金庄是座石头村，位于太行山深处，水资源匮乏，多石少土，自然灾害频发，难以想到就是这个“不适合人类生存的地方”却是北方旱作梯田的典型代表。王金庄人向山要地，开山建田，用石头垒堰筑起 21 万亩的旱作梯田，被联合国世界粮食计划署专家称为“世界一大奇迹”“中国的第二万里长城”。本以为愚公移山就是神话故事，直到亲眼见到面前壮阔的梯田，让我不得不相信它的真实性。2019 年我们到达这个地方时，恰逢当地十年难遇的大旱，梯田里的庄稼旱死一大片，这意味着农民辛苦一年的劳动，最后可能颗粒无收。

苦痛早已成为习惯，更锻造了村民坚韧的性格。梯田是他们的生存之根，清晨四五点便开始了他们一天的劳作，天微微亮，村民吃完早饭，背上干粮，带上水，甚至背上锅碗瓢盆，骑着驴进山下地。由于住的地方离地很远，来回不方便，村民的午餐一般是在地里解决，到了傍晚太阳将要落山才会回家，有的村民贪活，趁着傍晚天气凉爽还要多干会活才回家。夕阳西下，驴背两边挎着山上砍来的柴，或者给驴割的草，老奶奶坐在驴背上，老爷爷在后面牵着驴尾巴，阳光正好散落在归途的大道上，迎面可见的是爷爷奶奶满足的笑脸。每当我对生活感到疲惫，内心感到难过失落时，这幅画面就是照亮我心房的那束光。

在这生活的 12 天，给我印象最深的还是这里的驴。它在王金庄的角色已经不单纯作为村民家里干活的牲畜，更像是他们生命中不可缺少的伙伴。每年的冬至是驴的生日，主人会为他们做上一盆面条，表彰这一年来驴的贡献，也表达了对驴作为自己伙伴的认可。在调研过程中偶遇一位卖驴的老奶奶，她叫曹加强，是一位独居老人，丈夫10年前去世，只留有一个年满18岁、外出打工的儿子。她身体状况不佳，无力耕作，只能靠每天扫大街获得450元的月收入来维持生计。她说自己老了，“干不动农活，我不去地里干活，驴就没东西吃，跟着我会饿死”。提到卖驴时，她眼含泪光，驴是她唯一的伙伴，更视为思念常年不回家的儿子时的精神慰藉。如今卖驴实在迫不得已，她不希望驴跟着自己受苦。这是目前村里驴逐渐减少的原因，也是梯田逐渐荒废的原因，虽然内心对这片土地爱得深沉，他们却依然无能为力。我当时的房东占怀说，卖掉驴正是出于对现实的无奈，但是他仍然怀念小时候与驴的故事，卖掉驴的日子里，他无时无刻不在想念，这位一向不爱说笑的粗犷汉子，在跟我们讲他与驴的故事时，仿佛有说不完的话，嘴角再也无法隐藏起内心的欢喜。虽然现在出现了微耕机替代驴干活的现象，但是人与驴之间的情感与情绪联结未曾中断。可谓“情在则驴在，驴在则梯田在，梯田在则村庄在”。王金庄村民每每谈及过去时，虽然多是苦痛的记忆，流露出来的却是幸福的感觉。

瓦那村：生活即秩序

在熟悉的社会里生活了23年，习惯了自己的地域文化，风土人情。初次来到瓦那村时，首先是视觉对我的冲击。壮丽的哈尼梯田层层叠叠，盘绕在群山峻岭之间，也许是刚刚下过小雨，山间云雾缭绕，宛如仙境。八月的哈尼梯田呈现出金黄与碧绿的交织，从远处眺望，仿若巨大竖琴的琴弦铺展在大地上，山间呼啸而过的山风，仿佛划过琴弦而奏响的音乐。看惯了城市的车水马龙、人山人海，却被眼前蜿蜒盘旋、俊美秀丽、静谧而又空灵的哈尼梯田所陶醉，总算理解为什么古代的先贤达人不喜庙堂之高，而钟爱江湖之远了。

另一个是当地文化对我的冲击。哈尼梯田能够持续至今而未曾衰败的主要因素离不开生于斯、长于斯的本土文化。汉族的节气历法想必儿时的我们就已耳熟能详，但是哈尼族有一套自己的历法，因此他们的耕作时节是遵循自己的时间节点。他们的节日丰富，几乎每个月份都有对应的节日以及与之匹配的仪式展演。随着深入的接触，越发感受到哈尼人的生活是充满仪式与秩序的，正是他们的信仰体系维系着社会的平稳运行与农耕的有序生产。

在现代化的洪流下，瓦那村本民族的蘑菇屋早已不见，取而代之的是清一色的钢筋混凝土。繁华的都市的确吸引人，年轻的人们大多外出打工，村里更多的是妇女、老人、儿童。好不容易走出去的大学生是否会再回来？1300 多年历史的哈尼梯田是否还会延续？对农业文化遗产的保护是否仅仅是为保护景观？如果哈尼文化不在了，那么我觉得梯田也就没有了存在的意义。

脱胎换骨：田野工作的思与悟

回望王金庄与瓦那的田野之行，带给我的并不是田野知识和调研技巧的扩展，更多的是对我今后为人为学的启发。

初入田野，孙老师强调最多的不是今天你要完成什么任务，你要采访多少人，你要多久提交调研报告，也不是你能从中出产何种论文，而是告诉我们要融入他人的生活，懂得感恩与回馈，享受有温度的田野。不能否认，起初我并不理解什么是有温度的田野。曾经因为夜话不知道说什么而沮丧，看着身边的同学一个个讲述着自己的田野发现，而我对此丝毫无感。只记得当时的我为了尽快弥补专业上的缺失，赶上大家的节奏，一心想要向老师以及师兄师姐学习田野调研的技巧，慌乱无措是我当时最真切的状态。

或许是我与大家格格不入的状态引起了老师的注意，清楚记得在王金庄的一个下午，天气很炎热，老师一条微信发过来，问我有没有在忙，让我过去找他一趟。抱着忐忑的心情从五街走到一街，老师让我在他面前坐下，什么话也没说，先后给我盛了3碗绿豆汤，让我平息一下状态。于是我就将这几天的委屈一顿吐槽，老师并没有责怪我，劝告我一定要慢下来，不要心急。这次谈话让我印象最为深刻的是4个字——“脱胎换骨”，其实这4个字直到今天我才明白它的分量有多重。那天下午的谈话如沐春风，也是从那天起我渐渐发现了田野中的美，也是那一次我喜欢上了老师在田野中的“耳提面命”。我也理解了老师说到的何谓有温度的田野，田野的技巧永远都是“术”的再创造，自我修养的提升才是为人为学之“道”。我们闯入田野，绝对不是为了从他者口中“窃取”想要获得的资料，而是融入他们的生活，尊重他们的生活习惯，用我们的真心以诚相待。

田野工作赋予了我知识，让我的内心变得柔软而有温度，让我能够重新认识人生，更新我看待世界、对待生命的方式，促进自身的生命变革。我虽不知道该如何回馈田野，但无论日后走到哪里、做什么，都不会忘记回报乡村的责任与使命！

田野里的一段青春叙事

辛育航

初识王金庄，是通过孙庆忠老师手中的画册。作为一个河北省土生土长的孩子，第一次知道在太行山的山沟沟里，原来还有这样一座贫苦而又美丽的石头村。群山之上，梯田蜿蜒，无不体现出王金庄人的勤劳和智慧。与壮丽景色相对的，是精致和温婉的石板街。走在石板街上，让人浮想联翩：戴望舒的《雨巷》不断在脑海浮现，油纸伞、蒙蒙细雨、寂寥的空巷；又期待着骑着毛驴的新娘从身边路过；也或许“像是走在时光的缩影里，石板光滑鉴影，仿佛看到了先民厚实坚定的身影，脚步清脆响亮，似是能听到毛驴嗒嗒的蹄声……”古老的石板街，默默地记载着王金庄村的历史，更记录下梯田社会里的人生百态。

虽然我们经常开玩笑说：“下乡是被孙老师骗过去的。”但进入田野时，期待与现实的落差却是真实的。与陕北黄河近旁的泥河沟村相比，王金庄人口和区域规模显得庞大，想要进入村庄，深度了解村民生活似乎变得不易。在惴惴不安中，开启了我们的田野工作。令人投入的田野时间飞逝而去，田野完成的那一刻，才发现田野真情与往事却早已充盈心间，铭记心头。

田野里的绵绵真情

我相信，我们到乡村之前，都会怀着一份最朴素的期待——走入村民之中，感受他们的生活状态，聆听他们最真实的声音。进入王金庄，我听到了各种传奇的经历、生动的故事、有趣的传说，也见识了高深的知识。我闻到了花椒浓郁的香，爬上了最高的梯田，感受到了最真挚的热情。同时，也不断感受到这里的浓浓深情。这里的村民身上有着延续几百年开垦梯田所赋予的美好秉性，他们顽强、乐观、积极、坚毅；他们对故土眷恋，从不放弃对家乡未来的憧憬；他们经历、见识过了数倍于我们的苦难，却仍然对生活充满期待！

然而于我而言，我更期待和老人们聊一聊，想听他们讲述自己的生活与故事。王金庄的老人很多，孩子大多不在身边，他们独自劳作、生活，活着于他们而言，显得太过落寞和孤寂。每日在村庄里走访，看着这些我喊着爷爷奶奶的老人，孤独地坐在斜阳里，我时常就湿了眼眶，他们曾是乡土社会的中坚力量，为乡村和家庭奋斗过、辉煌过，然而在“离土”的时代，他们和凋敝的乡村一样，只能落寞而孤独地等待最终的离去。其实他们所求并不多，只是希望能有个人倾诉，哪怕只是安静地坐在他们身边。

当我走入他们时，摩挲着他们满是老茧的手，聆听他们对于土地真挚的眷恋，对于往事的追忆与唏嘘，以及对于未来的憧憬与向往；感受他们的喜怒哀乐，他们历经的苦难和点滴的幸福。我与他们一起哭、一起笑，在那一刻，我们的情感是共通的，他们以及他们的故事、情感都悄悄地走入了我的心里。

田野的经历对我是一次身心的洗礼，帮我祛除了浮躁，替我安抚心灵，唤醒我对生活的热情与感动。“你们叫我爷爷，我也没有好好招待你们，我这心里过不去啊。你们都是最好的孩子，来我们这个破山村里受苦，你们受累啦！”只是一句朴素的歉意，却让我心里一阵酸楚，更感受到了身上的责任与担当。我们这一辈人，或许无力阻挡“离土”的时代洪流，但乡村的凋敝值得我们尽力守护，步入晚年的老人们需要我们温柔地对待，这是时代的召唤和使命。

田野里的瞬间往事

漫无目的地爬上山顶，俯瞰“外学大寨、内学王金庄”时期留下的雄浑壮阔的梯田和蜿蜒不绝的梯田道路时，我被眼前的景色深深地震撼了。天地间仅我一人，但我的心却不再孤单，我仿佛置身于那个年代的浪潮中，听着响彻山间的号子，站在流着热汗的汉子和姑娘中间，看着他们怀着绝不向恶劣环境低头的信念，用一锄一犁的勤奋劳动，书写对于美好生活的向往，我禁不住泪流满面。那一刻我才领会“活在当下，赋予生活以意义”，才明白为何孙老师对于乡土、对于田野总是能饱含热情、热泪盈眶。唯有如此沉浸，才能够深刻地体会到生命的热度，体会到对生活的期望，体会到田野调查不仅仅是我们个人的工作经历，更是一种心灵上的升华。这才是有情感的田野，有温度的田野，有着“你、我、他”的田野。

当我走进王金庄村民的生活、踏上田间每一条道路的时候，我不断地被震撼，这里的道路因其修建的困难程度与复杂程度，凝聚着一代又一代人的苦难记忆，这些记忆演变成了村民口中“坚忍不拔”“乐观向上”“勤劳肯干”的精神，成为村民一代又一代精神传承的载体，使得当地村民有了共同的感知，对于村庄的自豪感与归属感也愈发强烈。乡土社会能够长期稳定地存在与发展，不仅仅要依靠为其提供生计保障的农耕系统，更是需要村落文化的不断传承，为其注入发展的因子。随着田野的深入，我总是能欣喜地发现，村子里的年轻人在为村庄的未来努力，他们有自己的独立思考，也在积极地守护这片美丽的乡村，每每看到他们，都会坚定守护乡土的决心，这让我看到了文化传承、乡村振兴的希望。

给我印象最深刻的是村民王虎林，他是对村庄文化了解最深的年轻人。有一天，我们在通往梯田的石板路上边走边聊，他气喘吁吁地说："那天晚上我从一街送你回五街，我在五街可以看到月亮，但在一街却又看不到了，你说这是为什么呢?"我摇了摇头。他随即兴奋地跟我说："虽然一街到五街只有几里远，高低、坡度都不相同，人们在五街能看到月亮，在一街就看不到，可想而知这人对于世界的感知、他的眼界都和他的水平有关，我很高兴能在孙老师团队的带领下，看到了更多村庄的美景，学到了更多村子的文化。"后来的路怎么走的我不记得了，但我始终记得当时他的兴奋，他亮晶晶的眼睛，还有他给我讲的月亮的故事。回到村子，我在调研笔记上写道："在这样一个有文化底蕴的村子里，有什么能比看到年轻人接下了传承文化的接力棒更值得我们欢欣鼓舞的呢!"

王金庄梯田保护协会为我们安排的向导中，现平叔是一位瘦瘦高高、喜欢和大家一起聊天的中年人。提到梯田，提到村落文化，他如数家珍，越说越有劲儿，遇到一时间想不起的故事，他还会回去查找资料，回头再告诉我们。但他总说自己没有文化，和大学生没法比，言语中透着浓浓的自卑。我笑着对他说，"叔，您懂得这么多，可别再说您没文化了。"他摆摆手："这些算什么文化?"我认真地对他说："叔，这些是最宝贵的文化，是最宝贵的知识。在咱们村，您就是文化人，就是专家。”他愣住了，缓缓地点了点头。从那以后，他话变得愈发多了，以前不参与的访谈，也开始坐在旁边听我们的问答，偶尔也会插上几句话，受到称赞时，他会像个大男孩一样害羞挠头。分别后，还时常通过微信发给我们一些他搜集来的田野故事……

有一天，现平叔给我发来了视频邀请，画面里是他满是笑意和自豪的脸，还有延绵不绝、曾一起走过的梯田，“育航，你看到了没，这块地又变绿啦!”我看着画面里那象征着生命的绿色，感慨万分：“谢谢您，村里有像您这样对梯田文化热心的人，是我们的幸运，更是王金庄的骄傲!”那一刻，我的思绪又回到了那片土地，那个我深爱的乡村，我虽不敢预想中国乡村的未来，但我坚信，乡土文化一定会传承下去，乡村的根永不会断。

告别田野的自我反思

2019 年夏，我有幸再次和孙老师一起前去王金庄，分别时的场景在我脑中不断闪现，我满怀期待，满心忐忑。从大巴上下来，村口观赏亭传统和现代结合的设计让人眼前一亮。村子里因为水灾冲毁的道路也重修完毕，村民说新的设计可以有效抵御水灾。石板街上新添了几块青石，街边也新添了许多年轻面孔，整个村子满是欣欣向荣的景象。

田野之行的最后一天，我和孙老师重走了当年一起走过的小道，拜访了破败的民国寺，就着干粮与山泉，回忆起过去田野之行的种种经历，谈及对乡村未来的期待。孙老师拉着我的手，为我讲了《列子 · 汤问》中“响遏行云”的故事，再一次叮嘱我，“最重要的是修炼自身”。感谢老师，满足了我对田野的全部期待；感谢乡土，让我寻到了自己的根与信仰；感谢村民，让我看到了中国乡村的希望！

“认识他者，反思自己。”在颠簸的车上，我不断地回想起过去几年的田野时光：我爬上了陕北佳县泥河沟村所有的山，走过了河北涉县王金庄村每一条路，见到了很多的人，听到了很多的故事……我学会了访谈，学会了倾听，学会了与人沟通，也开始反思自己的生活。在繁星满天的夜晚，我分享收获的喜悦，留下了一个个激动人心的夜话；在山顶日出的瞬间，我按下相机的快门，拍出了一幅幅壮美的景色；听到苦难的过去时我落泪，看到村民的成长时我雀跃，见证村庄的变化时我感动……

我的青春因一段段乡村之行而无憾，只因那里有多情的田野，那里有讲不完的故事。

重返作为精神世界的乡村

李世宽

2014 年夏天，我踏足内蒙古敖汉旗兴隆洼镇距今 8000 年的“华夏第一村”遗址，呈现在眼前的是先民轮廓清晰的屋基，防御野兽的壕沟和人猪合葬的坟坑，不远处是延绵起伏的山丘和绿浪翻滚的农田。我仿佛看到一个个依稀的背影从史前的洪荒原野向我走来。敖汉旗是我国北方旱作农业的起源地，一代代人在这片原野上挥汗如雨地种谷播粟，从野性的石器时代种到舒缓的铁器时代，从开拓的机器时代种到迅捷的信息时代，表现出农耕文明强大的张力和不屈的韧性。

此前，我去了陕北佳县泥河沟村，站在那些铁杆虬枝、年逾千岁的枣林下，耳中回荡着村口黄河的涛涛水声，历史的联结感再次穿透而来。千百年来，那些枣树严格遵守和时间的约定，周而复始地抽芽、开花、结果、凋零，而枣林下的村民也循环无端地出生、成长、婚育、死别，自然的斗转星移和生命的新陈代谢彼此见证、互相扭结，恍恍惚惚一路走到今天。冯友兰说：“一个人有物质上的联续，亦有精神上的联续。”乡村就是这样一个特殊的场所。乡村内部那种人与人的互动、与自然的统一、与社会的依赖让我时时刻刻感受到自己不是单独的自己，我似乎感觉无穷的远方、无数的人们，都和我有关。

敖汉旗旱作农业系统和陕西佳县古枣园都以入选联合国粮农组织颁授的“全球重要农业文化遗产”而声名鹊起。然而，在两地的调研中很容易发现，当下村落同时表现出破坏性的一面和建设性的一面：一方面，乡村的房屋修葺一新，路网水电四通八达，硬件建设和城镇差异逐步缩小；另一方面，房屋空置、耕地撂荒、学校萎缩、道德滑坡现象依然在延续，“离土中国”依旧是对乡村人口外流、文化荒芜现象的准确描摹。在这种背景下，如何实现更加持续的乡村建设？孙庆忠老师带领我们团队在泥河沟进行的乡村行动提供了一条可以期待的路径。具体而言，就是借助农业文化遗产这一资源禀赋，通过文化干预的方式，增强村民自我组织和自我建设的能力，并协助他们寻求自我发展之路。

起点：恢复文化活动

伴随传统乡村春种秋收、夏耘冬藏农业生产过程的是轮番上演的节庆活动，种子下地时祈求五谷丰登，雨水匮乏时盼望风调雨顺，颗粒归仓时感恩诸神厚赐，于是春祈秋报活动、庙会香市活动、祈雨禳灾活动接踵而来，这些酬神娱人的活动使辛勤劳动的生活充盈快乐，赋予平淡无奇的日子以超脱俗世的意义。我们在泥河沟举办“缘系泥河沟，共叙枣乡情”的主题联欢晚会，傍晚时分的锣鼓秧歌穿透阴阴翳翳的枣林，让沉寂多年的山村瞬间热闹。我们把村落里的故事和信仰文化进行编排重组，向村民展示那些日用而不自知的身边文化的宝贵价值。比如调研中我们发现这样一段往事，政府计划沿着黄河边修一条途经 14 个村的公路，但是方案设计要绕过泥河沟村，村民去政府部门据理力争，终于实现了公路经过村庄的愿望。我们把这段故事改编成小品《沿黄公路》，融入枣神托梦帮助村民出谋划策情节，表现人枣相依的密切联系，赞颂村民主动改变处境、创造生活的能力。泥河沟曾经每年夏天都要在戏楼里唱7天大戏，分别唱给观音、河神、龙王等诸神，唱戏曲目有祈雨歌、跳神歌、上头歌、送儿女歌、秧歌、水船曲、信天游、酒曲等。每逢唱戏，十里八村的亲戚，远嫁的姑娘，在城里工作的年轻人，成群结队返乡看戏。这些文化活动凝聚着村民的家乡情感，彰显着对道德观念的评价，也在某种程度上潜移默化地影响着村民在当下生活中的行为方式和处事态度。

重心：挖掘村庄历史

村民对家庭的情感、对村庄重大事件的记忆，都展现在日常行为中，深藏在农事活动里，而很少写在纸上、印在书里。挖掘村庄历史，只能依靠采访人物和搜集物件。为此，我们走访全村各户，与花甲老人、退休干部、在乡青年促膝长谈，倾听他们的生命故事和家庭往事。从他们的讲述中，破旧的11孔窑与乡村教育的兴衰联系在一起，河神庙与龙王庙与他们的灾害记忆一并而至。他们饱受过黄河之苦，也享受过水运之便，如今码头已经不见踪影，艄公已经走下船头，但痛苦与欢乐并至的往事总是呼之即来。那些贯穿村庄的水利工程、那座护佑枣林的拦河大坝，那条背扛返销粮的陡峭山路，都记录了祖辈父辈们的喜怒哀乐。我们又广泛搜寻老照片、老农具、老房屋，去激活村庄尘封的往事。而今，透过《枣园社会——陕西佳县泥河沟村文化志》《村史留痕——陕西佳县泥河沟村口述史》《乡村记忆——陕西佳县泥河沟村影像集》这3本书，我们能够看到自然灾害、政治运动、人口迁移这些宏大社会叙事在乡村的微观呈现，能够看到“撤点并校”、高速公路、大众传媒这些现代性元素在乡村的作用效果。2014年前关于泥河沟村落历史的文字记载不足300字，这样的现象因3卷书的出版而就此终结。或许百年之后，当土生土长的泥河沟人都已经逝去，在城市中长大的村民后代不再重复祖辈的生活轨迹，有一天他们的孩子好奇询问祖辈是如何生活时，他们会拿出这3本书，不惊不慌地对孩子说，“你想知道的，我所知道的，全在这里面！”

归宿：重塑村民自信

泥河沟古枣园在申报农业文化遗产之前，村民还总想着把千年古枣园老石头围墙换成城市里的砖头水泥，旧物老工艺一度被视为落后过时的东西。村民这种自我贬抑的心态让我们深感震惊。冷静一想，我们的时代存在着一种根深蒂固的城市文化傲慢，把城市文化抬高为进步、创新的“现代文化”，把乡村文化污名为愚昧、粗糙的“陈腐文化”，城市文化与乡村文化的差异等同为现代和传统的差异。城市文化成为一种普遍的价值尺度和标准法则，评价乡村文化的参照体系曾经是是否符合先贤的训导和过往的生活经验变成了与城市文化结构功能是否相同，乡村文化发展其实就是放弃自身的独特性和延续性去重复城市文化走过的道路。最为可怕的是，城市文化中心论具有如此大的魅惑性，以至于城市的信条以潜在或者变形的形式在乡村扎下根来，村民已经无法在乡村社会找到家园感、归属感和依赖感。因此，我们要启蒙村民重新认识自身文化在现实生活中的位置，确定自身文化的角色和方位，增强乡村自我理解、自我阐释和自我表达的能力。我们举办“泥河沟大讲堂”，由专家教授来作报告，呼唤村民珍视古枣园的价值；又从香港乐施会引进资金赞助，从“原本营造”聘请专业建筑设计师，改造提升村内公共建筑和居住窑洞，在集体记忆的延续与新功能空间的植入中，营造其与村落共生的新方式。同时，还邀请泥河沟村民带着枣到北京参加农业展览，向村民证明看似平淡无奇的红枣和陕北的百姓生活原来可以走进首都的大雅之堂。当村民重拾信心，从遗产保护的旁观者变为自身文化的讲述者，村庄建设的内生力量才会调动起来。我们欣喜地看到静悄悄的变革正在村里发生，全球重要农业文化遗产暨中国传统村落两周年庆典，是村民自编自演的集体联欢。村委会协助组织了“老年人协会”，在外打拼的年轻人也因“爱枣协会”的微信群而集结在一起，共同寻找红枣出路，谋求家乡发展。武小斌和武江伟两位年轻人都已经在村里开起了农家乐，住宿的游客大多是摄影爱好者、享受退休时光的老年人，乡村小店也慢慢有了自己的回头客。村庄提出了“一树、一院、一品”的特色民俗发展模式，形成了“五个一”的发展力量，即一支卫生队伍、一支文化队伍、一支创业队伍、一支窑洞建筑队伍、一个乡友会。《农村日报》如此描述这种变化：“黄河岸边一个原本‘冷清’的村庄，在相关部门和文化志愿者帮助下，‘千年古枣园’重新发现并成功申报‘全球重要农业文化遗产’，增强了村民凝聚力和发展信心，丰富的文化活动让古村重现活力。”

在我看来，一个完整意义的乡村至少涉及两个层面的指向，其一是由自然景观和人文景观构成的生活世界，具体包括一定数量的土地、人口、资源、建筑等，这让乡村成为身体的居所；其二是风俗仪礼和农耕文化构成的意义世界，包括富有地域色彩的信仰、节庆、宗族、记忆等，这让乡村成为精神的家园。乡村是自然的、实在的，也是历史的、人文的。“田、园、庐、墓”浑然一体的乡村既是熟悉的记忆风景，又是乡愁的栖居之地，能够抚慰迷失的心灵，安顿漂泊的灵魂。当我们把乡村理解为一个精神世界的存在，乡村方就具有了更加丰富和深远的价值，它成为知识精英乃至整个民族的朝圣之境。生活在充满着欲望、竞争、污染等所谓现代文明中的人们可以从乡村这个“镜像”里引发关于自身来自何方的遥远回忆，寻找到生命的本真、心灵的绿洲。

问询村史（孙庆忠 摄）

骑在驴背上眺望

李禾尧

与农业文化遗产的结缘，可以追溯到《中国农业大学学报(社会科学版)》2012 年第 1 期的名家访谈系列文章《农业文化研究与农业文化遗产保护——乌丙安教授访谈录》。乌爷爷深入浅出地阐释了民俗学家眼中的农业文化遗产，及其与其他遗产类型的联系和区别。透过这篇文章，我逐渐认识到农业文化遗产保护与挖掘的重要意义，以及传统农耕智慧的重要价值。当人类社会跨过工业文明，渐渐发展至深水区，层出不穷的生态环境治理、食品药品安全等问题亟待得到重视与解决。极速狂飙式的发展需要我们适时地驻足停歇片刻，关照乡土、回望过去，为我们破解当下遭遇的发展困境探寻出路。

文献亦是广阔的田野

虽然经过两年多社会学和人类学的专业学习，但在拿到《GIAHS 团队研究文集》之前，我依然觉得自己对即将奔赴的田野缺乏足够的想象力。在孙庆忠老师的带领下，我们每周围绕三到四篇文献进行两轮（文章的主旨和田野工作的设想）深入讨论，这为我后续的田野工作奠定了重要的基础。

直到现在，我依然清楚记得那个夜晚。繁星若水，微风习习，我们围坐在会议室里，透过法国人类学家玛丽·鲁埃的

《依靠回归土地医治教育的创伤：老一辈克里人拯救迷失的一代》，了解世代聚居在加拿大詹姆斯湾的克里印第安人的故事。二战后，加拿大政府为了让克里人的年轻世代远离本族的语言、生活方式和价值观，彻底同化为加拿大公民，强行把他们集体送入寄宿制学校接受现代教育。然而，情况并未顺遂政府官员们的心愿。孩子们一方面不适应城市中的生活，一方面又失去了祖辈在山林中生存的智慧，如此双重的失败将他们推向了绝望的深渊。在这般严峻的情况下，老一辈克里人将深陷迷途的孩子们送到克里人世代营生衍息的狩猎营地，教他们学习语言文化，使其重新获得捕鱼、狩猎的传统知识与技能，重建了与世界的联系。老一辈克里人依靠回归土地的方法疗愈了现代教育给原住民带来的创伤，也让年轻一代认识到生活的本质，找到了情感的归属。

当“撤点并校”和“教育上移”逐渐成为当前中国乡村的普遍现实，当数以万计的农村留守儿童和城乡流动儿童遭遇教育资源匮乏的窘境，克里人的故事会给予我们极大的启迪。走出都市，回归土地，不仅会给我们带来内心的宁静，更会在我们需要帮助的时刻给予疗愈。我们应该认识到，无论是二战后加拿大快速崛起的彼时，还是新时代中国高质量发展的此时，记忆始终是链接过往与当下、城市与乡村的精神纽带，乡土始终是贯穿欢欣与哀愁、少年与成年的情感支点。

文献阅读持续了整整两个月，这段时间堪称大学时代的一次“高峰体验”。2015 年 6 月底，当孙老师让我们放下手中的案卷、展望暑期的调研时，我对即将奔赴的陕西佳县、河北涉县两个遗产地充满向往，甚至在出发前一两天遭遇失眠，那种亢奋的状态一直维持到进入田野后两三天才渐渐平息。

毛驴亦是坚毅的山民

河北涉县旱作石堰梯田系统位于太行山西南麓，涉县东北部地区。环抱的群山虽然造成耕地资源稀缺，生计维持艰难，却也构成天然屏障，易守难攻，长久以来保障山民生活无恙。涉县旱作石堰梯田具有无可比拟的视觉冲击力与美感。据《涉县土壤志》（1984）与《涉县地名志》（1984）记载，涉县旱作梯田的总面积达 268000 亩，其中土坡梯田 85069 亩，石堰梯田 182931 亩。相比南方稻作梯田的清秀绿野，北方旱作梯田更具磅礴遒劲之势。而涉县旱作石堰梯田不同于广泛分布于甘肃、陕西、山西等地的土坡梯田，其石堰结构取材当地，不仅是保持水土的必需，更直接反映了遗产地缺水缺土的资源状况。在如此严苛的自然环境下，当地人充分利用当地丰富的食物资源，通过“藏粮于地”的耕作技术、“存粮于仓”的贮存方式和“节粮于口”的生存智慧传承 800 年之久，充分展现了强大的抗争力、顽强的生命力以及强烈的感染力。

农大学习期间，我先后前往涉县调研 4 次，对这里很有感情。我们开展田野工作的地点位于井店镇王金庄村，是遗产核心区具有代表性的传统村落。初次进入王金庄村，我们的研究设计与之前在陕西佳县执行的有所不同，更趋向于挖掘研究命题，因而研究进程在一路摸索中显得比较缓慢。我清晰记得大家晚饭后在村内“散步消食”，孙老师不放过与村民们偶遇的机会，热情地与其交谈，而后在晚上的“夜话”环节向我们反馈线索式的信息，每每都会让我们惊讶与敬佩，我们的所谓科研“敏锐嗅觉”也在赞叹中渐渐得到磨炼与提升。随后几天，我们在村民们的引导下踏访了月亮湖、奶奶顶、小学校、岩凹沟、曹氏宗祠等重要地点，渐渐形成了对村落空间具象的认知，为后续研究铺设了一张包含重要的人、事、物的抽象网络。我想，人类学的初次调研重点就在于编织这样一张网，并能在网上找到几个支点作为开展后续研究的抓手。

作为旱作石堰梯田不可或缺的劳动力，毛驴在村落空间的身影无处不在。它们姿态或立或卧，情绪或喜或忧，生动至极，从入村第一晚起就深深吸引着我。我那时便觉得，这小小的毛驴对整个村庄而言，一定不只是下地干活、托物负重这么简单，或许我们能够从它身上了解整个旱作石堰梯田活态存续的秘密。分组工作阶段，我和妍颖师姐跟随曹京石、李乃荣二位老人家摘花椒，用一整天时间体验了山民们的日常生活，也与毛驴有了长时间、近距离的接触。早上七点半，我和师姐准时出现在二老家门口，待农具炊具安置妥当后便一同出发。走在曲折蜿蜒的山路上，我们要随时留意脚下的碎石与荆棘，而小毛驴却好似一把老手，纵使背负重担，依旧脚底生风。京石爷爷给我们介绍说，家里的毛驴小的时候不懂事，经过一两年的调教逐渐有了灵气，不仅能听懂简单的劳动号子，懂得避让行人车辆，还能记得去田里的路。要是到了饭点没伺候好它，它闹起驴脾气就自顾自地走回家了。听到这里，我和师姐在震惊之余，瞬间对这片质朴的土地多了几分崇敬。我们的到来是短暂的，连亘的石龙无法言尽这上千年经历的沧桑。我们脚踩的石板街、品味的小米焖饭、耳闻的悠长驴叫声，都为这片土地留下深刻的印记，而它们也正是这片土地生生不息的活的见证。

遥想先民初到这片荒蛮之地，兵荒马乱，流离失所，万般无奈下只能爬上陡坡，把大山雕刻成记忆里故国良田的样子。需要土壤便去远处担，需要石头便去峭壁开，需要劳力便历经千辛万苦从骡、马、牛、驴中反复筛选。最终，毛驴因其出众的耐力与爬坡能力脱颖而出，陪伴王金庄人坚守太行深山，完成一个又一个生命的奇迹。毛驴，就像村民们的亲人，在劳动中默契配合，在生活中也能感知彼此的喜怒哀乐。行走在高山峻谷间，无论身上有多重的担子，毛驴始终走得轻快，走得稳健。春种秋收，夏耘冬藏，它不仅深深嵌入了旱作石堰梯田的生产活动，更串起了王金庄村千百年来的村落生计模式、礼俗仪式和文化精神，是王金庄过往历史的明证，是现在存续的依托，更是未来发展的保障。

他者亦是绵延的自我

从田野里走出，无尽的思绪始终萦绕在脑海间。它或是一个令人铭记的回眸，或是一段感人至深的故事，或是一顿别开生面的野餐，或是一句牵肠挂肚的道别。我们在做村民的个人生命史访谈时，不知不觉间就走过几十年光阴。很多时候，我们似乎真切地回到了那个年代，一起经历许多生命中重要的时刻，情绪也随着时光流转而起起落落。这种经历像极了在看纪实电影，而且画面色彩更生动、故事情节更真实——不，这本身就是一段有血有肉的人生阅历。

我会一直记得与乃荣奶奶的那次重逢。那天阳光正好，我因循记忆中的路线来到老人家门前，而那时乃荣奶奶恰好挑开门帘，与我四目相对。奶奶一眼认出了我，念叨着“禾尧回来了”，迈着小碎步走上前来，与我紧紧拥抱。那一瞬间的感触我铭记在心，任何时候重温起来都觉得格外热烈与亲切。

我想，我们从一个个访谈者身上看到的，也不仅仅是苦痛与磨难，更是一种战胜困苦之后的洒脱与超然，更是一种离土又归土后的温存与眷恋。村落文化与集体记忆的振兴对维系整个社会稳定与存续具有重大意义，一段段故事集结起来的，是一股抵御现代化冲击的强大力量。因此，奔赴田野不仅是有价值的，更是十分迫切的，这也正是田野工作的魅力所在。

在踏入这片陌生的土地之前，我们不曾想象到会遭遇怎样的人和事，会取得怎样的学术灵感，会留下怎样的情感体验。这种未知驱使着我们在田野里探寻，去努力张开耳目，去努力交谈体验，渐渐从访谈者口中勾画出一个全新而有趣的世界。随着时间的推移和研究的深入，这个世界在逐渐变得清晰的同时，或许也会变得不像最初那般美好，苦痛与磨难的故事会让我们更深切地感受田野的厚度。握着他（她）的手，那段沉甸甸的岁月就刻画在那一道道斑驳的纹路中，生命的交流也在这一问一答、一动一静之间得到升华。那些遥远的故事在这一刻变得如此之近，又如此直击心灵。我们的感同身受也丰富了自身生命的厚度，用不曾体验的阅历来丰富阅历，用无法言说的情绪来沉淀情绪。在他者身上，我们能看到更丰富的自我，也将会成就更精彩的自我！

骑“驴”掉“沟”里了

江　沛

因乡村失落而生发的深情回忆，是中国人的乡愁；拥抱对故乡的依恋并将它放回心灵深处，是农业文化遗产研究团队真切的期待和使命。自2015年仲夏“掉进”泥河沟、孟秋骑上王金庄的小毛驴，至今已有6个年头。期间四下泥河沟，六赴王金庄，一探瓦那村。田野里的115个日夜都是难以磨灭的烙印，也成了我为人与为学的精神养分。

结缘农业文化遗产：抢救“离土”的文化与“失忆”的乡村

我加入农业文化遗产团队是源于孙庆忠老师的人格魅力吸引。记得刚入大学，从理科跨向社会学，学科间的差异令我“水土不服”，脑子里仍惦记着农学，偷偷琢磨着下半学年转专业的事情。但第一学期上了孙老师两节课后，彻底打消了我转专业的念头。一节是社会学概论，老师用“梯子”和“爬梯子”形象地解释了“社会分层”与“社会流动”；一节是新生研讨课，讲“大学是一场朝圣之旅”。老师由内而外散发出的人文关怀触碰到我内心深处柔软的地方，那时我暗下决心，将来要成长为如老师一般有学者气、有情怀的人。

URP是农大“本科生科研训练计划”，培养学生进入学术研究状态。大一下学期，我在 URP 列表上看到“农业文化遗产”研究，这一项目关注农业系统与农耕文化。兴趣使然，便向老师提出申请。但老师说除天禹师兄外，他从未招过大一学生，我心想那就再等上一年。大二春天，我再次向老师提出申请。老师“恐吓”我说，调研环境十分艰苦，没有肉吃，也不能洗澡。我想不能还没出征就打退堂鼓，便一本正经地向老师表了决心，却没再收到老师的回复。过了几天，师姐发信让我去拿打印装订好的文献集，我这才确定老师收下了我。后来孙老师提起此事，说那时特意为我保留了一个名额，如果我申请加入，他便收我，但如果我不再提起，就说明我已然忘记，他也不会再提。庆幸当时自己的执着，没有错过和农业文化遗产、和老师、和师兄弟姐妹们的缘分，这也才有了后来的故事。

农业文化遗产研究直面“离土”的文化与“失忆”的乡村。文献集围绕这一核心命题，涵盖了文化遗产保护的基本理念与议题、全球知识与地方性知识、文化多样性与生物多样性、集体记忆与社会记忆、个人生活史及社区营造等经典研究。记得大二下学期，几乎每周四晚上老师都会与我们在民主楼相会，讨论一周所读。那时老师每周指定读数篇文献，看完、看懂文献对我已是勉强，更不必说发言，最好还是有观点的发言。获得新知的快乐和被迫发言的痛苦纠缠了我两个月，一面惊叹于师兄师姐对文献的总结、理解和发散性思考，一面无奈于自身经验浅、底子薄。一学期的浸泡使我对这些领域有了相对系统的了解，也激发了学术想象力，促使我用更丰富的触角看待田野中的故事。不可否认，每周的被迫发言极大地提高了我的学术表达能力，也让自己在与他人谈及农业文化遗产时心中有底。那段读书有伴的时光于个人是思维碰撞和知识积累，于团队是建立对某类问题的基本共识和培养伙伴间的默契。

让曾经漂泊在记忆中的历史定格是团队行动的初衷之一。现代化带来技术与经济腾飞的同时，也加速了乡村的凋敝和记忆的流逝。年轻人为了更好的就业机会离开故土，父母陪同孩子进入城市以获得更优质的教育资源，他们与农业、与乡村文化间产生断裂，留下的是日益强烈的断裂感与疏离感。离乡离土的新一代生活在城市之中，若干年之后他们可能会忘记自己的故乡。老师说，一个人如果失忆，忘记自身身份，忘记如何活过，也就丢失了继续生活的能力和本领；一个村庄、一个民族如果失忆，就会导致文化的遗失，难以走向未来。

采录口述史是一种特殊的文化干预，是存留记忆、挖掘地方性知识的手段。村民在成为自身文化讲述者的过程中找回了“社区感”，提升了改善自身生活、改变周遭的能力。这种民众参与的方式使老百姓感受到自我存在的意义与价值，他们不再是农业文化遗产保护的旁观者，而是亲历者。这种凝聚起的内生性、原发性的力量是社区营造的源动力，能促进村庄发展，使之重焕生机。

田野镜像：3 个村庄与百样人生

村庄“前台”日常上演着大事小情、家长里短，“后台”潜藏着村民的情感与心境。我想分享 3 个村子 3 个平凡人的故事，试图折射乡村凋敝与发展过程中的形貌，解读它们对我的意义。

泥河沟：边缘与贫困

团队第三次去泥河沟时，武光勤带着 3 张手写的生平经历主动找到我们。村中读书识字的人不多，能写作成章的人更是稀罕，我们如获至宝。过了几天，老人又写了一首长长的打油诗“五十年村史回忆”，将村中数十年的故事串联起来。他“戴着地主的帽子”，丰厚的家产被分给贫下中农，几十年来过着贫苦的生活。那个年代他和妻子既要下地干活，又要照顾孩子，两难境地下只好背着孩子种地。彼时交通不便、医疗资源匮乏，家中长子落下病根，生活不能自理，长子的妻子也缺乏行为能力。老夫妻二人含辛茹苦，挣扎在贫困的边缘，同时照料生病的子女。向我们倾诉这些故事，既是他们情感宣泄的出口，也包含了对未来的期望。

“反正这么多年也都过来了。”老人云淡风轻的一句话带过了他厚重的生命，让我心疼也充满敬意。于宏大的历史而言，他们的遭遇可能微不足道，但老人的故事像一面镜子，折射出村庄长期以来的贫穷与边缘群体的窘境。个人的命运与时代的进程和社会的发展裹挟在一起，他们的故事让我在未来可能遭遇困难或再回首浅尝过的挫折时少了些恐惧，增添了直面困难的勇气。不同境遇中的人们有自己的生存逻辑，即便在荒凉贫瘠的土地上也能生长出平淡洒脱的生命态度。老师常说，“要做一个理想主义者，即使在最严酷的冬天也不会忘记玫瑰的芳香”，要品味平凡世界里的平凡人生。

王金庄：苦难与适应

王金庄石多土少，旱涝频发，村民们为了生存向大山要地，修建梯田，种植耐旱作物。第二次去王金庄正值“十一”，花椒十里飘香，老师让我们两人一组帮忙采摘，深入地方生活。那日清晨，我和高凡师兄同去一街王书真家，老人为了照顾我们，赶着毛驴，领我们去了离家较近的一块地。毛驴驮着两个篓子，里面放有农具以及中午野炊要用的锅、水和干粮。摘花椒前要做好准备工作：先用铁钩钩住较高的枝丫，并将连在绳子另一头的铁扦插进土里，将树枝压弯，再将撑开的伞倒挂在树枝上，摘下的花椒便可扔进伞里，攒到一定量再倒入麻袋中即可。摘花椒不能用剪刀，怕伤到嫩芽，影响来年产量，只能用手掐。聊了一天，摘了一天，黢黑的指尖布满花椒刺儿扎出的小点，也散发着浓郁的椒麻味儿。这是我们的一天，却是他们的一生。日日复日日，年年复年年。

苦难是自然环境带来的考验，适应是王金庄人品性的底色。饥饿记忆让他们“藏粮于地、储粮于仓、节粮于口”；修水库、修梯田的记忆以伤疤、病痛的形式刻于身体，记录着他们为生存奋斗过的岁月。在灾害与调适中凝结而成的地方性智慧彰显出村庄可持续发展的内生性力量。作为农业文化遗产地，它的生计模式或许能为其他生态脆弱地区的生存与发展提供参照；对它的保护不仅仅是为存留传统农耕智慧，更是反思农业与农村的发展前景，指向乡村振兴与生态文明。

瓦那：奋斗与坚持

在瓦那，我认识了一群有梦想、有冲劲的年轻人，李高福是其中的代表。以红米线为创业项目是机缘巧合，他在书上看到“哈尼梯田是哈尼人民物质文明和精神文明，还有宗教文明的载体”，坚定了要通过种植红米和销售红米线的方式保护并传承哈尼梯田的信念。

创业如西天取经，难关不断。有一次公司陷入了严重的资金危机，“怎么办，活不下去了，我们没法了”，但等到同伴们都入睡，李高福一个人走出来看到公司文化墙上写的宗旨、目标和情怀，脑海里又闪现出哈尼梯田、哈尼农民的画面，他瞬间找回了力量，咬牙坚持了过来。有一年一月份他去央视录节目，为了省钱，住在偏僻的宾馆，录完节目已是凌晨，寒风瑟瑟，打不到车，眼是花的，腿是软的，饭也没吃，却坚持走回了宾馆。艰难困苦玉汝于成。以李高福为代表的年轻一代是“懂农业、爱农村、爱农民”的时代新人，是乡村发展的中流砥柱。他们犹如一粒粒种子，默默积蓄能量，等待花期的到来。把种子埋进土里，就是把希望藏在心田。

解民生之多艰：脚踏实地与叩问心灵

说是巧合，也是注定。如果不是对农业感兴趣，报考了农业大学；如果不是被孙老师的情怀吸引，留在了社会学系；现在的我可能在试验田里种玉米，或是在实验室里拨弄显微镜。从本科的生态人类学、硕士的环境社会学到博士的人文地理，尽管学科归属有变化，我却一直在同一大方向上迈进，思量现实社会的挑战与学术命题。我关注日常实践，探索内生性动力，尝试解释人与自然如何互动并达到微妙平衡的奥秘。我的博士研究将放眼粮食安全与地方社会韧性，考察内蒙古敖汉旗旱作梯田系统的农耕文化与技艺。

工业化农业提高粮食产量的同时也对世界农业系统、粮食安全和可持续发展构成了严重威胁。历史上，爱尔兰“马铃薯饥荒”显示了单一种植的脆弱性和依赖于之的风险；杂交玉米的出现促进了非洲的玉米种植，同时也取代了传统的本土作物，导致作物多样性的下降；2019 年，“新冠”疫情更在全球范围内加剧了粮食安全和营养危机。因边境关闭或社交限制，一些地区的弱势群体无法获得种子、肥料等农资，无法进行贸易。相反，西班牙农业文化遗产地瓦伦西亚传统灌溉农业系统的渔民和农民能够有效利用地方资源，保证其境内和境外社区的粮食供应。这让我们看到，建立“高效、有韧性、可持续和社会公平的食品体系”的重要性与迫切性。敖汉旗“八千粟”是世界小米之源，耐旱耐热，能在贫瘠土地上获得相对较高的产量，一定程度上体现了其自然环境的适应性。围绕小米衍生而来的传统文化和耕作智慧可为未来农业系统韧性的培育提供重要参考。

每一次走进乡村，每一次田野工作，都是对另一种生活方式的体验和他者文化心理的洞察，同时也是我生命历程中的小小里程碑。泥河沟是我真正意义上开启田野工作的场域，也是我田野训练的“成年礼”；王金庄调研是进一步修炼，继而尝试着做一项小研究；瓦那之行则是本科毕业两年后回归团队的旧梦重温与全新探索；而敖汉旗将成为我“单打独斗”的道场，让我拥有“独立之精神，自由之思想”，从青涩的研究者逐渐走向成熟。

不可否认，扎实的田野让我获得了“术”的打磨，但老师一再教导，“田野工作不是技术，而是修养，是一个人道德良知与生活智慧的综合展演”。田野工作以研究者自身为研究工具，是专业技能和心性品质的综合考验。如果去田野只是为了套取资料、完成工作，缺乏对他人的尊重和文化的敬重，那我们与“盗贼”无异。“做人保持谦卑态度，做事保持沉静心态”，让他人感受到我们的真诚与善意，这样的田野才有温度。

老师说，在高扬城市文化的今天，我们的执拗可能偏离了主流，团队的行动是“逆流而上，逆风而行”。而我更愿意用农大校训勉励自己。每每想起“解民生之多艰”，我总会热泪盈眶，满怀冲劲。短短6字，饱含深沉的忧患意识和强烈的社会责任感，是社会对青年“英才”的真诚期待，也是时代赋予我们这代人的真切使命。

走访“摩批”（李志 摄）

哈尼村寨的田野图像

汪德辉

初入瓦那村满是欢喜，也满心懵懂，唯有努力去记录、去理解、去体悟，于是每个日子在日后的回望中都留下了清晰的痕迹。田野中的日子没有跌宕起伏，只是见到一些人，遇到一些事，看过一些风景，有的似乎只是一份有别于日常的安宁、简单与平和。有些地方、有些人、有些事，注定是一见之后就扎根于内心深处。田野调研结束，当我们离开瓦那时，三姑向我们挥手告别的一刹那成为了我永恒记忆的开始。离开瓦那村已经9个月了，过往的点点滴滴总时不时地跳出来，在脑海清晰地铺陈开来，我想这就是我与瓦那村的缘分吧，它已经融入了我的人生，使生命愈加充盈和多彩。

简约而辛劳：对哈尼人生活的感知

哈尼人遵守着千百年来祖先们探寻到并确认的居住方式。一个个村落如宝石般镶嵌在连绵起伏的哀牢山脉中，村落错落有致地在半山腰铺陈开来。村寨上面是树林，下面则是一代又一代人开垦出来的梯田，梯田下面是河流。以森林、村寨、梯田、河流为纬线，水汽循环为经线，编织成了一张循环、细密的网，养育了一代代的哈尼人。八月的清晨，时不时有云雾游动在山谷间，村庄在晨雾中时隐时现、若隐若现，宛如仙境。而至日落时分，夕阳轻抚梯田，梯田映射天空，至纯至静。

寨内家屋错落有致，传统民居日益被现代化建筑所取代。蜿蜒曲折的条条村路如血脉般游走其中，并延伸到远处的田野中，将个人、家庭、村寨勾连为一体。村寨的房前、屋后、寨边的菜园有着村民种植的多达 20 余种蔬菜；棵棵芭蕉和丛丛绿竹驻立其上，向我们提示着这是遥远的西南边陲；再远一点就是旱地，种植着玉米、茶叶、桉树，这些作物是哈尼人家庭收入的重要组成部分；再往下则是水田，梯田的开垦和维护、水稻的选择和种植，凝聚着哈尼人千百年来的智慧。

哈尼人的生活简单而宁静。家中会有一条狗，多用来陪伴家人和看家护院；养几只鸡，它们每日闲庭散步，鸡窝就在狗窝的旁边，它们日日相安无事。在寨子里随时可见一只母鸡领着几只小鸡欢快地到处觅食。每家都会喂上一两头猪，每日两餐，享受着主人的精细喂养——哈尼人早晨起来和傍晚回家的第一件事是给猪煮好配以猪草、瓜蔬和玉米或水稻的食物。有些家庭还养上一两头牛，放牛是老人和孩子的“天职”，当老人已经无力下田干农活后，还会再继续放几年牛，直到连放牛的活计也干不动时，才彻底告别一生的农作。而孩子们，无论男孩还是女孩，在不上学的日子，背上背包，带上干粮，在早晨赶着牛出门放牛。牛到了田地里是自由的，小牧童们也是自由的，他们可以玩水捉虫，寻找自己的乐趣，他们并不担心找不到牛，牛脖上都挂着铃铛。傍晚时分，喊上自家的“阿牛”，三五好友一起赶着牛回家，时不时还可以骑在牛背上，享受着牧童特有的悠然。这些家畜也多半会在某个时候会成为哈尼人餐桌上的美食，尤其在各种岁时节日时，它们随时可能成为仪式中的供品，以飨各路神灵。

在哈尼人的家庭生活中，干柴似乎是每家必备的生活物品。每个院子里都堆着一摞摞的干柴，垒成长方立体状，整整齐齐。摩托车已经是家家户户必备的交通工具，有些家庭甚至有三四辆之多，骑着摩托车上山采茶、进城购物是瓦那村最日常的风景。小型拖拉机牵引小车斗则是常用的农用运输工具。房屋、土地、车辆、家禽、木材等都是农民的财富，也是他们生活和生产之本。

哈尼人是勤劳的，他们蔑视“懒人”。清晨六七点钟，大自然似乎都尚未完全苏醒，走在街上，就已经看到哈尼人在忙着为家禽煮食，为家人煮饭。安顿好家畜，吃完早饭，他们带上劳作工具，或步行或骑摩托车陆续地走向田地，开始一天的忙碌：采茶、割水稻、砍桉树枝……他们并没有正式的午餐，大多在十二点多在农田中就地食用一些携带的简单食物补充体力，稍作休息后再继续投入劳作。下午四五点前后，带着一天的劳动成果回到家中，又要开始忙着喂养家畜、煮饭。他们抢着完成这日常的操作，晚上六七点钟又要开始炒茶、晒茶，或烤桉油，忙到九十点钟才会结束一天的忙碌。一年中，要有 8 个月的时间采茶，两个多月时间烤桉油，中间还要忙着进行稻田的种植、耕作和收获，能够真正休息的时间大概也就春节前后的一段时间。农业劳作是他们生活的底色，是融入哈尼人生命的本能。

灵动而神秘：理解哈尼人的精神世界

瓦那村的历史丰富而多彩：先辈迁移的来路，马帮走过的古道，商人汇集的街子（集市）、农民引水的沟渠、汉民祭祖的惯习……这些无不承载村寨的过往，记忆遥远而深刻。

而现实则真实而灵动：寨神崇拜、天神崇拜、祖先崇拜、梯田崇拜、水火崇拜……20 余个岁时节日散落在一年中，基于梯田，围绕“人、粮、畜”，伴以仪式，圣事俗做，由此规范生活、休养生息、体会欢腾、保护环境，村寨仿佛活在信仰和仪式中。村寨虽小，然格局明朗。寨手、寨心、寨脚清晰；居住空间、神圣空间、公共空间各行其职，泾渭分明；而磨秋场（苦扎扎节举办场所）与寨神林、寨门同为哈尼族村寨重要的空间标志。人们不断在各种空间中穿越，圣俗异换，调节生活，并演绎着万千故事。

“龙头”作为村寨的“当家人”，他是天神“阿玛”在人间的化身，主持各种仪式，负责哈尼族“习惯法”的落实和对越轨者的惩罚。他们的产生和存续是维系村庄稳定与延续的基石，他们通过各种仪式践行着哈尼人的自然信仰和“万物有灵”的信念，强化着对哈尼人的集体教化。生老病死与人相伴相随，旦夕祸福是人生恒常，作为有智慧的长者，摩批（哈尼人中的神职人员）沟通“人、鬼、神”，通过叫魂或搭桥仪式，或驱鬼或祈福，慰藉着尘世人的心灵。

出生成长、娶妻生子、疾老丧葬……全寨的人都会齐聚一堂，迎生送死，一遍遍地夯实这“同命运”的生活。盛大节日来临，哈尼人会换上珍藏的盛装，亮起悠扬的民调，载歌载舞，隆重而热闹。亲属、姻缘、朋辈、邻里，重重关系交错叠合，参与、见证彼此生活的点点滴滴。哈、汉民族和睦共存，兄弟相称，生死相依，走过日日夜夜。

眷恋而执著：留守家园的另类解读

家园有老有少，有男有女，但又有夫与妻、亲与子、祖与孙，断裂又共融，一同守望家乡、撑起家园的天空。

波三爷，84 岁，对家族史、村落史了如指掌，如同一部活史书。老人家在我们对其访谈时，专注地掰着手指头，悠悠地背诵着祖辈的名字，一代代人的生活化为一个个名字，续嵌于“父子连名”的谱系中，口承心记，代代相传，延续着家族和民族的记忆。老人们承袭先辈基业，亲历村庄百年发展，他们在这里哭过、笑过，送走了很多人，也迎来了很多新生命。承前启后，也最终走向了暮年，他们的逝去不仅仅是个人的离开，伴随着的也是一个时代的结束。很多人、很多事，如果没有记录和传承，历史将永远将其埋藏，记忆将永久断裂。通过老人存留一代人的记忆也即存留村庄的魂，然而留存长者的记忆犹如与时间赛跑，老师的话无时无刻不在我耳边回响，“没有哪位老人会等你采访后再赶赴黄泉”。

成高叔，他会每天早晨骑上摩托车去农田开始一天的忙碌；他会在摘茶叶时告诉我们种田太辛苦，农活也男女有别；也会在清晨阻止我拍照，因为还没有干活，害怕让人看到照片会被说懒；他会在每餐饭时喝上一两杯白酒，但从来不醉；他会在晚餐后难得的空闲时间，走到村子聊天的地方，与大家“吹吹牛”；他会在七月半节日，应邀到邻居和朋友家吃饭喝酒；他会遵循老一辈的传统，从不做饭也不洗碗；他会力劝儿子不要辞去教师的公职，然后又义无反顾地支持儿子的创业；他也会坐下来耐心与年轻一代人交流，回答他们对于乡村的种种疑惑……或许他身上也有着不可理解的偏见和固执，但他身上更多地体现着一代哈尼人恪守本分、尊长爱幼、勤于农耕的品质，他们有着对劳动最淳朴的执著和对家园最忠诚的守护。

三姑，在家中排行老六，没有上过一天学，小时候身体不好，哥哥姐姐也多，所以不用干农活，但从小一直帮家里放鸭、放牛。放牛很辛苦，“放牛的人没有休息日”，后来渐大，喜爱跳舞，随后进入村庄的宣传队。嫁人后，伺候公婆和二叔，照顾丈夫，养育两个孩子，平时还要种田采茶，十分辛苦。而今，20余年如弹指一挥间，家中老人已经过世，孩子也长大成人，但她依然在农田、家庭之间忙碌。住在三姑家中，每天早晨，天未亮，就看到三姑起床喂鸡，开始一天的生活，或许这才是村寨里女性的真实生活。一个人一个家，有人说，村寨的凝聚力是血脉传承、是“苦扎扎”（祭祀节日）、是“祭寨神”，或许更应该是女性、是母亲、是妻子，她们凝聚了家与村寨。

李高福、吴亮福、李东、李福生、杨来福、李优龙、车卜艳……一个个优秀的哈尼小伙和姑娘，生在村寨，长在村寨。长大后出外求学、工作，但他们与哈尼村庄和民族有着浓浓的情感联结，无论走多远、走多久，他们心中都有着“故乡”的羁绊。他们对家乡的眷恋彰显在他们一次次返回家乡的持久行动中，体现在他们一遍遍地推介家乡的羞涩展示中。

孩童们或许意识不到家乡为何，因为村寨就是他们全部的世界，尚未远离，何来思念。在日日以故乡为伴的岁月里，他们在村寨里上学，在梯田里摸鱼，在山上放牛，在篮球场打球，在村道上唱歌；他们采摘树上高高的芭蕉，偷掰路边尚未成熟的玉米；被邻居家的二叔摸过头，给三姑家扛过糯米粑粑；在家屋内的 baogeel（哈尼语，屋内墙上祭祀的小台子）前向祖先磕头，在神林边的供桌旁听龙头祈祷……这一切经历都悄悄地沉入了他们心里。待到有一天离开故乡，所有的记忆都将被搅动，牵出一串串的思念和牵挂，其中也包含着守望故乡的责任。

哈尼人对家的牵绊和归依

21 天的田野工作，踏村、访谈……不断深入地理解着哈尼人的生活。坐在返程的火车上，望着窗外后退的山丘和夕阳，心头却萦绕着挥之不去的伤感。或许是为别离，也或许是为这里的生活：老年人守望家园的艰辛，中年人负重前行的隐忍，青年人不断远行的无奈。

哈尼人的村寨也一日日在变化中，茶叶进来了、桉树进来了、摩托车进来了、无线网络进来了、可乐也进来了……哈尼人的传统服装在日常生活中被收藏起来，梯田里已不见年轻人的身影，孩童们也在教育的形塑中一步步走向他方，哈尼村寨渐渐被裹挟在滚滚的现代化红尘中，一路狂奔……

但我们知道，老人们离不开他们生活一辈子的地方，这里留下了他们的青春和梦想；中年人有放不下的梯田和水牛，那曾是生活的希望；青年人身在远方，一次次风雨无阻地返回故乡，那里有家的温暖；而孩子们，在他们心中早已经埋下思乡的种子，即便有一天远走他方，仍会如有线的风筝，故乡终是他们朝圣的方向。

无论留守还是远行，村寨都终是哈尼人身心归依之处。电影《赛德克巴莱》的最后，赛德克人哼着山歌走向彩虹桥，彼端是祖灵到达的世界，那里就是赛德克人精神的归属地；台湾东埔社布农人中对聚落有大贡献者会到达有贡献的祖先们共享的永恒之境；历经千年，瑶家人仍然不懈地寻找千家峒，那是漂泊中的瑶族对祖居地的永恒思恋。虽然老与少、男与女、传统与现代、故乡与他方，断裂无处不在，变化无处不有，然而无论世事如何，只要世间的家园还在，哈尼人就能找得到灵魂的安宁和幸福。守望家园，需要共同努力，如此，未来方可期！

得教于农与回馈乡村的信念

郭天禹

我的农业文化遗产田野研究从 2014 年暑期起步，这年跟随恩师孙庆忠先生和同学们进行了两段田野工作：第一段是在陕北佳县古枣园泥河沟村进行的，从当年的 6 月 30 日开始，7 月 8 日结束；回京短暂调整后，便开始了第二段从 7 月 15 日到 28 日在内蒙古敖汉旗旱作农业系统的观察。与泥河沟这个从地理环境上比较封闭和独立于周边的小自然村不同，敖汉旗以县域为单位的旱作农业系统就显得极其庞大。孙老师考虑到我们团队的时间和精力实在有限，自田野初探后，敖汉旗就被暂且封存，而泥河沟的田野工作在接下来的几年当中一直持续着，这也被当作打开遗产地工作大门的试金石。

泥河沟的社区营造行动研究像是熬汤，讲究小火慢炖。一开始注入了一些理念，逐渐地鼓舞起当地人的热情，然后不间断地进行社区培育，但过程中也要及时补充社区发展的需求和应对出现的问题。泥河沟的田野训练让我对于如何研究一个村落有了一些基本的认识，这为 2015 年开始的河北涉县王金庄进行的旱作梯田系统研究做了重要的铺垫。自 2015 年 4 月 30 日踏入王金庄，经过了当年 8 月份、10 月份两次调研之后，我的田野工作重心便从泥河沟逐渐转移到了这里。无论在人口规模、区域面积上，还是人与自然互动的形式上，王金庄要比泥河沟大很多，结构也更复杂，社会研究的突破方向差异也很大，两者的田野形态有着鲜明的对比。

回顾田野经历对于思考研究工作和感悟人生是颇有助益的，这是老师从带我进入田野起便一再强调的。时下回顾起田野生活、田野中遇到的人和经历的事，对于解释自己的人生轨迹、价值塑造和志业选择，毫无疑问是有着极大帮助的。即使到异域求学，行李中早早放定的就是这几本田野笔记，在他乡翻着日志中的胡涂乱画，虽距今较早的志向与事业已有 6 年，但往日场景历历在目。

文化农人的“藏”与“露”

翻开笔记，在本子上看到了乡间文化人给我留下的文字。这些内容一下子把我对乡村中的一个特殊群体的复杂感情给引了出来。我给这个乡村文化人群体拟了个称呼，叫做“文化农人”。这些人大多上了年纪，他们可能是退休的教师、干部和工人，也可能在村委会或小组任过职，长期主持过村庄的红白喜事或者身具一门文娱技艺，他们也往往对地方上的神话典故、历史往事、人情世故有着更多的掌握和理解，甚至能够自己书写记录，这也是我为什么要称呼他们为“文化农人”的原因，无论是在敖汉旗，还是泥河沟、王金庄，都有着这样一个群体。

但乡土文人大多都有一种“藏”的感觉，在日常的生活中，如果不仔细寻访，令人难以觉察他们的存在。这或是农村的生活环境所致，村里的文化人要是天天咬文嚼字的话，那会显得与主流格格不入，况且也难以从他们特有的文化表达中获得乡邻的认可，甚至会被主流认为不务正业。他们也就逐渐不再显露自己与赚钱无关的爱好，或只是偶尔露一手，以防被乡邻嘲笑“没本事挣钱，净搞些有的没的”。而有一些人的隐而不发则是因为历史环境的影响使然，从发生在宫玉昌老先生的一件事就可以看出来。在我们去敖汉旗之前，宫玉昌老爷子已经收到了旗里的通知——要他准备接受大学生（北京派来的）的采访。老人家对这件事很是紧张，甚至可以说有些害怕，他还拜托了在县里政府单位工作的亲戚去打听内情。听到这儿，我记得当时大家都觉得意外和不解，后来知晓了内里，才觉得我们这些没经历过特殊历史时期的人是多么难以想象当年被戴“地主帽子”、被批斗过的经历对他们人生所带来的影响。

然而，我们的到来对他们来说是一个不寻常的机会。我们致力于对村庄社会和文化特质的探寻，在这个特殊环境下，他们成为了被关注的焦点。也许是被我们这些来做访谈的大学生激起了平时乡间生活难得的兴致，也许是我们对“文化农人”的尊重，我们之间带着温情的田野交往使得他们能够放下戒备，打开心扉，一起走入到一个与挣钱多少无关、只是表达对人生经历、对家乡所知所感的深层互动中。在与我们熟络之后，这些以农为业“藏”着的“乡土文人”开始把他们不为村里人道的才“露”给在他们看来可以称得上有文化的大学生们。他们向我们讲述从最初的日常生活故事，再到不怎么提起的故事或不怎么表现的一面。也不再担忧作为曾经被打倒的地主或地主后代会被歧视，或是吟诵些文绉绉的诗词、写下些感人肺腑的文字会被当作另类嘲笑，反而，我们成了他们发泄这些情感的“排洪口”，比如说，大甸子的柴占义先生为我提了一首姓名藏头诗。这是他们试图寻找能够理解他们的人，也是渴望得到属于“文化人”群体的大学生对他们超越农事以外的本事和情感的认可。

正是透过这样的机会，他们具有的独特价值、自己在当地存在的重要意义得以彰显。不只有敖汉旗的宫玉昌老先生，还有泥河沟的武光勤老先生、王金庄的王林定先生，等等，他们都是乡间的“文化农人”，老师有一句话形容他们非常贴切，“下地扛得起锄头，坐在桌前拿得起笔头”。他们是乡村社会的一部分，他们的“藏”或“露”因时而变，一旦遇到合适的机会，能力和情感被激活，他们就可以为乡村的建设和发展做出很大的贡献。

跨越千年的粟与耕

以众多遗址闻名的敖汉旗，在我未踏足之前，被想象是以“左一处古迹，右一个博物馆”出现的。初到敖汉旗兴隆洼镇大甸子村的几天，我们一心想着看直接呈现在眼前的“历史感”，还不懂得去当地人的日常生活中发掘蛛丝马迹。然而睡在土炕上，走在玉米地里，看着满目的农作物和村落，毫不觉得这是有着8000年历史的兴隆洼遗址区，后来才发现被老师称之为“遗址近旁的村落”其实在日常生活中是看不出来明显的历史“遗迹”的。

随着时间的流逝，我们才在田野中慢慢品出了敖汉旗的历史感。敖汉兴隆洼遗址曾挖掘出的“八千粟”，正是历史穿越的物质层面的载体和见证。当时在访谈中，我们还着重问了些种黍子和小米的内容。数千年间，族群迁移、地形变化，可以说已经物是人非了，黍子和小米似乎并不能与历史有联系，但在我们一再的追问下，让他们因为这段不熟悉的本地上古史而对正在从事的农耕和种植的小米的价值有了重新认知。村民因为奔波于生计、对作物的日常熟视而常常忽视远离日常生活的事物，甚至忽视当地的历史，比如说农耕对于生态和社会双重价值的重要性。这也是农民对当下农村和农业失去信心的一个主要原因。

后来，宫仁老爷子详细地讲述当地耕作的农时、农具等内容，老人家讲得非常朴素，再加上他在自家小院里的演示，我觉得农作的场面感十分强。在那一刻，我忽然理解到，他守住的不仅是穿越几千年的粟，也不只是时旱时涝的土地和微薄的收入，更是那与脚下看不到的数千年前的古人做着同一件事的神圣感。对祖先的致敬是农业文化遗产地一个很特别的事情，这种历史感的表达和内心对农耕事业的坚持，是现代化大规模农业所无法企及的。在泥河沟，因为推倒老枣树而抱着树痛哭的王春英奶奶；在王金庄，有 80 多岁还要上山去修被洪水冲掉的梯田石堰的老人家们。这些都是对农耕的坚守和与祖先的对话，是活在当下的历史感，而这更是在乡村日渐没落的时代中为乡村复育带来希望的种子。

在我看来，老师评述泥河沟的那句“捧着金饭碗在要饭”同样适用于踩在 8000 年兴隆洼遗址之上的大甸子村。也许今日的农具、耕作方法已然与 8000 年前的先民时期大不相同了，但是，地上的耕种活动与想象的古时农作场景依旧是可以找到联系的，这种联系大概是融于民族文化当中的那可以被称为根脉和魂的存在。在这种联想之下，大甸子的耕和粟可不就是“活态”地与先民遥相呼应了！同样地，泥河沟开杆打枣，王金庄梯田垒堰，都是在活态演绎着百年千年前的历史。

从未至实地的臆想到田野中面对现实的反差，在经历过那段田野生活之后，让我真真切切地领悟了历史融于日常而生生不息，并非切片似地腌泡在福尔马林当中。解读遗产，尤其是农业文化遗产，还是得从活态的农耕日常中去发掘历史的痕迹与祖先的智慧。这一堂生动的田野大课捅开了我与文献中那成段的论述之间的窗户纸，一瞬间透彻顿悟了。这为我现在进行的社会—生态系统中基于日常生活来思考社会记忆、本土知识与可持续发展的命题敲开了最初的那道门。就这点来说，我们在田野工作是为遗产活态保护实实在在地贡献了力量！

机遇、经历与志业选择

在整日为生存忙碌的状态下，农民被生活的重担压得喘不上气，曾经热爱的或者想要去实现的理想被耽搁、被隐藏，如果由于我们的到来而带给他们重新拾起兴趣爱好、再次表露才华的机会，那么我们的田野便拥有了更重要的意涵，也更具温情。一次次的访谈互动可以让我们彼此了解，既是在收集我们需要的信息，也是在反馈和鼓励被访人。聆听是我们在用行动向他们表达敬意和理解，帮助他们获得在乡村生活中不易拥有的关注感，通过我们的言语肯定着他们的价值，这是我们用来服务乡村的一种力所能及的方式。希望这种方式能够对这些有浓厚历史底蕴的农业系统的传承有所贡献，让祖先智慧得以闪耀。

做田野不光是服务于研究工作和帮助地方发展，也在成就着青年学子自身的人格塑造。在这个层面上，田野工作是一个特殊又难得的机遇。我交流心得的时候，总是诉说着初次田野对我的影响，也鼓励大家在初次田野或者田野训练的时候不要太过功利地聚焦于怎样提高技能和获取资料，而是尽可能地发掘乡村的乐趣，在这段人生旅途留下美好的记忆胜过习得某项技能或得到若干资料。大多数人不会持续从事研究或者做相关的工作，但是这份田野记忆如果能够为我们完善人格有所助益，那便是最最值得的。我总是毫不吝啬地分享温情的田野经历带给我的触及心灵的感悟，从中尝到了甜头，给我在那时那刻选择今后的道路提供了一份可贵的信念，为我奠定了以学术为志业回馈乡村的情感基础。因而，回顾起来这段旅程，我再一次叩问初心和重沐那份真挚，并由衷感激乡村对我生命的滋养。

梯田劳作（孙庆忠 摄）

疗人愈己的田野之行

张静静

“文化，本来就是传统，无论哪个社会不会没有传统，乡土社会中传统的作用比现代更甚，那是因为在乡土社会的效力更大。”耳机里播放着于哲老师在喜马拉雅朗诵的《乡土中国》，窗外不断闪过葱郁的植被，告别河北旱作梯田系统核心保护区王金庄，我们来到了哈尼稻作梯田系统所在地之一的云南绿春县瓦那村。

一、入境问俗启田野

进村时刚好赶上哈尼族的秋收季，为了适应当地的生产节奏，也为体验梯田社会的农耕生活，我们成为了“采收大军”中的一员，采茶、割稻、捕鱼、洗碗、徒步踏村，逐一参与体验。

采茶是抵达云南后参与的第一项劳作，静心采茶之余，我也很享受同当地人一起话家常。陪伴我们一同采茶，并负责接下来几日翻译工作的哈尼族姑娘玉芬，彼时刚从云南民族大学少数民族语言文学专业毕业，主修哈尼语，和她一路闲聊下来，我收获了颇多地方性知识，对当地的生计状况、风俗习惯、迁徙史也有了基本的掌握。在瓦那，茶叶是村民家中的重要经济来源，几乎家家都有茶园。瓦那人一年采春夏两茬茶叶，由于茶芽生长速度快，采摘不及时便会长成老叶，于是茶园中常常可以看到男女老少齐上阵、双手翻飞“抓茶叶”的情景。

没过几日，寨脚下的梯田金黄一片，我们的“战场”便转向了稻田。受自然条件的限制，无法进行机械化收割，村民依然采用古老的手工打谷方式。只见妇女行在前埋首割稻、男人们则推着谷船紧随其后，将稻穗在谷船上反复摔打脱粒。待一方水稻收割干净，排出一部分水，稻田鱼便渐渐隐现出来了。此时，早已拿着工具待命的年轻人屏息凝神、目不转睛、出手迅猛，享受着与稻田鱼打游击战的快感。农大师生也纷纷卷起裤腿下水，挥镰刀，推谷船，举箩筐，捕鱼割稻。结束了收割任务，返程也不能闲着，我们需要将一袋袋稻谷从山谷一路背回高山腰上的寨子，尽管女生只需拿一些轻便的工具，但山路湿滑陡峭，走得并不轻松，更何况要背着数十斤稻谷负重前行的人们。看着走在前边的三姑和大爹弯腰行走的形态，我突然意识到，在这一两日的劳作中，我们其实是突然的闯入者，体会更多的不过是新鲜感，而后带着这段别样的记忆返回原来的环境，但对于他们来说，这是每日都在艰辛重复却又难以放弃的生活。

徒步踏村是一件过程折磨却回味良多的事。每天三四个小时的山路，遇上刚下过雨，摔屁股蹲儿是最常见不过的事。当地人能一边穿着拖鞋上蹿下跳，一边玩笑道“你们的脚是被绑起来了吗”，不得不感叹一方水土造就一方本领。徒步使我们得以“慢慢走，细细看”，去程通过山与山之间的差异窥见村落间的生产和生活差异，回程则在“举首天挂虹，低头水映穹”的美景中反刍白天村中见闻。从村头行至村尾，我们观察着寨子的布局规则、仪式地点，并在途中与偶遇的村民闲谈，时时谨记孙老师的叮嘱："寻找合适的访谈人，发现村落文化的线索"；从山顶下至山脚，我们能够对比周边山脉环境的不同，并因多个视角的驻足，对于哈尼族"森林—村寨—梯田—河流"四素同构的稻作系统有了更直观的印象。

采茶洗碗、割稻捕鱼为我们创造了与当地生活融合的机会，进而问询仪式风俗、熟悉生产流程、体验劳作心理，并同向导和村民建立起情感联系。踏村则使我们对于哈尼族随山就势、随势赋形的生存智慧有了更深的体悟。

二、春祈秋报皆有道

采茶时与玉芬聊到"昂玛突、新米节、寨神林"这些名词，让我对哈尼族节日也有了最初的印象。徒步踏村，又近距离观察到寨神林、磨秋场、寨门等仪式要素，对仪式现场有了更加具体的想象。在农业文化遗产名录的遴选过程中，是否保留有传统的农业信仰，且这些信仰是否仍然有效地支配着当地民众的生产和生活，是被重点考察的因素。经过一系列的初步调研，我将研究方向定位于岁时节日，并试图借由仪式，发现瓦那村民的生存发展需要与村寨的延续逻辑。

在我所遇到的访谈对象中，无论是年逾古稀的长者，还是鬓角垂髫的孩童，总能围绕着节日说出个一二。他们认为，世间万物都有神性，因而有寨神崇拜、天神崇拜、祖先崇拜等丰富的崇拜类型。我曾好奇瓦那村几乎季季有月月有的节日，究竟有着怎样的功效，以至于在繁忙的农活之余，哈尼人愿意每年费时数力、耗费牺牲和财物准备程序复杂的仪式。当我完成对所有节日的采集和描述，一切的仪式与信仰突然有了道理：哈尼族有一套自己的"十月历法"，因而与汉族人遵循"二十四节气”进行耕作不同，哈尼族的农事节点是依据每年的节日举行时间来确定的。如在插秧时节，若没有举行开秧门仪式便无法开始插秧；瓦那村位于一个多民族聚居区，不仅有同村居住的汉族，还有几山之隔的瑶族和彝族，节日是联系不同民族关系的重要载体。在村期间，我们有幸赶上当地的“七月半节”，并与他们一同参加流水席。只见做东的村民家中已经摆上了好几桌酒菜，每来一拨宾客，大多停留十几分钟，吃喝寒暄一番便赶至下一户人家，而后又有一拨新客上门，新的饭菜也被端了上来，饭菜的更替、宾客的进出游走皆如行云流水般。当地人告诉我们，“七月半”是汉族、瑶族和彝族的节日，哈尼人则是被宴请的对象，借以感谢哈尼人在新米节时做东设宴，是巩固感情的重要契机。对于哈尼人来说，节日也是他们对村庄认同感的重要来源，从脚踏搬至瓦龙的李福林爷爷告诉我，每年的昂玛突祭寨神时，他们仍要回脚踏祭寨神，因为“神林在哪，回哪过昂玛突”。玉芬一家已从村里搬至县城，但逢哈尼族节日，必须回老家过，因为 baogeel（哈尼族祭祀用的神台）仍留在老房子里。

越是深入调研，我便越是惊喜于瓦那村民对本民族节日强烈的认同感，尤其在这世俗化潮流日益高涨的现代社会。小伙子优龙告诉我，每逢哈尼族新年“十月年”这天，“准备 zhahehe（哈尼语：准备仪式的过程）的妇女无论在哪都要回来做这个仪式”。近些年，仪式规模甚至有扩大的趋势。在绿春县城，长街宴由十几年前的几百桌增加至近 3000 桌，瓦龙村也开始在本村内设长街宴。或许，哈尼人对于节日的执著正是源于其沉淀了千年的功能，通过敬天法祖，农业生产有了秩序、集体意识被唤起和强化、劳累的村民有了休养的契机、不安的心灵得到抚慰、山顶的森林得以恣意生长。看似迷信的岁时节日，为瓦那提供了生活规范和心灵寄托。

三、寻山访水窥乡土

社会学、人类学专业的学生常常自侃道：“我们不是在田野，就是在去田野的路上。”费孝通先生的形容则更为高雅——行行重行行。社科学者的常态便是不断往返于书斋和田野，每一次遇见田野，都在帮助我认识乡土、把握乡土社会的脉络。

不下田野，不知乡村的浪漫。在王金庄时，某天晚上 10 点多，虎林大哥办完事归家，神秘兮兮地告诉我和绍欣师弟月亮要出来了，说着便拎着望远镜上了三楼天台。人生 20 余载，不知见过多少次月出，所以这句话对我的吸引力并不大，也未深究为什么月亮快 11 点了还没出来，吸引我的是他们家竟然有一个视野辽阔的天台，于是我跟绍欣也紧随其后爬了上去。将望远镜对好焦，我们 3 人便望着东边的山头静待月出。趁此空当，虎林大哥讲起了为何要看月亮：他骑车从五街回一街时，天上有一轮圆月，回一街后却连月亮的影子都看不到了。虎林哥说是因为一街在山脚之下、离山近，所以离山更远的五街能更早看到月出。同理，早上五街和一街看到日出的时间也不一样，日出而作，所以五街和一街的村民下地时间也不同。虎林哥感慨道：“我生活在一街 20 多年了，五街和一街只相隔二里地，看到的东西却不一样。”不一会，月亮就真的从东山缓缓爬上来了，从望远镜里看去，月海和环形山若隐若现，直到现在，我还会常常想起在那个季夏之夜的小小天台上，3 个人静静等待月出。不下田野，我难以想象那个在村里总是奔波忙碌的身影，结束了一天的劳作后还能有这份爬上天台看月出的逸致。乡村物质贫瘠，却从不缺乏美感，又幸逢一群心灵富足、热爱生活的乡民，在他们眼里，家乡是如此可爱。

不下田野，不知乡村的智慧。初进王金庄，我看到的是这里的古朴，这里的老百姓对老品种、毛驴和石头建筑特殊的钟爱之情。我曾经也不解于这种偏爱：老品种生长周期长、产量又低，但妇女们依然在乐此不疲地延续着王金庄的换种传统。饲养毛驴耗费精力，种起地来也没有机器效率高，但仍可以在村中听到此起彼伏的毛驴叫声。石料建房笨重费工夫，走进王金庄，目光所及处却都是石头艺术品，石屋、石街、石碾、石刻。初进瓦那，我则遇到了很多“怪事”：树上挂的牛皮不能看、寨神林不能随意踏足、路上遇蛇要叫魂。于我而言，这是一片神秘的土地。多走几条沟、多拜访几户村民，你便能发现其间的奥秘：在王金庄，十年九旱的自然条件使耐旱抗倒伏的老品种成为村民的心头好；山高坡陡的地势特点使爬坡能力强的毛驴成为耕种梯田的不二选择；石多土少的地质条件使取材方便、冬暖夏凉的石头成为主要的建筑材料。而对于生活在深山密林之中的瓦那来说，仪式是瓦那先民理解自然界、规范生产的触手，更是艰苦的生活条件之余苦中作乐的智慧。世人常将乡村想象成一个原始与闭塞、落后与愚昧的空间，同老式的配置、“荒谬”的仪式一样，深入调研，你才能发现藏于其中的是村民的生计和欢愉。

不下田野，不知乡村的潜力。在乡调研过程中，我遇到了一群令我尤为敬佩的乡民。王林定和王树梁两位伯伯是王金庄的大文化人，也是《王金庄村志》的编写者。因为不是专业的村志编写者，他们的想法在一开始便受到了村民的质疑与不解，但踏庙访碑、采录遗逸，他们的决心从未动摇。写村志时林定伯还曾因太过投入，前前后后烧坏了两口锅、一个壶，烧糊了一锅窝窝头，同老伴儿的争吵更是家常便饭。如今翻开村志，村庄的历史沿革、风土人情、名人趣事皆在其中，你难以想象它出自两位普通村民之手，却又觉得这该是本村人写的，因为字里行间流露的对家乡的热爱和自豪，是外乡人无论如何都表达不出的。来自瓦那的李高福，在毕业后创办了自己的红米线品牌——哈农园，高福哥有一本《成长记》，记录着他的每日行动以及每个月的目标。在他分享的朋友圈里，我常能看到他在学习哈尼文化和哈尼节日。高福哥告诉我，这是在上大学当社团社长时便有的习惯，“主要是因为自己作为哈尼族人，深感对自己民族文化认识理解还有很多欠缺，同时，也为自己经营的哈尼梯田特产红米、红米线增加更多文化内涵。”同样来自哈尼的车志雄是哈尼多声部民歌的传承人，也是一名“斜杠返乡青年”，为了传承哈尼多声部民歌，他从城市回到了家乡，在村里创办了哈尼族多声部民族传承点，收了 30 多个小徒弟。每逢周末，志雄大哥家便挤满了孩子，载歌载舞，至愉至乐，古老的农耕文化也在歌舞声中渐渐苏醒了。

改革开放 40 余年，我们见证了前所未有的城乡巨变，我原以为农村会被城市的繁华和喧嚣所淹没，传统农业将敛迹于人们为现代化农业的摇旗呐喊中，但透过瓦那、透过王金庄，我看到乡村一直活着，而且活得精彩恣意，因为它历久弥新的古老智慧，也因为有一群仍在村庄坚守、竭力为我们记录乡村文化的人。这片故土，以及其孕育出的传统文化，不仅安抚着生长于斯的乡民，也愈合了我们对于乡村未来的迷茫和消极的想象之伤。至此，我想起费老生前所著的一首小诗：“万水千山行重行，老来依然一书生。”愿走过广袤的田野，我们依然是一群怀有赤子之心、热爱乡村的白发书生。

重观生活与再看生命

赵天宇

人类学的“田野工作”，需要将未知的场域示于众人。不断理解、诠释异文化的过程，也是情感互通与自我成长的过程。与我相随的“田野”，是农业文化遗产地。从未想过，自己会和“这片土地”生发难以割舍的联系。研究生阶段伊始，我便跟随导师孙庆忠教授乡村研究的步伐，农业文化遗产也在这样的机缘下由远及近地进入了我的视野之中。当我缓缓走近它，融入热土上生活的他们，触碰到的是厚重有质感的生命，体味到的是艰辛却足乐的生活，感悟到的是爱与愁交织不尽的故乡……

时间回到2018年的8月，那是我第一次和孙老师共赴田野，奔向奇幻而神秘的地方：处于川滇交界、无量河畔，依山而建，共有84户，活在仪式里的摩梭村寨——油米。油米之行，是我田野工作的开端，它勾画着我对于偏远地区乡土社会的想象图景。这个神奇的小村至今还有9位东巴，他们操持着一年里大大小小近400场的仪式，在强烈的文化冲击和震撼中我不断地想要追问：油米的村落文化为什么能够始终存续？数次拜访油米，有一个画面我记忆犹新：村外崎岖的山路上，一位身着摩梭长裙的80岁老奶奶，背着装满“猪草”的竹篓，佝偻地前行着……这是油米妇女一生之中的某个生活常态，当时我很难过，会有一种悲悯之思将我在这里的所见统统串联：

说实话，我很难理解如此这般的艰苦生活为什么还有人在坚持，他们本有更好的选择；更难理解即使生活如此艰辛，人们却活得真实而怡然。油米之行促使我想要去探索：乡村如何存续？那里的人带着怎样的文化印记，又遵循着怎样的生存逻辑？之后我走入了一个又一个农业文化遗产地，对于这类问题的体会和认知逐渐趋于深刻。

“苦痛”是肉体，也是精神家园

河北涉县王金庄是一个太行山深山区的传统村落，享有雄伟壮观的旱作梯田，梯田面积达到 21 万亩、8 万多块，分布在 12 平方公里、24 条大沟、120 余条小沟里。登高环顾，会感到极大的视觉冲击。太行山峰峦叠嶂、绵延起伏，而层层叠叠的梯田布满了整个山体，不论山脚、山腰还是山巅。在此生存的人们，是克服了怎样艰险的自然环境，才把这里变成了美丽家园呢？壮美的梯田背后，饱含祖祖辈辈村民的汗水、血水和泪水。“苦啊”，这是王金庄老人们最常讲的一句话，如果你不能体味其中滋味，不妨触摸下他们布满老茧和刺痕的双手，看看他们早已变形的脊背和腿脚。在深山沟里“向天要地”谋生存的一代代“他们”，从不苛求生活能有多么富足，能活下去就是最高准则。生长于斯的人们过着一种“单向度”的生活；在此立足，就必须恪守先辈的生存之道；勤恳艰辛地劳作，将自己的生命寄托在梯田里。因此不仅要耕作梯田，更要守护梯田，对他们来说这早已不再是简单的生产活动，而是基于此和祖先对话，创造当下美好生活，为后辈留下更多的可以耕作的梯田，完成一生的使命。从这个意义上讲，农业文化遗产本就是先辈们长期与自然的互动过程中，顺应、改造自然，与自然共生而留下的宝贵财富，它既是一种可以永续滋养人们的物质基础，更成为了当地人最美好的精神家园。

梯田不仅仅是我们看到的物象，它是王金庄人世代生存、奋斗不息的精神投射。背着锄头、牵着毛驴，站定在脚下的梯田里，挥锄耕耘的一瞬间，祖先的凝视和一种持久弥存的温暖就随之而来，它会告诉你："干下去，尽管苦痛，但这就是生活。"这种人与物之间的联结和归属给予当地人共同的记忆，使生活多了一份安宁、一份温暖。我们沿用着祖先的技艺，分享着祖先的智慧，过着和祖先心绪相仿的生活。田野中自我的找寻，不仅让我们试图去同理对方，也让我们能再度认识平淡的生活，体味祖先的凝视，热爱生养我们的故土，找到自我的精神家园。

回望王金庄之外的我们，物质丰富，各种欲望都可以在金钱的支撑下被极力地实现。我们似乎已经忘记了"苦痛"，和那种日子永别了。但是可能当我们在现代化的路上走得越决绝，精神上的匮乏和空虚便离我们越近，我们再也难从身边的物象里去汲取精神养分了。

文化也是秩序，生活也是信仰

与梯田农耕匹配的除了可以被直接观察到的器物以及存储于当地人头脑中的耕作技艺以外，村落中特殊的身份与职业同样可以帮助我们理解当地人与梯田的文化联结。在云南红河哈尼梯田的村落社会，有独特的秩序生成与运转机制，保障着梯田每一个完整的生产周期的顺利进行，维系着人与自然、人与人的平衡关系，同时也疗愈着在这里生活的人的身心。从当地的一年出发，形成了一套与梯田生产高度契合的耕作历法和岁时节庆，为了保障它的有效性，组织当地村民在适宜的时刻进行农业生产活动，教化人们敬畏自然，敬畏生灵，学会和自然、和族人和平相处，这其中就产生了多个当地特有的“神圣”身份：龙头、咪司等。他们为当地生活赋予了文化秩序。

在瓦那，哈尼传统农耕文明与现代文明交织相拥，共融共存，摆荡在传统与现代的遗产地村落未来走向何方不得而知，但是龙头和摩批的存在却最能证明农耕文明、村落文化的存活。他们都是村落秩序、生活信仰的维系者，而这种秩序和信仰也是历时千年的传统，是每一个哈尼人从出生到死亡都必须遵循不悖的，通过一年和一生的周期往复，也就承载了代际之间以及同代之间的集体记忆，形成了这个地区、这个族群的文化印记。

割不断的爱，消不去的愁

走访几个梯田农业文化遗产地村落，有一共通的现象：梯田的生产功能在当地年轻人心中的地位正在逐渐衰退。现实是：耕种梯田耗时耗力，产量与收入很低。因此青壮年外出打拼，不甘留守耕作梯田，梯田的面积也在逐年萎缩。现今耕种梯田多为 50 岁以上的人，他们还愿意坚守，守护着这片爱得深沉的土地，不愿让自家的梯田撂荒。我问过不少在梯田里耕作的老人，他们大多表达着两种情感：对梯田的爱与担忧。或许他们真的可能是最后一代乐意耕作梯田，并将梯田的耕作好坏作为他们活着的尊严的人了。当他们老去，梯田的未来、村庄的未来在哪里呢？越来越多的年轻人在生活的权衡中放弃了家乡，并且走得很坚决，似乎也不想再回头看故乡一眼。诚然，连同被抛弃的不只是村落的生活，还有祖先遗留下的、本该由他们传承的村落文化，而现实也确实使他们自愿用最低的姿态去拥抱城市文明，这对于乡村无疑是可怕的。

窘境之下，如何唤醒“失忆”的乡村，让村里的年轻人能够重新发现家乡、热爱家乡，可能是我们这拨外来研究者的一种使命。我越来越感觉自己亏欠这些地方，原因就在于我从其中汲取了营养却不知能为这片土地做些什么。孙老师常讲，田野是实现自身生命悄然变革的场域。回顾自身，我确实最先被农业文化遗产地的景色所震撼，而后逐渐深入其中我发觉自己正在用一种共感共通的方式去接近当地人的生活，理解他们的种种行为。我发现自己真的开始变得柔软，听当地人讲述生活故事，自己不知何时已经是眼泪盈眶了，这种流泪怎么解读呢？农业文化遗产地能够给予我们重新看待生活、看待生命、思考人生的别样视野，是对于当地生活的一种深层次的体验和同理。这也能解释为什么我在感动之余会有一种亏欠感。因为，在我的认知里，或许，我已然成为了当地年轻人的一员，因此，挽救家乡的紧迫感和使命感也随之产生。我想，一份割舍不了的爱和一份无尽的乡愁也要始终伴我左右了！

田间地头话农耕（李为青 摄）

农业文化遗产研究与学术品性的养成

宗世法

今天是五四青年节，是青年运动推进社会变革与进步的纪念日。我又想起第一次参与孙庆忠老师主持的“全球重要农业文化遗产（GIAHS）研究项目”的情景。2014 年 7 月，孙老师带着一群由本科、硕士生组成的青年团队，先后奔赴保留着 36 亩千年古枣林的陕西佳县泥河沟村和拥有 8000 年粟、黍种植历史的内蒙古敖汉旗兴隆洼村镇大甸子村，开启一段难忘的农业文化遗产研究与保护之旅。6 年过去了，农业文化遗产保护已经从研究者的自发行为与志愿活动演变为地方政府和当地村民的主动作为；农业文化遗产保护的形式已经从青年志愿者团队研究扩展到在遗产地举办“文化大讲堂”、在中国农业大学举办“农业文化遗产研习营”培养乡村青年、特色农产品研发甚至农旅一体化等多种形式；第一批参与农业文化遗产研究项目的青年人已经走出校园踏入社会。我在想，我们这些中国农业大学的学生，以志愿者身份参与农业文化遗产研究与保护工作，究竟在我们的生命历程中留下了怎样的印记？农业文化遗产研究，对青年人的学术品性养成起到了怎样的作用？

一、走近“他者”：认识我们脚下的土地

青年学子志愿服务“三农”，一直是中国农业大学秉持的

教育传统。无论是农研会发起的“我为家乡送信息”寒暑假社会实践活动，还是人文与发展学院对毕业生提出的“像弱者一样感受世界”的呼吁，都彰显着中国农业大学校训“解民生之多艰”的精神理念。但是，久在校园、埋头书海的我们，其实对自己的家乡已十分陌生，所谓“故乡”更多是一种模糊的童年记忆。农业文化遗产研究的一项重要任务是整理农耕技艺口述史，这无疑为我们认识和体悟农业文化遗产的独特魅力创造了机缘。

在去内蒙古敖汉旗之前，孙庆忠老师“提醒”我们：“到敖汉旗要低头，兴许一脚就能踹出件5000年的文物。”学会低头，既是对农耕历史的敬畏，也是走近“他者”的姿态。虽然我们团队成员很多是城里的孩子，根本没有农业劳作的生活经验，但是老人们会耐心细致地讲解，有时会向我们展示自家“压箱底”的宝贝，在兴起时也会结合农耕器具进行现场示范，或者直接带我们上手体验。我们就像文化的“考古队员”，走家入户发掘农耕技艺的“遗产”，一群学生围坐在老人的火炕上，听爷爷奶奶给我们讲那些“种地的故事”。大甸子村的宫典爷爷边向我们展示粮囤围子的用法边给我们讲，村民们会根据每年第一场雨的时间来选择种植的作物：五月下雨，可以种谷子、高粱这些生长期稍长的作物；六月下雨，可以种黍子；七月才下雨，可以种被称为“备荒粮”“站脚粮”的荞麦，其生长期只有两个多月，从开花到果实成熟仅需几十天，使得无论年景怎样都不会颗粒无收。敖汉旗农业遗产保护中心主任徐峰向我们介绍，为避免单种作物连续种植导致减产，村民们不但会在每年收获的季节，在大白毛、朱砂谷子、六十天还仓、小金苗等几十种品种中“选种”，从长势最好的田块中把籽粒最饱满、穗子最大的植株挑出来“留种”，而且会选择“距离不太近也不太远”的地方进行“换种”，并在种植时合理轮作倒茬、间作套种，提高产量。宫玉昌爷爷为了做口述史，竟然自拟了一份“发言提纲”，向我们详细讲述了跌宕起伏的生平故事、复杂高超的农耕技艺、社会习俗及农耕信仰。农耕技艺方面，他讲道：“谷子下地苗出土就该耪地了，‘可耪可不耪，立马耪’；间完苗再耪第二遍，让垄背和垄沟齐平，便于田间通风，防止高温伤苗；条件允许再耪第三遍，耪三遍的谷子做饭‘味道浓厚，米汤清亮’。耪完地还要趟地，调整垄背起到松土、培土、除草等多种作用；但是要在谷苗适当高度进行，‘谷子扛枪，不耪不趟’是说谷子出穗的时候就不能再趟了，否则会伤根减产。村里娶媳妇的时候，要把蒸好的年糕晾晒变硬，再用红布包上放在炕沿边的桌子上，新媳妇要踩着这块年糕上炕，这叫‘一步登高’。”在以农民为老师、以庭院为课堂的互动式体验中，在老人们动情的讲解中，我们理解了敖汉旗人民如何在拥有草原、河谷、沙地等多种地形、“十年九旱”的环境中创造出绵延不断的旱作农耕文明。

二、反思“发展”：理解乡村振兴的困境

除了整理农耕技艺口述史，农业文化遗产研究的另一项重要任务是编写村落文化志。如果说整理农耕技艺口述史更多的是从农民的个人生命史、家庭生活史来构建集体记忆的话，那么编写村落文化志则是研究者对构成村庄集体记忆的典型文化标识与公共空间进行的整理与注解。法国社会学家哈布瓦赫认为，记忆虽然要分散储存在个体的脑海中，但却是一种集体的产物，共同在一种记忆的社会框架中进行思考和回忆。村落，

作为农耕时代村民生活的基本单位，构成村民个人、家庭记忆的社会框架单元。农民们在农业耕作过程中，尤其是种收环节，往往要几家相互协作；在面对干旱、洪涝等自然灾害时要集体应对；在农闲时节共同享受村庄的文化生活。

然而，随着大量青年外出务工，农村成了留守人员的聚集地，儿童们远离了农耕劳作与农村生活，农业文化遗产的集体记忆框架发生根本动摇，村庄文化标志物的意义也在不断消解。在佳县泥河沟村，2014 年拥有户籍人口 806 人的村庄仅有常住人口 158 人，村民年人均收入仅有 2600 元；2004 年刚刚修建好的开章小学到 2012 年已没有琅琅书声，只剩下楼下的碑记向人们诉说小学曾经的喧闹；破败的戏楼已经多年没有余音绕梁的咿咿呀呀，一张麻将桌和落满灰尘的农家书屋昭示着戏楼当下的境遇。在敖汉旗大甸子村调研，当我们每个人都羡慕村里人均十几亩耕地、年收入几万块钱时，却发现村里依然有绝大多数的年轻人外出务工，而促使年轻人外出务工的重要因素竟然是“现在的年轻人都不会种地，也不愿种地”的现实和“种地没本事，让人看不起”的观念。

农业文化遗产研究，虽然让我们感受到农业文化遗产的厚重，但与村民朝夕相处、参与式观察，又让我们部分理解了他们生活的无奈。工业化、城市化、现代化的发展方式，不但动摇了农业文化遗产赖以存在的经济与社会基础，让农村成为留守人群聚集的毫无生机与希望之所，而且逐渐拔除建立在农业耕作、农村生活基础上的村落文化与集体记忆，让农村成为没有记忆的文化沙漠。在这样的背景下，国家提出乡村振兴战略，努力实现“产业兴旺、生态宜居、乡风文明、治理有效、生活富裕”的总体目标。但是，在人才、资本、技术均无优势的情况下，如何寻求村庄可持续发展的路径？难道我们所谓的

“发展”，必然要以“村落的终结”为代价？

当我们听宫玉昌爷爷细致地讲解不同谷子的品质和口感差异时，却又发现市场上谷子均一的收购价格促使农民选种产量更高的品种，从而导致本地种子资源急剧减少，但单一种植又带来更高的生产风险；当我们期望地方政府出台政策保护农业文化遗产地时，又担心资本等外部力量的强势介入会排斥农民群体，使农业文化遗产失去原汁原味儿，甚至导致“保护性破坏”。因此，我们站在地方政府官员、农民的立场和角度思考问题时，才意识到农业文化遗产这一“金字招牌”并不必然能解决乡村衰败、青年外流、发展资金不足等诸多问题，农业文化遗产保护、乡村振兴仍任重而道远，需慎而又慎。

三、行动研究：促进生命的悄悄变革

孙老师带领由不同年级的本科、硕士生组成的团队，深入农业文化遗产地开展调研，既是青年学子服务“三农”的有益途径，更是与地方政府、村民共同破解乡村衰败问题的行动研究。现在，当我自己也成为一名大学教师时，再来思考当年参与农业文化遗产团队的经历，更会感到它对于我确定自己的学术研究旨趣、提升田野研究能力的价值。面对“人的欲望不加节制地膨胀，对个人利益的追逐，成为人活着的唯一动力；实际利益，成为人与人关系的唯一联结与尺度”这样的社会现实，钱理群教授曾呼吁青年人从改变自己和身边的存在出发，以“建设自己”作为“建设社会”的开始；以个人或集合志同道合者，按照自己的理想、价值观，做有限且可以做到的事，并将这一过程称之为“静悄悄的存在变革”。我觉得孙老师带领我们这帮年轻人奔赴农业文化遗产地进行田野工作的过程，也将一颗理解、守望、变革农村的种子埋入团队每一名成员心中，让我们重新思考、定位人生的价值和意义，让我们每个人的生命都在发生静悄悄的变革。

潘光旦先生说："教育的惟一目的是在教人得到位育，位的注解是'安其所'，育的注解是'遂其生'，安所遂生，是一切生命的大欲。"参与农业文化遗产研究，我们把年轻的生命投注于乡村的这一瞬，让我们这些青年反省当下的生活和未来的人生。在整个社会弥漫着离农、去农、贬农的气息时，我们作为中国农业大学的学生，肩负着怎样的责任与使命？特别是对于我们这些通过高考"逃离"农村的孩子，看到农业文化遗产地乡土社会血缘和地缘关系松动、家族和村落文化衰微的现实，看到最接近乡土中国的"原型"在经历现代化的阵痛时，我们该如何定位人生的意义？

孙老师说，青年学生既是研究者，又是思想者、行动者，通过田野工作认识自我以实现"自立"，进而从行动起步达致"立人"，从一个人、一个家庭、一所学校、一个村庄开始，在实践中推动中国社会的深刻变革。在农业文化遗产研究中，我们理解了乡村是时代积累的在生产生活过程中沉淀的记忆和情感体系；在异地他乡的农村调研中，我们会剔除对"故乡"的浪漫主义想象和乡愁情结，更多了一份对于潜移默化赋予我们生命底色的"文化襁褓"的感恩与怀念；在记录老人们平凡而伟大的人生经历和对美好生活的期盼过程中，我们更感受到"我记录，我重建"的社会责任意识。也许我们个人的能力有限，但我们当珍惜眼下的校园生活，努力让自己成为一颗"有能量的种子"，为乡土重建做准备。

我相信，团队成员都会记住孙老师转述林耀华先生的这句话："把种子埋进土里。"林先生的这句话，用来指涉人们在面对人际关系在平衡与纷扰之间、均衡与非均衡之间摇摆的一种泰然：做人生动向的主导者，充满希望地生活下去。孙老师带领我们一届届团队进行的农业文化遗产研究，其根本意义或也可以用这句话概括。对于我们生命个体而言，孙老师作为一名高校教师，把我们这些农大青年学子“埋入”田野的沃土，让我们更深刻地理解具有灿烂农耕文明的乡土社会所遭遇的发展困境，进而形成学术研究或实践工作的使命感。现在，我在贵州民族大学从事农村社会学领域的教学与科研工作，学生们大部分会留在省内甚至回到家乡工作。在指导他们进行田野调查的时候，我期待能让他们“重新认识脚下的土地”，进而生发出振兴乡村的自我意识。从这个层面讲，“静悄悄的存在变革”不仅在我们身上发生，而且会持续扩散开去。对于遭遇系列改造和市场转型的农业文化遗产地而言，孙老师作为一名行动研究者，带领这些年轻的生命，将乡村发展的种子，特别是那些农业文化遗产地的青年，“埋入”乡土社会的根脉，让他们感受到老一辈人对于土地的深情和坚守的意义，让他们离开时心存爱恋、返乡时满怀期盼，将来成为农业文化遗产保护的中坚。

很庆幸在求学之路上曾有过那样的心灵体验，很期待在乡土重建道路上有更多人携手向前！

寻根

凝望乡村

梯田探秘（孙庆忠 摄）

培养农业文化遗产保护和发展所需要的人才是乡村振兴的根基性工作。在农业文化遗产地开办乡村青年研修班的同时，中国农业大学举办了青年学子研习营，以期培育研究乡村、服务乡村的承续力量。事实证明，走入农业文化遗产地的年轻人，因与乡村的相遇、与村民之间的生命碰撞而激发的对国家、社会与个人命运的思考，丰富而有温度，洋溢着他们对乡土中国的深情，以及对落寞乡村的社会担当和使命意识。

罗毓琦：为国家和社会做些事情

在我的世界观尚还懵懂的时候，能对乡村、对农业、对少数民族有如此切身的体会得益于云南哈尼梯田之行，这里的田野工作如同我的一场成人礼。哈尼族人对自己的文化认同感很高，这明显地体现在他们的日常言语和生活实践中。哈尼人是勤劳的，青壮劳动力自不必说，田地中的活计多而艰辛，即便老人和孩子也都随时忙碌着放牛、割草、喂猪、煮饭等事务。而年轻人则更多了一份在外打拼的勇气，无论走多远，时时回望故乡是他们对家乡共有的情感特质。

如同很多乡村的处境一样，绿春县瓦那村遭遇了快速发展时代的各种生存困境。这是一个村庄的问题，也是一个时代的弊病。回首田野，在其中逐渐理解了“解民生之多艰”的含义，我爸爸经常教育我，女孩子要有梦想，要为国家和社会做些事情。老实说，在这之前，我对这些话的理解只是流于表面。只有你亲自去经历、去体验，只有当你亲眼看到了这个世界上还有人在为生计如此奔波，只有你亲自感受到生活的无奈与辛酸，你才会去了解、去体谅、去明白那一句“为国家和社会做些事情”背后泰山般的重量。民生多艰，或许你没办法成为救世主，但至少你要努力让这个世界更好一点。我现在已经明白，我的一切努力都会有意义。

王福庆：让乌托邦式的乡土变成现实

淳朴的村民与困苦的生活抗争，稚嫩的我们希望在乡村实现自我的“生命变革”。因此我们与乡村注定相遇，也必将携手同行。

我们搜集一草一木、一砖一瓦背后所承载的厚重历史，以此探求家庭故事与村庄的集体记忆。村民生活中的“平淡”，往往成为我们心灵的“震撼”。无论是李高福成为“中国红米线第一人”的奋斗历程，还是“身残志坚但要带领农户致富”的王虎林；无论是热情好客、对生活始终满怀希望的哈尼三姑，还是讲村史如数家珍的王林定，凡此种种，不仅展现了太行山和哀牢山地区的地域风情，也彰显了中华民族坚韧不拔的民族精神。我们与村民虽身处异地、境况迥异，但我们的信念相似。每一次促膝长谈，每一次越岭翻山，都使我们生命中那些平淡的日子变得更加丰富多彩。

星辰浩瀚，山川巍峨，人在其中渺小非常，但我们始终不能停下脚步。唯有如此，“乌托邦式的乡土”才会早日到来。

庄琳：共守祖先传下来的“火种”

人说滇南多奇秀，亲历方知民生艰。万顷稻田，风过摇曳，在外人看来这确实是世间罕见的壮观美景，可对于生活在这片土地上的人来说，日复一日的耕耘，为的是生计，有的是劳累。震撼人心的美总是与超越寻常的艰辛连在一起，不如此，便显不出美的厚重与人的坚忍。我们千里迢迢奔赴这里，为的是同这里的老百姓一起，保护好祖先传下来的文化火种，希望它能光照后代，泽被万世。我无从得知他人此行的体验，于我，是一场修行，抑或一次修补。当我的生命时间像水一样汇入哈尼梯田的村寨时，心灵无疑丰沛起来，原本单调的日子因为这里的人而有了前所未有的颜色与味道。

巩瑶：成为一粒乡村建设的“种子”

从云南返回后，再回忆哈尼梯田之行，没有任何苦难和不适，只有完成的工作、走过的山路、淌过的小河、看过的天空、淋过的大雨、抓过的稻田鱼，特别是在访谈过程中遇到的让我感动的人。在农业文化遗产研修班上，老师称研修班为“种子工程”，是的，每次想到这个词都有一种莫名的使命感，我也是老师埋下的一颗“种子”，现在所学习和接触的一切都是为了有一天的破土而出。如果说目前只是与王金庄、瓦那这两个农业文化遗产地的村落建立了联系，对这片土地有了牵挂，那么在未来我还想要与更多遗产地的人们紧靠在一起，思他们所想，忧他们所虑，成长为一棵可以为别人遮风挡雨的大树，成长为深得别人信赖的人。

张雨琪：我不能逃避我能承担的责任

有幸加入暑期田野工作，从河北到云南，我深切体会到了中国乡村的生存困境。我不知道自己短短一生可以为中国的农村做些什么，但是我知道，无数的人，无尽的远方，都与我有关，我不能逃避我能承担的责任。正如周国平的《灵魂只能独行》中提到："一个有灵魂的人绝不会只爱自己的生命，他必定能体悟众生一体、万有同源的真理。"

农业文化遗产地隐含着祖先的智慧和创造，理当让一代又一代知晓，从而增强他们对家乡的文化认同。简单来说，乡村建设的核心就是建设人心，做好这项工作，需要我们这一代人的真心，我愿为此付出努力！

黄梅雪：给走过的地方带去温暖

初入田野，语言、心态都面临着极大的挑战，但在适应中学会欣赏，每学会一个词、一句话都开心不已。对田野调研的主题——公共空间，有过彷徨、迷茫甚至想放弃，但最终在老师的指点中开窍，由冰冷的物理场所进入到鲜活的精神世界。田野始终是双向的，虽然语言不通、文化背景差异大，但我们在相互观察。在日渐深入的田野中，我理解了如何在团队中认识乡村处境，把握乡村脉络。好的田野是需要深度参与，并力所能及地做一些回馈的事情，从而建立更好的情感连接。基于此，才能以外来人的视角理解差异，以当地人的视角理解选择。当我走在异乡，时常追问的是，以自己的微薄力量能否为逐渐没落凋敝的乡村做点实事，让遗产地不因老人的离世变得荒芜？这需要我们保持内心的纯粹，给走过的地方带去温暖与希望。

郭书恒：让他人看到生活中的更多可能性

我的身上打上了太多城市的烙印，因此，刚入乡村便有一种“顿挫”感。表面上看着顺风顺水，心路历程早已磕磕绊绊。身处田野，似乎是一个“闯入者”，一个被村庄边缘化的人。我心里一边是我生活了 20 年的早已习惯的状态，一边又是完全陌生的环境，我就在这二者之间，被一根“绳子”牵住，飘荡来飘荡去。田野在继续，“放松”渐渐成为生活的主题，唯有这种状态才能让我真正体会到生活中的酸甜苦辣，才能让我的情绪走进他人的情绪，把他人的生活带到我的世界中来。真正意义上的“入乡随俗”难以达到，也许唯一方法就是学会走进他人的生活，因为“人”才是田野中最重要的要素。河北、云南两度的乡村之行让我成为了一个有温度的、有人文气息的、能够真正关怀他人的人。回望田野，生命故事很多，我们可以给那些处境艰难的人什么样的帮助？面对乡村的凋敝，我们又能做些什么？回头想想，或许我们的使命是给他们带去希望，让他们在年复一年、日复一日的劳作中，看到生活原来还具有更多种可能。

田秘林：梯田保护和可持续发展的动力

走进王金庄，最关注的是王金庄的农业生物多样性，期望着把这个奥秘弄明白。于是，跟不同的人交谈，聊老种子保护的看法；了解返乡青年对家乡发展的想法；与妇女们聊保留和淘汰作物品种的原因。在田野中理解到“妇女是梯田劳作的主力，她们是保护农业生物多样性的主力”。经历坎坷的奶奶强烈表示“不想让梯田荒废”，在月梅姐的梯田里看她展示照顾了40年的梯田和花椒树，分享摸索出来的“上七下七”玉米留种方法。老媳妇热爱这片梯田，掌握农耕智慧，熟悉传统手艺，吃苦耐劳；小媳妇年轻，学习能力强，掌握与外界联系的方式，外出交流的机会多。所以，期望把问题聚焦到老媳妇与小媳妇的链接和传承上。这次田野，企图有学术思考反而忽视了村庄的美。一心顾着收集需要的信息，反而在踏察、访谈的过程中错过很多的美景和故事。然而或许正如孙老师所说，“田野工作重要的前提基础是心灵相遇之后的倾诉”。之前的我就像田野里的小偷一样，收集自己想要的信息，没有与访谈人建立心灵基础。放下杂念，敞开心扉，真的会是要什么有什么！

庄湑菉：慢慢看见田野的美

“王金庄的美是要慢慢地才能看见。”在相对干旱贫瘠的地质环境中，还有这般惊艳后世的旱作梯田，除了人与土地的共生调适外，满山遍野的智慧建立在这些“人”的辛勤与坚毅上。一石一垒，有规律地层层叠砌，只有细细与之交流，才能看见王金庄的美与力。

在村里，我所访谈的大多是年轻的“80后”妇女，她们之间有种共性，夫妻间外出务工的分离，结婚后扛起在家养儿育女的重担，在教养孩子和田间农活中穿梭，简单却忙碌。他们在审视生活之时也遭受教育、医疗等区域性差异带来的无奈。这些新世代的力量在现实与理想之间飘摇。

王子超：人的相遇与情感的共鸣

农业文化遗产地驻村调研的经历，带给我的最大收获是人的相遇与情感的共鸣。踏入王金庄这片土地之前，我从未想过世间还有如此壮美的旱作梯田景观，从未想过梯田上的人们已经在如此艰苦的环境中生存了近800年。走近“他者”让我走出了自己的一方天地，看到了生活的更多可能。

在踏查村落的过程中，书吉爷爷带我们走遍了大崖岭的每一条沟，耐心讲解着每一个地名背后的故事；奔波一天后，香海叔总是给我们准备好一桌美食；我中暑之后，肥定叔第一时间开着车带我去卫生室打针，并且坚决帮我付了医药费；直到今天，现平叔仍会嘘寒问暖，关心我们几个年轻人过得怎么样。于我而言，田野工作更是一种情感体验，是人与人之间最朴实的情感互动。离开王金庄已近两年，我仍会时不时地翻出照片重温那里的人和事，总有一种再回去看看的冲动，因为那里有我一直惦记着的乡亲们。

李管奇：我能为梯田系统的持续做些什么

走入王金庄方才知道中国北方有梯田，领略到旱作梯田的雄伟与壮美绝不亚于万里长城，跟随王金庄村民在蜿蜒曲径中穿行后也知晓了一点点深埋于历史中的人情世故。对于有着近800年历史和4000多人口的王金庄，短暂的12天调研只能是一个开头。第一天踏访石崖沟，层层叠叠的梯田映入眼帘，惊叹的同时也试图追问到底是怎样的生境和动力驱使着王金庄人世世代代修田筑堰？于是，在踏访沟岭中，访谈阅历丰富的

“老媳妇”和活力充沛的“小媳妇”，尝试理解旱作梯田系统的“灵魂”——毛驴，以及村民对粮食、水的节约利用的方法，我逐渐沉浸到村民的日常生活之中。

2019 年的王金庄正遭遇前所未有的干旱，庄稼歉收和绝收已不可避免，梯田荒废趋势明显。作为乡村社会工作者，在调研过程中不断提醒自己，能够为王金庄和梯田系统的持久发展做些什么？我想，捕捉王金庄的文化特质，与本乡本土的村民建立熟络而持久的关系，为后续合力开展行动干预开个好头，便是我此时最大的心愿。

段泽丽：田野是一种心与心的连接

在充分的前期准备后，我们如愿进入真实的田野——河北涉县王金庄村。在这里，令人难忘的是与村民相处的点点滴滴。和村里人打交道，从陌生变得熟悉，就像两滴水的相融，最终成就了彼此，双方都变得宽阔了。这是田野最吸引我的地方。

时时被田野中的大叔大爷大婶感动，那种被呵护的感觉是切实存在的，也许话语还存在障碍，但关心是真实的。下雨时忙着让我们进石檐子避雨，上山下山前前后后各种护送，以及顶着太阳一遍遍不厌其烦地给我们讲解，这样的感情非常珍贵。因此，这次田野经历绝对不仅仅是学术训练，更是心与心的连接，教我们怎么和别人相处，怎么倾听别人的故事、理解他人的生活。

江璐：在田野中理解生命

初入瓦那，一切都是新奇。每日下雨是常态，一连多日从不间断，湿润而爽朗，与位于北方王金庄的“干旱”形成鲜明的对比，而这只是新奇之一，也只是开始。后来味道别致又美味的蘸水、神秘又奇特的摩批、凌晨五点钟开始工作的公鸡、热情又真诚的三姑和大爹、安静的山谷回荡着的牛铃，等等，这些都时刻提醒我：这是一方神奇有趣的天地。

田野中，老师给我们上了很多课：“要静下心来才能有所收获”，“人生才是最大的田野”，“田野就是要相时而动”，“来到这里就是一场修行”。我们在田野中采茶、割稻体悟生活，踏村、访谈、观察寻找开启村庄秘密的钥匙。经过田野的锤炼也逐渐明白——做一次田野并不难，难的是坚持很多年做田野。田野或许可以浪漫，但生活实多辛苦。我们听李嬢嬢讲“一辈子总是这样，活着也没什么意思”时潸然泪下；听老奶奶谈儿子的病情时黯然神伤；看三姑一天七八趟背负七八十斤的稻谷爬山，叹劳作辛苦；70 多岁老人种田、放牛至死方休，深思活着的意义。或许中国这片土地上的农民，共通的是和土地割舍不断的联系，是如野草般的生命力，是那股韧劲儿。或者可以说是土地给他们希望，更是他们给自己希望。

田野结束，返回平常的生活，然而再也放不下走过的“田野”，也时常怀念那里的人。

朱珠：以执著的信念影响“他者”

或许因为我是云南人的缘故，河北旱作梯田的王金庄对我而言是一个完完全全陌生的地方，但哈尼梯田的瓦那村不是，它仿佛是我不太熟悉的故乡。这使我的好奇心锐减，感觉迟钝成为我初入瓦那村出现的困扰和焦虑的源头，好在通过比较不同老师的访谈，我重新找回出入王金庄全身细胞都要张开的兴奋感。在瓦那，随着田野的进行，时时感受到因文化差异所带来的震撼，同时也觉察到我们和村民之间彼此影响的过程。

进入田野之前，曾想当然地以为没有经济效益，村民不可能保护农业文化遗产，农村人对乡村的情怀是值得质疑的，生存压力之下当地村民甚至可以忘记自己的文化、传统和耕作技术，外界力量介入才是农遗保护的根本。然而，当我听闻顺德在农大研习班学习后准备继承之前要放弃的咪司身份（村庄祭祀水的领袖）、优龙因陪同我们的访谈而燃起对家乡信仰与习俗文化的好奇与探寻之心的时候，我意识到我之前想法中的一丝势利、一丝对复杂现实的简单化理解。优龙和顺德的改变让我想到王家卫电影的台词："念念不忘，必有回响。"他们的改变是对我们所做工作的回响，我渐渐能够理解孙老师为何对乡村"念念不忘"，开始更加深刻地感受到，我们所做的事情是有意义的。田野是短暂的，或许最大的收获是通过田野调查的经历更加理解他人、理解生命。未能深入田野时并非乡村不存在故事，"哪里没有（故事）？是我们脑袋里没有，生活就在那里，以自己丰沛的形式存在着。"如饮醍醐。

史嘉诚：我愿终生践行真情的田野

在瓦那，我总是觉得很幸运，因为我在满怀期待、满心幸福中成为"满腹心事的田野中的青年学子"。田野中的生活于我而言是艰苦的，病痛与体重让我在乡村的行走中遭遇了种种挫折，然而我依旧很满足。在老师"生活就是田野"的告诫中，享受独属于我的"呆呆的、傻傻的"田野。

生活的经验塑造了我的认知，我总是认为苦难是每个人人生的重要元素。于是，老奶奶讲述自己"土改"时期遭受的身体伤痛记忆，我在瓦那学会的第一句哈尼语是“xi ma na”（哪里疼）。于是疾病与伤痛记忆成为了我最关心的话题。以此为径，感知当地人的生活和经历，深切地感受到人们勉力生存，苦难却无处不在，这似乎既讽刺也魔幻。

“再见”，是我即将离开时跟很多的妇女、孩子说的最多的一句话。最后与几个小朋友道别时，我们一句句轮换着说“再见”，我走到相遇那条路的尽头拐角时，他还在后面喊“再见”，等到山路回转我们走到山下时，我还隐隐约约听到他在喊“再见”。走着走着，泪流满面。情绪如潮水，是许久没有过的释放，是从未勇敢面对过的告别环节。田野如同一场修行，生活才是人生中最大的田野工作。希望能终生践行，但愿能不忘初心。

农民秀才讲梯田（孙庆忠 摄）

農業文化遺產與年輕一代

下編

乡愁

文化归途

祖先的火塘（王文燕 摄）

乡村青年对于农业文化遗产地意味着什么呢？他们是遗产地的种子，是遗产地的未来，他们用怎样的情感和目光来对待家乡，决定着乡土中国的未来处境。让更多遗产地的乡村青年重新认识家乡，发现家乡之美，唤醒他们服务家乡、奉献家乡的热情，这是中国农业大学举办两期乡村青年研修班的根本目的。事实证明，这些遗产地青年的代表，虽研修交流的时间短暂，却展现了他们内心丰富的精神世界。他们留下的炽热的文字，预示着落寞的乡村已渐行渐远，充满活力的乡村生活正踏歌而来。

刘海庆：让我们在乡土中国里前行

在梁漱溟晚年口述的《这个世界会好吗》一书中，艾恺问梁漱溟："您认为您生活中最重要的大事是什么?"梁漱溟回答道："大事一个就是为社会奔走，做社会运动。乡村建设是一种社会运动，这种社会运动起了相当的影响。"在几天的学习里，闵庆文老师提供了方法论，曹辛穗老师明确了方向，农业文化遗产地的青年则让我们看到了希望。时至今日，随着中国经济的高速发展，一座座繁华富丽的城市拔地而起，城市消费文化也所向披靡、无远弗届，乡村却隐没在城市高楼大厦的阴影中。我们必须在一种新的文化视野中来重新审视城市与乡村文化问题。在我看来，农业文化遗产则为我们提供了这样的文化视野。

“比畅想更实际的是迈开双腿，踏踏实实地做事，你不再是理想的浪漫主义者，而是理想的现实主义者。”这是孙庆忠老师在农业文化遗产研习营校内青年师生第一次培训暨开班仪式对农大学子的寄语。以农业文化遗产为切入点的乡村振兴少不了无数对乡村怀有情感的青年学子的身影。而恰恰在这次研修班上，农大的同学与文化遗产地的青年碰撞出了火花，碰撞出了友谊。你会发现两个不同的人群被这样一个研修班连接到了一起，这是一件多么美妙的事情啊！若干年后的农村，若干年后的农业文化遗产地，可能会涌现出一批埋头苦干的乡村青年，他们不是凭空而出，他们不是无根无源，他们接过了农业文化遗产地乡村青年研修班的旗帜，在乡土中国里前行。

车卜艳：我明白自己肩负着使命与责任

乡村青年能为当代中国做什么？这个问题思索于孙老师一如既往解民生之所困的初衷，解于我们哈尼族高福哥、侗族小伙传辉哥及女茶艺师环珠姐的敢为人先。通过听取他们 3 人的经历分享，我心中有了坚定的答案，当代乡村青年就是要回馈乡土，为自己的家乡、民族及后代子孙留下一份富足而有生命力的文化遗产，把这些先祖、父辈保留下来的哈尼梯田传承并发扬光大。

我很幸运能够成为研修班的一员。对我来说，这是一次接受熏陶的课堂，同时还结识了一群热爱自己家乡的有志青年。突然多了这样一群志同道合的伙伴，我的内心很是激动与喜悦。系列培训课让我不断地反思自己的职业规划，我开始质疑自己是否真的喜欢此时就读的专业？好在现在有了答案，不管我将来从事什么职业，我都是哈尼子孙，都有义务尽我所能去守护这片梯田，热爱养育着我的那片土地。我知道，祖祖辈辈记忆里的梯田是抹不掉的，这是我父母一辈子的心血，是我们这些后辈的依靠！

侯家吕：还有谁和我一起守护青山绿水

还有谁？是的，还有谁！这个发问不是比武擂台上目空一切的挑衅，而是来自对农村未来人力资源缺失的发问。一个在农村的小伙伴曾经问我："现在青壮年都到城里务工，在农村种田的是五六十岁以上的老人。等到5年、10年以后，这一代人老去，还有谁能和我一起守护这一片青山绿水呢？"他的这一问深深地冲撞了我的内心，凄凉的感觉油然而生。

工作坊上听到张传辉、李高福、何环珠这3位优秀青年的报告后，在被他们的事迹感动之余，我从中也得到了非常大的启发。李高福的经历让我体会到做一份事业需要经过长期不懈的努力；何环珠的报告让我觉得人也可以像佛一样教化众生，功德无量；张传辉的讲述中有一句"要对下一代负责"，让我醍醐灌顶。这种核心价值观与当下一些外来资本对农村过度开发甚至是掠夺式开发，形成了鲜明对比。他们的分享似乎给了我答案：当我们能够把生态保护做好，把环境保护做好，把安全食品推广好，把农民收入提高，自然会吸引更多的年轻人返乡，就会有更多的年轻人参与到我们的事业中来，到那时我就可以骄傲地说：这一片青山绿水，还有我们这一代人守护；这一片青山绿水，还有我们的下一代人守护！

鲍志永：坝上草原的一粒种子

我是一个来自草原的孩子，大学毕业后我一直从事外贸工作，因为工作原因我对电商有了近水楼台先得月的优势，从2008年就一直在电商的小圈子里兜兜转转。说实话，因为电商风口的缘故，我收入还算不错。但是这个商业属性极强的小圈子，使我的内心只有自己的一亩三分地儿，对于别人我从不关心。对于别人我总是认为，没有能力也没有必要关心。我到遗产地学习营一开始也没有那么宏大的格局考量，我就是想从我自己的角度多学习点专业知识、多认识一些同行业朋友、多接触下这次研习营里给我们授课的“大咖”老师们，达到自己世俗的目的。

但是从孙老师舒舒缓缓富含情感的开营致辞中、从各位老师系统的讲授中、从各位遗产地同学的分享互动中，我的这个微小个体似乎慢慢地和中国即将发生的社会变革、乡村振兴这一宏大的时代主题联系在了一起。我似乎感受到了肩上的责任和使命。尤其是拿到印着“中国农业大学”字样的结业证书时，看着上面两行铿锵有力的校训“解民生之多艰，育天下之英才”时，我深深地感到小小的自我不能光活在自己的一亩三分地儿上，要向传辉、克标、高福学习，把自己的村寨、自己的民族扛到肩上，和生你养你的那片土地同呼吸共命运，为那片土地的兴旺高兴，为那片土地的凋零感伤。时代这么好，我们要感知和响应国家对有志青年的时代召唤。把我们对于家乡的热爱、对故土的感情紧握成拳头挥向到时代发展的大潮中，做一个弄潮儿，实现时代价值、人生价值和社会价值，不枉此生。作为来自坝上草原的孩子，在以后的工作学习中，我会尽力做老师们期望的那粒种子。对待农业工作心存诚敬，对待农遗保护秉善执行。

关琛：埋藏一粒蒲公英种子

孙庆忠老师在开班致辞中讲到，我们这个研修班是一项“种子”工程。这几天来我常常在想，我们应该是一粒什么植物的种子呢？最终我想出了答案——蒲公英的种子。2016 年夏天，在冀西北坝上乡村采集民歌、二人台素材的时候，我帮助农户去田地里采集蒲公英，只见有的蒲公英从石头缝里钻出来，路人走过踩它，马车过来压碾它，而它却始终在太阳底下拼命生长、开花、结果。风一吹，又将它的种子传播到漫山遍野，一代一代不间断地扎根土地，生根发芽。通过这次学习，我们就应该在心中埋藏一粒蒲公英的种子，关注今天的乡土中国，热爱乡村生活，用自己的青春和力量影响周围的人参与到农业文化遗产的保护工作中来。

在本次研修班，通过遗产地青年交流、分享的形式，我们聆听了彼此的心声。来自贵州从江侗乡的向克标、张传辉两位青年人分享了返乡创业的感人故事；来自邯郸涉县王金庄的王虎林向我们介绍了他创业的艰辛与生活的不易；来自云南红河哈尼梯田的几位少数民族兄弟，带着他们的创业梦、哈尼民歌来到我们身边。原来不同地域、不同民族的乡村青年，都在以各自的方式守护着乡村，守护着心中的“净土”，是这份乡土情怀把我们召集到一起，相聚在中国农业大学！

杨玛佐：我要为摩梭人而活

在农大的学习交流让我认识了这么多的朋友，在听课中也渐渐明白保护农业文化对乡村的真正意义。尤其是听了传辉

“青春作伴好还乡”的故事，让我感受到了人生活着不是为了个人而活，要为自己的民族而活，要为家乡人做点有意义的事，要为后代负责任，做一个问心无愧的人。李高福分享的“归心，再出发”让我感受到了只要自己努力，那么真的是“世上无难事，只怕有心人”。在经历了那么多挫折之后，他依然坚持为民族和村庄做事。人活在世上，不能忘本，要坚持不懈，才能做成自己想做的事。

我的民族是摩梭族，我是村寨里的一名东巴，平常在村里做仪式，学习东巴文化，传承本民族文化，并不是为了我个人利益，而应该是为了民族文化不断流传，不至于消失在我们这代人眼前，因为文化是我们的灵魂，失去了灵魂，我们就对不起祖先留给我们的精神遗产。今后我的人生旅途，不管遇到什么挫折，我绝不辜负父辈们对我的期望、村民对我的信任，尽最大的努力完成自己的历史使命！

李优龙：尽自己的力量为家乡做点事

在农大听了张传辉、何环珠和李高福 3 位的经历，让我进一步加深了对乡土的热情。“做最好的自己，帮助他人，多做事，少抱怨”的想法更加坚定，同时也希望自己做一个慈祥的人，就像孙老师一样。张传辉大哥只读过初中，在外打工几年后，选择了回到家乡做事，成立了村寨联盟，这种敢为人先的做法值得赞扬。从他身上我感悟到，不一定要有钱了才还乡，只要尽自己的力量为家乡做点事就是很了不起的。何环珠姐姐的演讲，让我觉得她是一位很厉害的女性，她能以茶文化进行连接各国文化的交流。高福哥的情况我大体了解，但今天听他演讲时我感动得差点流泪，到现在才真正感到能跟他在一起是一件很自豪的事，他是我们哈尼族青年的骄傲。

在我的眼里，孙老师做的事好像都是为了别人。这种无私我是做不到的，但我会尽我最大的力去做好每一件事，为社会做我能做的事。我妈妈曾经说她有一个愿望，她说："如果我能和国家领导人见面，那就要长久握手，一直不放，还要使力抖动。"我想说："阿妈，你跟孙老师握手也可以这样，老师也值得你这样跟他握手。"细想，我真幸运，我这么一个很平凡的人，一个生活在边疆的哈尼族青年，能来到中国农业大学学习，能和那么多优秀的人在一起，我这一生也没白活！想到这，我感到有压力，怕辜负所有这一切，也有动力，以后要更加努力。

陆观星：让我们的后代有根可寻

我来自浙江开化，农大培训让我在最美的此刻，遇到了最美的研修班。在这里，我聆听了各个专家的精彩报告，"农业文化遗产怎样在我们这代人手上继续传承下去"的困惑也在一定程度上得到了解答。在乡村青年交流会上，张传辉、李高福、何环珠的故事，让我感触颇深。有情怀的人很多，但能付出行动的却是少数，能遇到各种困难之后还一直坚持的人更是少数。青年返乡创业的感人故事，让我深深地感受到了拥有"乡土情怀"的年轻人的热情与毅力。他们虽有不同的人生经历，但是却有着一个共同的目标——为农业文化遗产传承而努力。他们的生命散发着光和热，让我不由自主地想靠近并加入他们的行列。志同道合的遗产地青年有这样的魔力。

希望我们能守住我们的乡愁，不是让乡愁只在我们的记忆中，而是能实实在在地以看得见摸得着的方式存在于我们的生活之中。每次想到中国农业大学对农业文化遗产地青年的殷切期盼，顿时感觉自己身上的担子很重，同时感觉农业文化遗产的保护和发展是一项既艰苦又神圣的工作。我们要把农耕文化的根留下，让我们的后代有根可寻。

许柳晨：肩挑一方故里希冀的重担

我在研修班上听了3位小伙伴的分享，感受很深，触动很大。每一个人的经历，都是一段岁月的歌，唱过花开花落，唱过风吹雨打，唱过岁月峥嵘，唱过心路坎坷。作为一名重要农业文化遗产工作的新兵，3位小伙伴的经历，让我感受到这项工作的重要性和艰巨性，更让我认识到“坚持”两个字的难能可贵。以10年为计的一如既往，是肩挑一方故里希冀的重担，是复兴乡土文化的理想，更是每一个奋斗者的中国梦。

3位小伙伴的案例中，每一个都有一个产业项目支撑着遗产保护工作的开展，传辉把乡村旅游作为联合村寨共同发展的纽带，高福从红米线中找到了足以支撑整个哈尼梯田的全产业链条，环珠在安溪铁观音的大名鼎鼎下寻找到女性在文化遗产保护中独有的地位，这一切都说明，农业文化遗产的传承发展，不仅仅需要情怀和责任，更需要有一个实实在在的产业项目主体来支撑。情怀和责任好比是心，是为工作开展指明方向的初心，是最源头的力量；产业项目好比是腿，是遗产保护传承发展工作一路走下去的具体执行，两者缺一不可。3位小伙伴都非常精准地寻找到了适合自己遗产地的项目产业，传辉利用地方民族风情和地理风貌，联合村寨，从乡土文化中汲取养分，做大做强文旅产业；高福把哈尼梯田的物产优势独具匠心地开发成产品，从而实现了一、二、三产业的融合；环珠从茶文化的传习中拓展安溪铁观音的知名度和影响力，走向国际。寻找比较其中的共同点和差异点，可以看出，3位小伙伴都利用身边最大的优势——重要农业文化遗产地打响自身品牌，同时都选择了产业融合的发展道路和产业理念，充分发挥遗产地的景观和文化价值，从旅游产业中实现产业附加增值。这些对我们浙江开化山泉流水养鱼系统下一步工作的开展，都是非常有指导和借鉴意义的。

罗洗：做一名紫鹊界文化归途中的践行者

我来农大学习的初衷只是萌于对首都北京古建筑群的向往，出于一直想去天安门广场亲历一次看升国旗仪式的憧憬，但自从傍晚时踏进农大校园的那一刻，我的心便平静了许多。因为在这里见到的，都是背着书包或双手捧着书本于胸前，匆匆走于路灯下的学子。听了教授们的讲课之后，启迪了我对此次北京之行所肩负的另一层更深的意义的理解，那就是要为保护和开发紫鹊界梯田资源贡献力量。

在学员交流学习会上，返乡创业的贵州侗族小伙张传辉，多次身处逆境而不倒的云南哈尼族小伙李高福以及率领乡村妇女创业的福建姑娘何环珠，分别讲述了他们各自在挖掘、保护和传承本土文化道路上坎坷而又艰辛的历程。他们的经历虽很朴实，却又是那么的华章溢彩，虽很无声无息于一隅，却又是那么的扣人心弦、令人肃然起敬。而我作为一名来自农耕景区的青年，一名被组织培养多年的村党支部书记，与他们相比，是多么的渺小和无知。此时的紫鹊界梯田，旱化和抛荒现象正疾面而来，传统耕作、传统手工艺正在逐渐缺失。来农大之前，资源的保护与开发如何并举的问题也曾时常在我脑海浮现，但从没有想过自己身上被赋予的传承的责任与担当。一周的学习已将我唤醒，使我获得了熏陶和提升。我将带着老师的嘱托而归，带着组织的信任而归，带着使命与担当而归。我将静下心，俯下身，用心用情去做一名紫鹊界文化归途中的践行者！

许睿卓：做一名乡村文化的招魂师

研修班上 3 位青年分享了他们的幸福与泪水。第一位是来自贵州从江侗乡稻鱼鸭复合系统的张传辉讲述了自己回乡创业，从事乡村文化深度游工作的酸甜苦辣；另一位是来自云南红河哈尼稻作梯田系统的李高福分享了为复兴乡土文化，与红米线结下不解之缘的感人故事；最后一位是来自福建安溪铁观音茶文化系统的何环珠叙说了自己弘扬铁观音茶文化的来龙去脉。他们的声音久久萦绕在我的耳畔，感触良多。

在历史的洪流中，这些创业青年不过是一粒粒小小“微尘”，但他们却主动承担起了传承与延续民族文化的工作，做农村的招魂师，为中华文化培土浇水，使乡村重拾农耕文化，使农村不再那么失魂落魄。农村天地广阔，大有可为。中国及世界农业文化遗产地青年将利用独特的优势与鲜明的特色发展乡村。我们身边这些活生生的成功案例，就是复兴乡土文化的内生动力。作为乡土一员，我们应该做些力所能及的小事，为家乡建设尽绵薄之力。

王翠莲：妇女也可以站在舞台上展翅高飞

我是来自河北涉县旱作梯田的一名种子普查员。王金庄村位于县城东部20公里处的太行山中，那儿最多的就是石头，石头屋子、石头街，故有“石头村”之称。毛驴是我们那儿最重要的交通工具，是我们王金庄人的好伙伴，也是每个家庭最重要的一员。

研修班上听完张传辉、李高福、何环珠3位同学的创业故事，心里久久不能平复。听到他们讲到各自的艰难，并从一次次的打击和困境中走出来时，我突然热泪盈眶，为他们能在自顾不暇的情况下，还在为各自的家乡尽自己最大的努力去拼搏奋斗而点赞。同时，我也深深地感觉到了自卑和渺小。我或许不能像其他优秀的乡村青年一样，通过创业回馈家乡，但是我可以奉献出我全部的身心，认真地投入到我们农业文化遗产地保护工作中来，尽我最大的力量把我们的老品种和当地的一些文化传承保存下来。在没来农大学习之前，我和大多数农村妇女一样，孩子、老公和灶台就是我的梦想，是我的全部。这次的学习经历让我敢于去想，农村妇女也可以站在舞台上展翅高飞。虽然做不了大的事业，但我也可以尝试着走出去。这个走出去不是去外面工作，而是要从自己的内心走出去，从自己的小家走出去，走到为乡村服务的大家庭中来。

曹国程：用行动回馈家乡的旱作梯田

到中国农业的最高学府参加遗产地青年研修班，我觉得万分荣幸。张传辉、李高福和何环珠3位伙伴的分享，对我启发很大，可以说深受鼓舞。传辉的经历是在农村传统文化日渐丢失的背景下展开的，他的所思所想以及在侗寨开展的行动，在告诉我们这些遗产地的青年，要积极参与到保护农业历史和农耕文化的行动中。高福的讲述说明，创业者是经过许多次的失败和拥有坚持不懈的精神才能成功的。环珠作为女茶艺师传承人，努力把中国千年的茶文化推向世界，这种勇气是令人敬佩的。

我的家乡在王金庄，是河北涉县旱作梯田的主要保护区。这里曾经是一个物种多样化的遗产地，但是近几年转基因的品种在当地慢慢推广，使得我们一些老的品种已慢慢消失。传统的农耕方式被一些机械代替致使毛驴的数量下降，梯田的生态循环系统无法持续。而年轻人外出，村里的老龄化严重，导致许多耕地荒废，无人打理。这样的处境令我无奈，也觉得无力改变什么。但传辉、高福和环珠的故事让我感动，他们在外面取得了很大的成就，但是始终没有忘记自己的根。因此，他们为家乡做的事情让我想到四个字“落叶归根”，这是我们中国人对自己故乡的热爱。我也要像他们一样，尽我最大的努力，用行动回馈家乡，带动更多的年轻人投入到旱作梯田的保护中。

吴文振：我能为龙脊梯田做些什么

研习营上听了3位农业文化遗产地优秀学员的故事分享，传辉的不忘初心，高福的归心出发，环珠的用心营造，都是从心开始，而我小小的心也在此过程中不断被触动。“我能为我所在的农业文化遗产地做些什么?”这个声音不时在我心中荡漾。面对一个具有深厚人文景观及优美自然风光的农业文化遗产地，作为龙脊梯田管理处的一名工作人员，深感责任重大。

我的初心就是要让龙脊梯田以更好的面貌展现在世人面前，展现她优美的曲线和深厚的人文。为此我的想法及行动是：第一，立足于本职工作，从小事做起，坚守底线思维，把龙脊梯田建设、治理、保护好；第二，向县里相关领导汇报此行的学习心得，要让领导重视农业文化遗产地的发展工作，工作的开展已刻不容缓；第三，与同行的侯家吕、谢福富大哥们一起商讨如何传承和保护龙脊老种子及龙脊古茶树的问题，逐步挖掘和发扬龙脊的农耕文化；第四，与全国各地遗产地青年深入交流，加强合作，形成一股力量，学习和借鉴他们的先进做法和经验，不忘初心，砥砺前行，将这项工作不断传承下去。

罗姣：为自己的家乡人民贡献力量

我来自湖南新化紫鹊界，很荣幸有机会来参加农大农业文化遗产地乡村青年研修班。听了3位同学的创业故事，我深受启发，人生最重要的不是所站的位置，而是所朝的方向，一个人不管是站在什么样的起点，都要朝着自己的目标而去努力奋斗，努力过才不会觉得遗憾。

作为一个遗产地的草根青年，我不懂用什么样的文字来形容我现在的想法和感受，不管是张传辉讲的主题“青春作伴好还乡”、李高福讲的主题“归心，再出发”还是何环珠讲的“八心”，在我看来就是，想做一件事贵在坚持、用心，不管遇到任何挫折都要迎难而上，有付出总会得到相应的回报。张传辉同学讲到一个让我记忆深刻的词“英雄”，他说他们联盟开会就叫“英雄会”。这些青年能放弃城市的工作回到家乡，为他们的侗族文化做出贡献，确实他们都是“英雄”。个人的力量是微弱的，团队的力量是不可估量的，张传辉这位贵州小伙子满满的正能量，正是处在迷茫期的我的一盏明灯。希望我以后也变得越来越优秀，为自己的家乡人民、为紫鹊界梯田的文化传承贡献自己微薄的力量!

谢福复：坚守自己选择的路并为其付出余生

来农大研修班之前，我认为现在所做的事情都平凡、无趣，只是为了生活而活。但几日的学习，“农业文化遗产”这件高、大、上的事情，把“传承者”“传播者”与我联系在一起，真不知应该是高兴还是悲哀。高兴的是，我竟然在做一件那么有意义、神圣的事情。我一直都是一个人在战斗，都是在为个人的利益在做这件事情，从来没有想过要当好“传承者”的角色，没有带领更多的人一起行动起来，保护好这份重要的农业文化遗产。我只是顾着耕耘好自己的“一亩三分地”，没有想过要怎么样去传播，甚至还在想如何把好的资源只是控制在自己的手中，担心别人抢走它，把它藏着、收着，没有想让更多的人来一道保护和发展它。听了张传辉的分享后，我自愧不如，他那种公益心、责任感和大格局是我一直都没有的。物质生活很重要，精神生活才是物质生活的魂，我却把魂给丢了。守种人的责任，我只有守而忘记了责。“重拾人文情怀，讲好发展故事”，这句话一直都在学习的课桌上出现。人文与发展学院的理念也让我明白，应该重拾“传承”和“传播”的责任，不只是要自己过好，更要引导更多的人参与其中，让遗产地的小伙伴们明白这件事情的重要性，让老祖宗留下来的这一大笔财富有更多的人来保护它、分享它、发展它。

听了李高福的分享，让我不经意地回想起自己10年走过的创业路，其中有孤独、有无助、有无奈。当年回乡创业那一腔热血，“初生牛犊不怕虎”的精神，现在还在吗？现实的世界完全不是我们在书本上看到的那样简单，如何去适应它，如何去改变并完善自己，如何才能更好地活下去？创业为了什么？因为找不到工作吗？是为了赚钱吗？我觉得创业是一种生活的态度，是不断遇见问题，是不断解决问题，是每天都有新的开始，是每天都有不确定的结局。要学会去爱上这种生活态度，要去习惯挑战每一次的成功和失败，并从中找到自己存在的价值。成功不要骄傲，失败不要害怕，成功了把它当作失败的筹码，失败了把它当作成功的基石。你会很累，累到想要放弃，但是放弃之后将会一无所有。唯有坚持，唯有为自己打气才能勇敢地走下去，因为已无路可退。只要天没塌、人没死，一切都是美好的。摔倒了不再爬起来，就是永远的失败，摔倒了十次，第十一次站起来往前走，实在站不起来，爬着也要往前，这就是成功。爱上这种生活态度，快乐并痛苦着，找回当初那腔热血，坚守自己选择的路并为其付出余生！

向克标：我们的生命和乡土中国联系在一起

通过中国农业大学“农业文化遗产地乡村青年研修班”的学习，彻底改变了我对农业的看法，让我对农业文化遗产有了全新的认识，它是所有现在所流行的非遗文化、民族特色文化的根，不管是世界非物质文化侗族大歌，还是节庆文化、服饰文化、建筑文化等，只不过是依托于根而长出的树叶，是围绕我们的生产生活（即农耕文化）而衍生出来的文化而已。尽管农业文化遗产并不像其他文化那么华丽，但它却是根本，就像空气和水一样，虽然很平淡，好像不值钱，但我们的生命一刻也离不开它。就像法国昆虫学家法布尔所说：“历史赞美把人们引向死亡的战场，却不屑于讲述人们赖以生存的农田；历史清楚地知道皇帝私生子的名字，却不能告诉我们麦子是从哪里来的。这就是人类的愚昧之处!”我从此不想再做一个愚昧的人。

中国农业大学如此重视我们这些“老少边穷”的返乡青年，让我们感受到我们农村的这些青年并不孤单。我们返回家乡，并不只是为了养家糊口，养家糊口并不需要承受很大的压力，返回家乡，我们所做的事情有更深的意义，我们是在守护一方山水田园，是在守护工业文明最后的净土，是在守护失去的乡愁，在为国家的乡村振兴战略贡献一份力量，我们的生命从此和乡土中国的当下和未来联系在一起。

王月红：在这里找到了余生的“支点”

“如何让一滴水不干涸?把它放进大海里。”从农大返程后的每一天，我的脑海里，都回响着孙教授结业感言时的一问一答。这其间蕴含着怎样的情怀?那是农大校训“解民生之多艰，育天下之英才”的同频共振，那是关于将我们的生命与祖国命运关联起来的“乡土中国”的伟大格局，那是守望家乡、告语青春的根祖梦想。短暂的一周我学到了什么?我感觉，更多的是在心里的某个地方，埋下了一粒叫“情怀”的种子，也找到了余生的“支点”，让自己有勇气在山区继续扎根，继续做守望这里的一轮明月，照亮在黑暗中奋进的人们。

细致追问，农大的培训不仅让我更深入地了解了农业文化遗产的知识，开阔了眼界丰富了内心，更结识了一些在“乡土中国”道路上风雨同行的良师益友。我很欣赏张传辉的公益江湖，他对家乡有一份情怀，对公益有一种执念，对乡亲有一份责任。他定了一个目标，就排除万难地朝着这个目标前进。“盟主”的传奇，在于他心底的那份坚持!我很佩服李高福的情怀创业，他的心中装的不仅仅是红米线本身，还有红米线背后的哈尼梯田，还有耕作在那里的人们。当然，我身边也有这样一个年轻人，那就是虎林，他是一个生命力很强的硬汉，一个越走路越宽广的先锋，一个不断追问人生的哲人，他是涉县旱作梯田的守望者。我希望自己也能像传辉、高福、虎林一样，多一份情怀，多一份勇气，多一份坚持！同时，我也会时常念起孙教授的话："我们每个人都是渺小的，但我们却不能停止脚步。让我们从一个人、一个家庭、一所学校、一个村庄开始，在实践中推动中国社会的深刻变革。"

乡愁

乡土守望者

父子传艺（秋笔 摄）

河北省宽城传统板栗栽培系统农业文化遗产地的范围为宽城满族自治县全部县域范围，总面积为1952平方公里。全县生态环境优良，为国家级生态示范区，有林地面积190万亩，森林覆盖率达到66.09%。由于地处燕山山脉东段，光照充足，雨热同期，昼夜温差大，土壤富含铁，非常适宜板栗生长。悠久的栽培历史形成了传统的板栗栽培系统。据调查，当地板栗有324个单系，目前主要种植的本土品种有6个，引进的板栗种有39个。勤劳智慧的宽城人民根据山地不同地段地形、土壤、气候等自然条件的差异，将板栗林与其他各种植被类型，如油松林、农田等进行合理搭配，构成了独具特色的以各种板栗林为主的山地景观。

宽城的板栗栽培已有3000多年的历史，历经数千年而久盛不衰，体现了人与自然的和谐关系。据传，康熙四十五年，康熙途径宽城，正值板栗成熟，食后赞曰："天下美味也。"时至今日，宽城传统板栗栽培系统分布在宽城满族自治县的18个乡（镇），全县板栗种植面积达80万亩，栗树2600余万株。其中，百年以上的板栗古树达10万余株，现存最老的板栗古树树龄逾700年，被誉为"中国板栗之王"。这些板栗古树或单株挺立，或集结成片，颇具观赏性，成为宽城县随处可见的独特景观。一株株板栗古树，树干粗大，巨枝横展，庞大的树冠像撑开的一把巨伞，令人惊叹。生长季节，一颗颗碧绿的刺球状硕果挂满枝头，青翠欲滴；成熟时，板栗布满细刺的外皮自然分裂开来，露出褐红色的籽实，像一颗颗红色的珍珠。

板栗栽培和管理过程中的各种措施，如林下间作、林下养殖、有机肥使用、生物防治等，不但有利于提高板栗的产量，还有利于提高土壤肥力，防止水土流失，维持丰富的生物多样性，有效地防止病虫草的危害，是一种典型的可持续农业发展方式。板栗栽培系统与当地居民社会文化生活密切相关，与板栗相关的物质文化、风俗习惯、行为方式、历史记忆等文化特质及文化体系渗透到当地传统生产、知识、节庆、人生礼仪等重大个人、社会的文化行为中。

刘敬原：让祖先的馈赠一直“活着”

我的家乡河北省宽城满族自治县碾子峪镇艾峪口村，是有名的板栗之乡，也有着“板栗第一村”的美誉。

艾峪口村位于县城南部40公里，镇政府南端3公里处，地处燕山山脉东段长城脚下。西有著名的女儿山，有着杨家将驻守过的传说；东有棒槌崖一大一小并立，有着被称为“父子石”的神话传说；南有古石洞，被称为“水帘洞”，一处冬暖夏凉的游玩去处；再往东有西歪尖儿东歪尖儿和远近闻名的八面峰，更有秦始皇为了破坏风水而挖风水槽的传说。全村5个自然村，9个居民小组，471户，1700余口人，全村总面积10.5平方公里，有耕地面积3000多亩，山场面积约7000亩。

在我们宽城，“家家栽植板栗树，村村板栗树成行”。老百姓都明白板栗在农业生产中占据着非常重要的地位，它是农民主要的收入来源。在“八山一水一分田”的宽城，本地人不仅种板栗、吃板栗，而且板栗渗透到宽城人生活的各个方面，形成了独特的板栗文化，体现在饮食、婚丧嫁娶、祭祀等各种日常生活中。在生活中，板栗是吉祥的象征，喻示吉利、立子、立志和胜利。在拜师、求学、升迁、开业、庆寿等重要时刻，人们都以栗子相赠，以示祝福。

我从小生长在这片土地上，印象里，板栗和节日是联系在一起的。端午节吃粽子，八月中秋吃月饼，腊月初八吃腊八粥，春节的午夜年饭，栗子都是必不可少之物。食生栗子治腹胀，食熟栗子治腹泻，是人们最常用的土药方。所以人们栽栗子、吃栗子、用栗子已成为传统和习惯。例如，娶妻生子，要栽栗树以示纪念。每到板栗花期季节，人们都拾栗花打成绳，储起来；进入夏秋季节，家家户户点燃花香，用以驱赶蚊子和祛瘟。另外，男女婚配洞房，炕上的四角都要摆上栗子，老人们还会把大枣、板栗缝入新娘的被角，因“枣栗子”谐音“早立子”，以示吉利，并祝愿早早生子。同时，供奉祖先、祭奠先人，也都把栗子作为首选之物。这种传统自古一直延续至今。所以，尽管人们都知道栗子是爷爷种孙子吃，但宽城人却把它当“铁杆庄稼”去种，一代接一代地发展到现在。

为了真正保护农业文化遗产，我们村一直采用传统的栽培和管理技术，杜绝使用除草剂，采用人工除草及割草机除草，既保持和提高了板栗的品质，又肥沃了果园的土质，起到了既增产又增收的效果，也保护和传承了传统板栗栽培技术。

2019 年 12 月，我荣幸地参加了由中国农业大学举办的农业文化遗产地乡村青年研修班。在去农大交流学习之前，说实话，我对“农业文化遗产”这个词没有太多的概念，我认为传承传统板栗栽培系统就是保护好老栗树和怎么运用现代手段让板栗树增产，简单一点说，就是农民在地里年复一年日复一日重复老祖宗的耕作方式。通过学习，我才对“农业文化遗产”有了新的认知，并充分认识到，在保护遗产的同时，实现科学开发利用，让农业文化遗产“活”起来，既是传统板栗栽培系统亟待解决的新课题，也是可以成为本地脱贫攻坚的新渠道。

农业文化遗产要想长远发展，必须拓展功能，形成生产、生活、生态有机结合的产业发展格局，带动当地农民在产业发展中获益。传统农业不等于落后农业。农业文化遗产是农耕文明的重要组成部分，通过加大对农业文化遗产的发掘保护和利用传承，在农业农村发展、农民持续增收的同时，保留农村的自然风貌、乡土风韵，让传统的农业文化遗产“活”起来，才能建成“望得见山、看得见水、记得住乡愁”的美丽乡村。

我本人就是一个地道的农民，但当地村民却更习惯称呼我为“板栗技术更新人小刘”。多年来，我务实本分，追求创新，在板栗种植、修剪 、嫁接技术等方面一直走在“修行”的路上，我希望带领本村乃至全县的栗农进行一场板栗修剪技术的革新。力争在平凡的生活中，做出不平凡的业绩。

宽城的传统板栗栽培系统不仅仅是古老的记忆和传承，还是厚重的文化沉淀，是祖先的丰厚馈赠。短短 7 天的学习让我认识了全国各个农业遗产地的青年代表，他们都在用自己的方式来保护本地方的遗产，使我更加有信心保护宽城传统板栗栽培系统，实现从“传统板栗生产者”向“多种经营者”的转变。我将力争把本地最有文化内涵的农产品——宽城板栗，推向更多人的视野，用自己的实际行动去讲述并传承中国老祖宗的农耕文化。

冷暖（温双和 摄）

吉林九台五官屯贡米栽培系统是以高寒地区种植贡米为特色的稻作文化典范。因清时专贡皇家享用，故称为贡米。据《打牲乌拉志典全书》记载：清康熙四十五年（1706）清内务府在乌拉地区设置的五个官屯之粮庄，以其分布五处，故称“五官屯”。这里土质肥沃，水资源丰富，光照、光热资源丰富，夏季湿润多雨温热，秋季短促凉爽，天气晴好，昼夜温差大，地理位置独具优势，创造了最有利于粳稻生长的原生态环境。其米重如沙、亮如玉、汤如乳、溢浓香，被誉为稻米中的极品。

“五官屯”地处松花江最平坦之岸，土黑而沃野千里，处在“黄金水稻带”上。贡米核心区其塔木镇辖区面积206.04平方公里，耕地面积14711公顷，其中稻米种植面积5000公顷，有“一山二水七分田”之称。下辖17个行政村，1个居委会，总人口54000人，农业人口48000人。种植销售稻米是当地百姓的主要收入来源，也是支柱产业。

稻田生态系统中有丰富的物种资源，包括丰富的粮食作物，多种多样的农林牧渔产品等。在稻田里养鸭、养鱼、养河蟹能够起到促进养分循环、防止病虫害等作用，同时鸭、鱼、蟹可以将稻田的水生物作为饲料，粪便为稻田的生物利用提供保障，因此能够减少农药、化肥使用量，节约成本，同时改善水质条件，提高稻谷质量，实现良性的生态循环系统。

稻作文化与本地居民的社会生活密切相关，稻田是吉林松花江文化历史记忆的一部分，是长白山文化的乡愁寄托。五官屯贡米栽培系统曾经作为打牲乌拉皇粮产地，具有极高的文化价值和品牌价值。其作为重要农业文化遗产，至今保留下众多与稻作直接或间接相关的物质文化遗存，包括地域内的非物质文化遗产项目关氏满族剪纸、乌拉神鼓制作技艺、满族尼鲁干绘画技艺、鹰猎习俗、满族年息香制作技艺、满族祭祀习俗、姜氏彩绘技艺、罗关家族神话传说等，使吉林稻米产业的文化独树一帜。

张洪春：黑土地里的稻米情

我的家乡西北屯，是个年轻的小地方，位于吉林省德惠市岔路口镇莲花村，全屯 110 口人，40 余户人家，有王、张、谢、刘四大家族，都是闯关东过来的。二人转、东北大秧歌是我们村常见的娱乐活动。村里有基本农田 67 晌（一晌地 15 亩），多种植水稻。屯容屯貌相对整洁，水、电、路、通信等基础设施相对健全。西靠松花江支流沐石河，河水穿屯而过，滋养着全屯赖以生存的土地。南靠大跃进水库，由于这些年没有发洪水，现在库区都已改造成水稻地。同时也有一大部分湿地，每年会有好多候鸟过来栖息，甚至还有丹顶鹤。

屯里种植的水稻种植周期 170 多天，每年清明的时候开始育种，都是靠传统的办法，把稻种放在炕上，捂上几天，这样出芽率比较高，后期稻苗好。在我们这里几乎没有人去买稻种，都是自留种。因为自留种经过多年驯化，人们也知道它的习性。春播的时候会把自己家发酵和留下来的稻草灰放在地里，减少底肥的使用量，降低成本，还能修复黑土地。水稻系统循环基本是鸟、鱼、昆虫、河蚌、稻共生系统，水源来自松花江。农民种地靠天吃饭，都是依照祖辈们传下来的节气种地，好多都是依照满族的风俗传下来的。每年立秋前后，屯里人会专门制作一种食物（粘耗子）类似于粽子一样，用玻璃树叶和糯米，家家都会做这种食物。据说以前是上供祭山用的，也是祈祷风调雨顺。由于靠近松花江，人们害怕洪灾，所以每年中秋前后才能知道能否丰收。这时候，村里就会举办庆丰收二人转演出，会走进田间地头。二人转对于东北人来说很有意义，上到 60 岁的老人下到 6 岁的孩子都会唱，这是东北人文化精神的寄托。

农业文化遗产就是祖辈留下来的好的经验，就像我们吉林五官屯贡米栽培系统中的“酸菜水育种法”，还有屯里的祖辈心口相传的“水稻催芽法”。我觉得农业文化遗产真的很重要很实用，是祖辈们给我们留下来的最宝贵的财富，它是根据天气和应对自然灾害而改变的，而且还没有多大的经济压力，基本是循环利用。这些循环利用的办法，节省了好多人力物力，同时也带来很好的经济效益，还保护了环境。就拿“酸菜水育种法”来说，东北的酸菜自然发酵产生的乳酸菌，可以防治大多数苗期病害，同时也能给土地带来一些营养。我们祖辈是闯关东过来的，这些农业的智慧都是从传统农耕经验中发展出来的。

东北地区世代以种地为主，包括我现在也有这样的认知，谁家过得富裕谁家土地肯定多。然而目前大多数的年轻人都选择外出打工了，屯里人大量使用农药、化肥、除草剂，给生态环境带来了一系列问题。如何寻找乡村发展之路？作为一名“90 后”返乡创业青年，我深知肩上责任重大，回到农村就是想通过自己的努力带领村里的老少爷们一起发家致富。这几年我们做了很多工作，包括创办有机农场、开展大学生支农支教和保护母亲河活动等，开通了电商渠道和短视频以及微信公众号等。我深知农民对土地的感情，那不光是他们赖以生存的土地，而是人与自然共生的情感吧！

在此，我特别感谢中国农大的遗产地青年研修班，让我这个农村孩子有机会到中国农业最高学府去学习。通过农大的培训让我更深刻地了解到农业文化遗产的重要性。我还认识了来自全国各地的朋友，大家相互交流，都希望把自己的家乡建设好。作为遗产地青年，我们没有能力像袁隆平老师那样，将超级水稻种到沙漠、种进非洲，但是我们希望通过自身的学习和连接周围的资源，将自己家乡的农业发展壮大起来。

“阿鲁科尔沁草原游牧系统”核心保护区位于内蒙古自治区阿鲁科尔沁旗最北部的巴彦温都尔苏木，总面积4141.8平方公里。遗产地是蒙古高原与东北平原、森林与草原、华北植物区系与东北植物区系过渡的典型区域，有森林、灌丛、草原、湿地等多样的生态系统。它承担着保护大兴安岭南麓山地典型的过渡带森林—草原生态系统的完整性。它能够起到保护西辽河源头的重要湿地生态系统，保护栖息于该生态系统中的野生马鹿（东北亚种）种群，保护国家重点保护鸟类大鸨、黑鹳及其他珍稀濒危鸟类的繁殖地等重要功能。

内蒙古阿鲁科尔沁草原游牧系统以蒙古族传统的“逐水草而居，食肉饮酪”的生产和生活方式为特征，利用大自然恩赐的资源和环境来延续游牧人的生存技能——人和牲畜不断地迁徙和流动——从而既能够保证牧群不断获得充足的饲草，又能够避免由于畜群长期滞留一个地区而导致草场过载、草地资源退化。游牧系统内的三要素牧民—牲畜—草原（河流）之间形成了天然的相互依存和相互制约的关系。千百年来，这种不可分割的“三角关系”延续至今，不断孕育和发展着蒙古族这一草原民族所独有的生产方式、生活习俗、文化特质和宗教信仰，时刻体现着深藏在我们蒙古族人民血脉之中的崇尚天意、敬畏自然、天人合一的生活理念。

赛音吉雅 查干扎那：守住我们的草原牧场

我们的家乡阿鲁科尔沁大草原位于大兴安岭南麓与西辽河的过渡带，有着南北迥异、四季皆宜的草原资源。南部是优质牧草种植基地，有“中国草都”之称，近百万亩的牧草基地每年 5 月全面返青，11 月初仍绿意盎然，万顷连绵，一望无际。北部是超过 500 万亩的草原，是全国唯一一处保留完好的原生态草原游牧区。

在农耕化浪潮和现代农牧业技术出现之前，对于科尔沁草原来说，“逐水草而居”自古就是唯一可行的畜牧业生产适应方式。其显著特征在于充分利用大自然恩赐的资源和环境来延续游牧人的生存技能——人和牲畜不断地迁徙和流动——从而既能够保证牧群不断获得充足的饲草，又能够避免由于畜群长期滞留一个地区而导致草场过载、草地资源退化。可以说，我们蒙古族游牧民是天然的环境保护主义者，把草原、河流、山川视若自己的生身父母，心中充满爱戴与敬仰；把牛、羊、马当成自己生产和生活中不可缺少的终身伴侣，与其结成了天然的共同体。世世代代，我们与自然环境融为一体，和谐共处，不仅保持了古老的游牧文明，也保护了当时的自然环境和生态环境。在我们看来，蒙古族游牧生产方式所蕴含的人与自然和谐相处的先进理念，对于现代生产技术条件下的农业和牧业发展，依然具有极其宝贵的启迪和借鉴作用。

家乡游牧历史有 5000 多年。草原与河流为游牧活动提供一年四季充足肥美的水草资源；森林与山地不仅为游牧民提供制作勒勒车、蒙古包、马鞍等生产生活用具的优良木材，还是牧民们冬春、夏秋之间南北迁徙的天然界限，它阻挡了长驱直入的西伯利亚寒流，为牧民冬春劳作提供了适宜的向阳背风的活动空间。

在长期的游牧生产实践中，阿鲁科尔沁人民创造了富有民族特色的游牧文化。当地牧民世世代代过着逐水草而居的游牧生活，养成了吃苦耐劳、性情豪放、热情好客、热爱生活、爱护家畜的性格特点。牧民们放牧途中经过敖包，或者每逢年节，都要祭祀敖包，绕行 3 圈，敬上奶食、美酒，跪拜祈福，以此表达对大自然慷慨恩赐的深深感激之情。每到夏季的那达慕大会，牧民们汇聚一堂，高歌赞美上苍，美食祭祀敖包，喇嘛诵经祈福。骑马、摔跤、射箭的“好汉三赛”，会把这些活动推向高潮。当地奶食品的制作和加工很有特色，肉食、奶食、炒米和荞面是牧民的主要饮食，当地的酸牛奶、乌日莫（黄油半成品）、额吉格奶豆腐和黄油都有多种使用方法。另外，当地的服饰习俗也都独具特色。而在游牧生产生活基础上形成的手工制作技艺，如勒勒车等，一直沿用至今。

巴彦温都尔苏木是我们生长的地方。它是阿鲁科沁旗蒙古文化的摇篮，有着悠久历史和浓厚的蒙古族风情以及良好的草原生态风景，是当前全国唯一完好保存群体草原游牧生产生活的纯牧业苏木，具有“游牧文化活化石”之称。

初夏的阿鲁科尔沁草原碧野千里，风景如画。一年中浩大的游牧转场大幕在这片游牧区开启。每年这个时候，巴彦温都尔苏木都会举办牧民迁徙前的祝送仪式，祝福牧民出场吉祥和夏牧场风调雨顺。夏季的迁徙中，牧民们以嘎查或小组为单位，从定居地出发，分别沿着黑哈尔河、苏吉高勒河、达拉尔河，经过 1—3 天的跋涉，到 5 个游牧片区安营扎寨、放养牛羊，迁徙距离从几十公里至上百公里不等。

走进阿鲁科尔沁大草原，每一处高山、森林、河流、湖泊、湿地都最大限度地保留了其原始本真的自然风貌，骏马奔腾、牛羊吃草、牧民扬鞭，纯净草原的静谧与祥和扑面而来。牧民熟知当地山川河流、草场分布和季节变化，根据雨水丰歉和草场长势决定一年四季的游牧线路，以及春、夏、秋、冬四季牧场的放牧时间。牧民—牲畜—草原（河流）之间形成了天然的依存关系。

近年来，由于巴彦温都尔苏木境内的高格苏台罕乌拉国家级自然保护区的围栏和草场承包制度的实行，各户牧民已经实现草场确权，建起了草库伦或草围栏。游牧活动赖以依存的广阔草场、丰沛水源已经被自然保护区和家庭为单位分割、隔离成各个细小碎块。虽然很好地保存住了生态，但是对牲口食用的草类多样化造成了限制性影响，进而制约了游牧的发展。与此同时，周边生态环境面临着城市化、工业化进程的严重干扰。紧邻北部、东北部边界的锡林郭勒盟和通辽市霍林郭勒市正在大规模建设露天煤矿，高速公路、铁路沿边界穿行而过，风力电站建设项目正在游牧区周边展开，对原始的游牧业生态景观造成强烈的视觉冲击。因此，以巴彦温都尔苏木为核心，建设阿鲁科尔沁草原游牧系统保护区，已经成为迫在眉睫的重大任务。

或许他年之后，广阔的内蒙古大草原再难以见到随着春夏秋冬四季变换，牧民骑马或坐勒勒车，赶着牛马羊群四处转场的游牧景象。因此，保护这片游牧民族的神圣领域，将这片绿水青山留给子孙后代已经成为我们这一代人不可推卸的责任和使命，为了将充满智慧的文化传承给后人，我们必须要义无反顾。

耕种的滋味（王文燕 摄）

稷山板枣栽培历史悠久，已有3000多年的历史。山西稷山板枣生产系统是稷山先民发挥聪明才智，利用自然、改造自然的一大创造，既是古代农业生产的“活标本”，也是良好的生态景观系统和具有较高经济价值的旱作地区土地利用系统，更是人与自然和谐发展的重要农业文化成果，堪称典范。2017年山西稷山板枣生产系统被认定为中国重要农业文化遗产。

据《稷山县志》记载，早在北魏孝文帝时期，稷山先民通过把引入的金丝小枣与本地枣进行改良，经过多年的生态适应、人工驯化、自然演变，终究形成果形侧面较扁的一代名枣，当地方言“扁”音为“板”，故称板枣。在长达数千年的生息发展过程中，稷山先民创造了种类繁多、特色明显、经济与生态价值高度统一的传统农业生产系统，由此衍生和创造了悠久灿烂的中华文明，这是老祖宗留给我们的宝贵遗产。目前，稷山县千年以上古板枣树约17500株，500年以上古板枣树约50000株，古枣树数量为中国之最，世界罕见。目前，稷山县枣树栽植面积15.3万亩，其中挂果面积10万亩，有10.5万农民从事板枣种植业。全县板枣总产量5000万公斤，总产值6.3亿元，板枣相关产业总产值10亿元以上。稷山板枣树群是干旱的黄土高原上的绿洲，为稷山县构建了一道绿色的生态屏障，既可以阻挡风沙对本地的侵袭，也可以通过增加空气湿度、增加空气含氧量、改变区域空气流动等改良稷山的气候。

勤劳智慧的稷山人，历经千年的劳动实践，摸索出一套培育、种植、采摘、晾晒、储藏与板枣生产等手法技艺，代代手传口授，传承至今。稷山历来就有“枣树歇秋不歇麦”“上打枣，下收田，埝埝种的豆儿满，一年三料样样全”的农谚，家家都习惯在枣树下套种，间作粮食、蔬菜等农作物和养殖鸡、鸭、猪、羊。

王利伟：与稷山板枣结下的情缘

我是稷山县农业农村局的一名技术员，深知稷山板枣是我们的支柱产业，也明白这是一个技术不断更新变化的产业。为了更好地适应工作岗位，我会努力去熟悉枣树的周期管理，了解国内外、省内外红枣生产、销售最新动态。我在繁忙的工作之余，阅读《中国农民》《山西果树》和《西北园艺》等专业书刊，了解省内外红枣产销动态和国家关于红枣产业的政策方针，关注国家“三农”政策和红枣产业科学前沿。我希望能通过自己的努力把这些政策、知识讲给乡村干部，传授给广大枣农朋友。2014 年我成为了县农业农村局最年轻的农艺师。

稷山板枣位列山西省“十大名枣”之首，品质优良，驰名中外，畅销不衰。然而作为区域优势及主导产业，无论是生产规模、贮藏技术、加工水平、产品品位，还是产业组织度、产业化经营运作模式、产品市场竞争力，其产业化道路尚处于初级发展阶段。稷峰镇和化峪镇是稷山板枣的主产地，板枣树实际经营者是数量众多的农户，由于所有权和经营权的分离，加之农户对现代农业科技的采用程度有限，造成板枣生产管理粗放，导致稷山板枣成为大路货，形成大资源小产业的格局。

2010 年以来，全国上下全面推广“农业现代化”为主的技术革命，它曾使一直沉浸于传统技术的枣农，仿佛受到了一次袭击。这对于稷山的枣产业是机遇，然而枣农们不愿意面对挑战。我认为只有带一部分人走出去看，提高政府的投入，才能让现代农业得到推广。几年来，我组织乡镇分管领导、重点村枣农和技术骨干 5 次到陕西佳县、山东乐陵、河南灵宝市参观学习现代农业示范园建设、学习红枣管理技术。在重要农事节点，不论工作时间还是节假日，我就会现身田间地头。为稷山板枣申请农业文化遗产一直是我的一个志愿，我尽心想促成此事，我和外聘专家一起下乡调研，并起草了申请报告、申报文本和申报书等。先后 5 次和县领导到省农业厅汇报，3 次到北京参加评选，2017 年 6 月，稷山板枣生产系统成功入选第四批中国重要农业文化遗产，实现了全省农业文化遗产零的突破。

稷山板枣历史典籍、民间传说、人物轶事、民间文化等历史文化内容十分丰富。其中，稷山板枣形如羊角，以皮薄、肉厚、核小、营养高、口感好而享誉古今、通达中外。稷山当地人信奉“一日食三枣，健康不显老”的健康养身理念，通过直接食用干鲜枣、与小米核桃莲子等食材搭配开发多种营养膳食来深入挖掘板枣的食疗养身与保健价值。在中国传统佳节、民间婚庆嫁娶等重要的节庆日，稷山人要么直接取用红枣“红红火火和早生贵子”的寓意，要么将红枣与面食相结合，做成寓意深刻、栩栩如生、营养丰富的枣馍，稷山枣馍也是汾河流域枣馍文化的重要代表。稷山人的生产、生活与板枣实现了高度的融合，传统的农具、家具、建筑和传统文化活动，都深深地烙上了板枣的印记。千百年来，生吃板枣、枣片泡茶、枣花蜂蜜，成为大众的食粮和健康养生之道。生吃、熟吃、蒸着吃、烤着吃、蒸枣馍、熬枣汤、做枣酒、品枣宴，更有枣泥拔丝丸子、板枣焗花生等板枣美餐食疗和药补方略，把板枣饮食文化运用到了极致。

来到农大学习我感受颇深，一方面我看到了和我一样奋战在家乡的各个遗产地青年们，另一方面从他们身上我也获得了启发。稷山是个小县城，接触到的信息技术不如大城市快，人们的思维方式不够活跃，创新意识不够强。但他们的分享，让我看到了农村青年也能够在更高的舞台上展翅高飞，把事业一步步做大做强。我想，心有多大，舞台就有多大，开阔自己的眼界，放大自己的格局，这是做好稷山板枣遗产保护与发展的根本。

多情的土地（温双和 摄）

涉县地处太行山深山区，太行余脉盘亘全境，境内沟峦纵横交织，河谷穿插侵蚀，盆地点缀其间。全县荒山多、耕地少、水源缺，故有“八山半水分半田”等说法。

河北涉县太行山旱作梯田系统是当地先民因躲避战乱，适应、改造艰苦自然环境，发展山区雨养农业并世代传承下来的，其起源最早可以追溯到元代至元二十七年(1290年)。涉县旱作梯田包括旱源土坡梯田和山地石堰梯田两种形式。位于涉县东南端的井店镇、更乐镇和关防乡分布着最具规模和代表性的石堰梯田，是涉县旱作梯田系统的核心区域。遗产地的土地总面积289平方公里，其中梯田面积4万多亩。山顶的森林、山坡的石堰梯田与山脚的传统石头村落相映成趣，形成独具特色的旱作梯田景观。

依赖梯田生存的人们在脆弱的生态环境系统中通过生物多样性的保护和文化多样性的传承，使不断增长的人口、逐渐开辟的山地梯田与丰富多样的食物资源长期协同进化，在缺土少雨的北方石灰岩山区实现农耕社会的可持续发展，体现了系统适应社会经济变化的活态性，是中国北方旱区山地农业发展的典范。在长期的发展中，逐渐形成“石头—梯田—作物—毛驴—村民”五位一体的农林复合系统，既能保证粮食产量，又能保障水土保持，保护生物多样性。人们充分利用当地多样化的作物与品种资源，形成以“藏粮于地的耕作技术，存粮于仓的贮存技术，节粮于口的生存技巧”为核心的技术知识体系，有力地保障了当地村民的粮食安全、生计安全和社会福祉，使得“十年九旱”的山区，即使在严重自然灾害的大灾之年，人口不减反增。

河北涉县太行山旱作梯田系统是见证中国北方旱区农业发展的生态—文化复合体，其衍生出来与适应自然、开山垦田的历史记忆和文化精神，以及在惜水惜土、间作套种、驯养毛驴等方面蕴含的生产经验和人与自然和谐发展的思想，可为现代农业和社会发展提供许多值得借鉴的理念。

李献如：对太行梯田的眷恋世代相传

我的家乡王金庄，位于河北南部的涉县深山老区，距县城东北 15 公里处，是一个历史悠久的古村。王金庄现有 1300 多户、4500 多口人，梯田面积达到 21 万亩、8 万多块，分布在 12 平方公里、24 条大沟、120 余条小沟里，被誉为“太行山最大的旱作梯田”。

王金庄，依山而建，顺坡造房，石垒石砌，房屋民居保留着明清时的建筑风格，被誉为“天然石头博物馆”，幽居在群山之下，静守着一处安宁。散落的太行崖居，掩映在大山的皱褶里，浑然成为其中的一部分。每一座石屋，都承载着山里人的美好寄托。古老的石屋石巷、石桌石凳、石碾石磨等农耕时代的生活必需品，都是由石头雕凿而成，构成了一个石头的世界，俨然就是一个天然的石头博物馆，它见证了村庄历史的变迁，携刻着村民的艰辛与向往。村中一条长达 2000 多米的石板街，贯穿了整个王金庄村中心，成为独特的石头建筑标志。

走在王金庄古老的石板街上，仿佛走在时光遂道里，浸透着厚重的历史质感。

1964 年冬，王金庄村在“农业学大寨”精神鼓舞下，组织 130 名骨干队伍，开进了“古辈千年”没有开垦过的岩凹沟，历经 40 余天，用工 5200 余个，垒砌 103 条石堰，完成土石方 4000 余方，兴建起 26 亩石堰梯田，全村迅速掀起团结治山、劈山造田的高潮。到 1971 年，岩凹沟 57 条大小山沟峻岭上垒起了 210 公里的石堰，建成 4000 多块共 315 亩梯田，使昔日的“荒山秃岭草满坡”变成了“层层梯田绕山转”。1970 年县政府在王金庄召开现场会，提出“外学大寨，内学王金庄”。1984 年后，随着联产承包责任制的实行，多数梯田承包到户，进一步激发了农民开发梯田、经营梯田的积极性，梯田建设与整修达到了一个新阶段。梯田平均高度 9. 2 米，最高的堰高是 25 米，梯田的石堰连接的总长度要超过长城长度的两到三倍。虽年代久远，而太行梯田从宋金到明清到“农业学大寨”时期，所有的梯田都保存完好。王金庄的梯田是村民的精神依托，祖祖辈辈的王金庄人，鸡鸣而作，日落而归，先辈们在这块贫瘠的山脊上，与天争，与地斗，一天要在地里 10 多个小时，这种与田相伴、与田为友、与田共日月的纯朴的情怀和眷恋世代相传，惊天动地。

作为遗产地青年，我们都是梯田的守望者。对于家乡的守护我们有自己的责任。首先要留住祖先留给我们的石屋、石磨、石碾、石凳，修缮古居、宗祠和庙宇，共同构筑乡村振兴的纽带。同时保护我们老种子的多样性，要传承“地种百样不靠天”的存粮技巧和生存智慧。旱作梯田是祖先留给我们的宝贵财富，也是人类利用自然、改造自然、与自然和谐共生的文化瑰宝。保护梯田，我们应该全民参与，在传统与现代之间探索，将自然生态、传统文化、旅游文化融为一体的农业文化，不断发扬光大。种子的初心，是深埋在泥土里，有泥土的地方，才有扎根的方向。愿我们在寂寞的乡村重新发现自我存在的意义，重新认识活着的价值，愿我们家乡的每一个人都能拥有一份守望乡土的热情。

曹翠晓：热爱家乡无关学历

在农大学习期间，我听了几位遗产地青年的演讲，感动由内而发。每个人都深情讲述他们自己的故事，讲述自己是怎样努力、如何奋斗，他们都非常的不容易。虽然我从小就生长在太行山区，但对梯田文化可能并没有多么深刻的认知。当我站在山顶，望着远处一层一层如万里长城般壮观的梯田，我想的是，祖辈是多么的不易，在恶劣的环境下，忍饥挨饿，辛勤劳作，才把如此壮美的梯田留给了我们后辈，然而今天，我们把大部分的梯田都给弃荒了。作为一个王金庄人，我应该为家乡、为梯田去做些什么？我没有学历，也缺少聪明才智，但我有一颗热爱家乡的心。在参加梯田保护与利用协会、到农大遗产地乡村青年研修班学习后，我才意识到身边的梯田、石头都是有生命有温度的，也因此为生我养我的土地而感到自豪。

“只要心中有朝阳，前进的路上无阻挡”，这是当年岩凹沟老一辈修田人对后辈人的激励，是王金庄的愚公精神。我们 2019 年要做的工作就是对王金庄 24 条大沟、120 余条小沟进行普查，做出详细的记录，记住它们的名字和故事。我想等将来有一天，旅游的客人来了，我一定会很自豪地把这些梯田的名字都叫上来，把王金庄最美的一面告诉游客。当然以我一个人的能力不可能改变家乡，但是我可以用我的点滴力量感染身边更多的人，来一起拯救乡村，让乡村有灵魂。有一位老师说，即使有一天梯田不在了，但村庄依然在。但我觉得只要村庄在，梯田就依然在！

曹灵国：与乡亲携手共创美好未来

2019 年 6 月，我参加了中国农业大学“发展农业文化遗产地，培养农耕文化传承人”为主题的乡村青年研修班。聆听了各位教授对农业文化资源的挖掘、保护、传承和利用的讲解与阐述，让我对农业文化遗产的保护与发展路径有了清晰的认识。

梯田，养育了一代又一代的人。千百年来，祖先留给我们宝贵的梯田以及相对应的农耕技术和农业智慧让人们始终可以安乐地生活在这片土地上。勤劳勇敢的王金庄人，创造出多少可歌可泣、战天斗地的故事和奇迹。我越发认识到要让更多的王金庄人去重新认识自己的家乡、重新热爱自己的家乡，这关系着梯田遗产的未来！当下，王金庄青壮年外出务工人员较多，梯田存在着大面积荒废、生态环境破坏等问题，同时，传统的农耕技术和农耕文化也面临着逐渐被遗忘的处境。因此，我们王金庄早作梯田保护和利用的重中之重是改变农民对农业文化的理解和认知能力，保护好农业生态系统及与之相伴相生的生产生活方式。这是提高农民生活水平并促进乡村经济发展的基础。作为王金庄四街村的党支部书记，我更肩负着和乡亲们携手并肩、守护梯田遗产的责任和使命。我相信，王金庄的明天会更好！

刘建利：我们已是“种子工程”的一员

王金庄用石头垒起的12000多亩的旱作梯田是整个遗产系统的核心。目前由于传统的农业种植受到了市场经济的冲击，我村的青壮年劳动力外出就业增多，村里劳动力严重不足，根本无法带动村内经济发展。原来的耕作方式已逐渐被现代化机械取代，导致村里的毛驴越来越少，有机肥也越来越少。为了增加收入，地里多数施加复合肥，原来出苗后到收割需要锄地3次，现在有的农户锄一次就用农药把地封了，导致土地越来越贫瘠，原汁原味的农产品几乎吃不到了，村里四分之一的土地因偏僻无人耕作而撂荒。因此我们村的首要任务就是保护好我们的旱作梯田，把我们的传统农耕方式传承下去，把我们的传统农作物种植下去。作为一名村支部书记，我知道这项工作任重而道远，不仅需要政府的支持、村民的配合、社会各界人士的共同努力，更要有强烈的责任担当和使命意识，守住并光大这份农业文化遗产，深入挖掘其丰富的价值，传承弘扬农耕文化，拓展农业遗产多种功能，为王金庄今后的发展注入新的动力。

诚如孙老师所说，这是一项“种子”工程，未进入农大学习以前，我每天就是按班就绪地工作，对我村的农业文化遗产知之甚少，是农大在我心底种下了一粒种子，给了我无限的希望和动力，让我充满信心地在生我养我的这片热土上贡献我的一份力量，是农大让我懂得了，我的生命也可以和乡土中国联系在一起，让我的人生从此活得与众不同，让我的工作从此更有意义 。再次感谢农大给我的这粒种子，我必尽全力让它生根发芽。

泥河沟的冬天（贾玥 摄）

陕西佳县古枣园位于黄河沿岸土石山区，属于丘陵枣粮间作区。该系统共占地36亩，有枣树1100余株，其中最大的一株干周长达3.4米，据年轮计算已经有1400多年的历史，至今根深叶茂，生机勃勃，被誉为“枣树王”，故该系统又被称为千年古枣园。2014年它被联合国粮农组织认定为全球重要农业文化遗产。

古枣园有着悠久的栽培枣树历史。拥有枣和酸枣两种类型，包括3个酸枣品种群共16个地方品种，以及13个枣的品种群共35个地方品种，完整地表现了从野生到普通枣的驯化过程，成为“中国作为枣树原产地”观点的强力支撑，为当地未来枣业发展保留了丰富的种质资源。

枣树多生长在黄河沿岸植被稀疏、土地贫瘠的黄土高原坡地上，除了提供枣果之外，它在生物多样性保护、防风固沙、水土保持、涵养水源方面的功能和意义重大。如古枣树、古枣园及枣树庭院栽培在山坡上或庭院系统内创造了丰富的生态位，为其他农业物种共存提供了条件，形成了非常丰富的生物多样性。枣区流传“张家村、李家村、枣树连着根”的俗语，枣树的这种生物特性可以使其固持水土流失严重的黄土地，等等。在枣树长期的适应性生长中，佳县人在枣粮间作、庭院栽培、枣园管理、资源循环和可持续管理等方面形成了自己的一套知识体系。同时，在品种选育、栽植疏密度、嫁枣、疏花、嫁接、加工和储藏等方面形成了自己的一套技术体系。

佳县人对红枣有着特殊的文化情结。这里十年九旱，粮食往往歉收，枣树耐旱，是农民的“救命粮”“铁杆庄稼”“保命树”，为当地民众提供了木本粮食和保健食品，也形成了许多关于红枣的风情习俗，如祭拜枣神、以枣为地和人命名等，枣也成为本地的各种习俗庆典和民俗礼仪中的重要元素。红色意味着喜庆，岁时节日、成婚出嫁、生子贺寿，都以各式红枣寓意祝福和顺利。于是，人们也以年画、剪纸、诗歌等去赞颂红枣并寄托对美好生活的期待。

武小斌：我看到了家乡古枣园的希望

我是泥河沟返乡创业的第一位年轻人。我们村是隶属于吕梁特困片区的村落，共有 248 户、813 人。与中国绝大部分村庄的处境一样，常年在村的只有 158 人，村庄很落寞，缺少人气。但泥河沟有淳朴的民风民俗和古朴的窑洞，村里最主要的农作物就是成片的枣树，到了秋季，绿叶配红枣特别美，红枣也是村民唯一的经济来源。村民们用最传统的修剪技术管理这片红枣，石崖自然风干红枣，有着天然独特的口感。但是天不尽如人意，每到秋天果实成熟季节就阴雨连绵，让将要成熟的枣儿腐烂成堆。仅存的枣儿也因交通不便，卖不出理想的价格。农民收入甚微，导致年轻人为了生存，拖家带口外出务工。我也不例外，曾在繁华城市打拼，在榆林市开过超市、跑过运输，经历了各种挫折失败，欠债累累。每当我身心疲惫，就怀念家乡的亲人，更怀念村里慢节奏的生活。

2014 年，经过反复思考，我义无反顾地回到家乡。刚回来时我特别迷茫，不知如何在这片生我养我的土地上生存。经过一段时间的考察，先从养殖开始，盖了羊圈并买了一些羊，就这样开始了我的返乡创业。幸运的是，泥河沟村古枣园在这一年被评为全球重要农业文化遗产，让这个古老闭塞的村落有了一线生机。因为村里有片枣林特别古老，有 1100 多棵古枣树，其中一棵有 1400 多年的历史，被称为枣树中的“活化石”。同时，也因我们村原始风貌没有被破坏，这一年又被列入第三批中国传统村落保护名录。拥有这两张名片后的泥河沟，吸引来了热爱农业文化遗产的中国农业大学孙庆忠教授，他带着他的学生来我们村走访、调研，开启了村民的追忆之旅，也打开了闭塞之门，他们与村民相处融洽，耐心地给村民讲解农业文化遗产的重要性，教育村民参与农业文化遗产的保护。孙教授的到来与宣传，吸引了各行各业的志愿者，为古枣园带来了希望，作为返乡青年的我也积极参与其中。

2015 年，在孙教授和志愿者的帮助下，我收购村民的红枣，通过微信等各种网络渠道推广村里的红枣，希望为村里的枣农们增加一些收入。2016 年在以孙教授为首的志愿者和“原本营造”设计师团队的帮助下，我投入积蓄，修建了村里第一家民宿“枣缘人家”。民宿以原生态的设计理念，借助原有 4 孔窑洞的院落搭建了茶亭、餐厅，我希望它成为样板间来激发村民的热情，让更多外出打工的游子返乡主动参与乡村建设。

2018 年，政府组织电子商务培训班，我系统地学习了电子商务专业知识、技术，虽然只学到了皮毛，但是也可以更好地在网络平台上推广村里的红枣、羊肉、小米等农产品，让更多的人品尝到古枣园的特色农产品和千年大红枣，也可以帮村民们收发快递。2020 年我承包了村里的果园，希望通过自己的努力，以最好的修枝技术培育枣树，为村里带来一定的收益。

2015 年，我被村民选为副村长。此时的我希望尽自己所能，为村里的发展做出成绩，与村委会共同带领大家脱贫致富，努力促使村民从遗产保护的旁观者成为直接参与者。最近几年，我也多次参与了全国各遗产地的交流学习，这让我收获了农业文化知识、技术，也接受了价值观的多重洗礼。同时，我对农业文化保护以及推动家乡建设有了更深刻的认识和体会，也更深刻地认识到我们年轻一代应该将农业文化遗产传承下去，这是我们的责任和使命！

武江伟：我们也为乡村建设出一份力

2014 年因为一篮遗产地千年大红枣，我和爱人刘美玲相识、相知、相恋，最后步入了婚姻的殿堂。婚后我们过得很幸福，但当时对未来的路也很迷茫，因为我们还很年轻，不想就此度过一生。

10 年前，我因为读书而离开家乡，但故乡一直留在梦里和心里，时不时涌上心头，故乡是自己最难割舍的心结。2014 年佳县古枣园被列为全球重要的农业文化遗产，知道这个消息后，我心情澎湃，想起这个已经穷了几辈子的山村，如今能有如此机遇，确实难得。看到这个消息，仿佛看到了一线回馈家乡的商机，于是我开始利用各类媒体了解农业文化遗产的信息。从那时起，我心中便有了返乡创业的想法，经常幻想如何借助农业文化遗产发展并为家乡建设做添砖加瓦之事。经过艰难的抉择，我们最终舍掉了榆林的一切，选择返回故乡。2017 年 7 月 1 日，我们全家回到泥河沟村，我们的创业生活就此拉开帷幕。

由于是全球重要农业文化遗产地和中国传统村落的缘故，泥河沟村旅游业发展前景可观。2017 年 11 月 11 日，我们从岳父家借来 13 万元，承包了闲置多年的小学校舍，准备借旅游发展的这股东风开农家乐。爱人之前忙于工作，连饭都很少做，但回村后，做饭、讲解样样从头学习。她忙碌之余还要带孩子、做家务，生活紧张而辛苦。或许大部分经历过生活无情折磨的人，都有一段压抑苦痛的记忆，这不仅是对生活的不甘与追求，更是对乡村中国寄予的无限希望。也正如孙庆忠教授所说："每一个人都不容易，而每个人恰恰在不容易的生活里面才有了自己精彩的生活。"

2018 年，旅游接待的生意逐渐走上正轨，越发红火。我主要对外跑各种业务（旅行社、写生、骑行等），找画家、摄影机构、旅行社、研学机构等团队，想尽各种办法，让客栈的生意发展起来。功夫不负有心人，在我半年多的不懈努力下，客栈的盈利情况日渐高涨。在这一年里，每逢周末，客栈日接待游客不少于 200 人，年收入 40 余万元，还清了家里的大部分债务，似乎一切辛劳都是值得的，未来的路也不再迷茫。2019 年年初，我们夫妇创立农产品公司，做起了农副产品销售工作，产品主要是我们村的千年大红枣、紫晶枣、醉枣，以及各种五谷杂粮等。我们不断地在产品品质、包装设计、销售代言上下功夫，不久就有了很好的经济效益。仅就红枣的销售而言，利用"互联网 + 农业农旅"结合模式，以"让红枣时尚起来"的销售理念经营红枣生意，并联合村里 5 户贫困户，达成统一枣树培训、管理，使红枣从原来每斤 4 元的价格，达到现在每斤 15 元，价格翻了 3 倍多。到年底的时候，全年盈利额达到 60 万元。我们的努力受到各界媒体、政府的关注和认可。

泥河沟村是我们生命中最重要的地方，哪怕是对一棵草都感情满满，我在最困难时得到过村民的帮助，所以想把自己得到的收获回馈这片土地，带动更多的村民一起致富。于是我们通过红枣开杆节、枣花节、红枣分享会等活动宣传家乡红枣，加大社会的认知，帮助村民卖红枣。利用地理标志产业协会、惠农网、公众号推广等多种线上新媒体结合贩卖红枣。而在线下同生产加工红枣咖啡、浓缩汁和饮料的神木曼乔咖啡有限公司合作，提供红枣原材料，打造线上线下结合销售渠道。可喜的是，一年之内，我们竟完成了 60 万元的销售业绩，甚至通过艺术家将佳县红枣卖到了英国，赢得了村民的称赞。2020 年初武汉疫情发生以来，我们每天第一时间在大喇叭上为村民宣读新冠肺炎的一些相关知识，为佳县志愿者捐赠口罩 100 个，为武汉青少年基金会捐助成本 10000 元的遗产地紫晶枣，为坚守疫情区的一线工作人员捐 3000 元的急需生活物资，为县团委捐赠 1200 元的现金，用实际行动印证返乡青年的社会担当。

千年遗产古枣园，返乡传承创新生。为了梦想、为了生活、为了那块贫瘠的土地，我们一直在探索。过往的几年让我们认识到，奉献家乡是我们对美好生活的向往，奉献他人才是幸福的来源。对于未来，我们愿意做遗产地的一粒种子，默默地坚守在这里，相信不久一定会看到属于泥河沟村的灿烂风景。那时候，我们也会骄傲地说，我们也为乡村建设出了一份力！

贵州从江侗乡稻鱼鸭复合系统遗产地位于贵州省黔东南苗族侗族自治州从江县，境内以山区地形和丘陵为主，有“九山半水半分田”之说。世居有苗、侗、壮、水、瑶等民族。现有稻田面积17万多亩，其中保灌12万多亩。梯田面积约占耕地面积的65%。当地农民在长期适应自然条件的过程中形成了独特的稻鱼鸭共生系统的生产方式，被誉为高智慧农业的典型代表。2011年，贵州从江侗乡稻鱼鸭系统被联合国粮农组织认定为全球重要农业文化遗产。

从江农民稻田养鱼历史悠久，根据当地传说等口述史资料记载，已有1400多年的历史。其来源有外部传入和本土生成两种说法：古百越族侗族支，因战乱原因，从东南沿海辗转迁徙至当地，虽历经迁徙，但“饭稻羹鱼”传统得以沿袭；本土早期即有溪水灌溉稻田，随溪水而来的小鱼生长于梯田，逐渐演化为稻鱼共生系统，而后在本地人创造之下，再加入择时放鸭，终成稻鱼鸭共生共融系统。而今，侗族是唯一全民没有放弃这一传统耕作方式和技术的民族。

从江侗乡稻鱼鸭复合系统是指稻鱼鸭共生、同收的复合生态农业系统。为了保证稻鱼鸭系统良性发展，侗乡人建构了与生态环境高度兼容的鱼塘、稻田、沟渠、河溪相连通的人工复合水域环境。在稻田中，侗乡人种稻、放鱼、养鸭，通过掌握水资源的利用与管理，鲤鱼的自繁自育，小香鸭世代选育驯化等知识和技术体系，将本来具有相克禀赋的稻、鱼、鸭等物种，智慧地按照成长时间的不同而将他们编织到一个系统中，促使有机体之间构成了一个复杂的食物链网络结构，能量、水、肥得到高效利用，从而稳定系统、对抗外界风险，确保“稻、鱼、鸭”三丰收，维持和延续千年的日常生活。从江县现有传统水稻品种45种，其中从江香禾糯经千百年来栽培选育，并传承至今，成为国家地理标志保护产品。

侗族村寨一般都位于近河谷底部的山麓，面向宽阔的河谷底部，并在河谷底部配置稻田、鱼塘、河网和各种引排水措施，稻田—森林—河流景观为居民营造了优美的居住环境。侗乡人的衣食住行都与稻鱼鸭复合系统这种传统的农耕模式紧密相连，每年新米节必须用新米、田鱼和鸭肉来祭祀祖先、招待客人等。多声部、自然和声的侗族大歌，2006年被列入首批国家级非物质文化遗产名录，2009年被联合国教科文组织列入世界“人类非物质文化遗产代表作名录”。

龙开云：我也要在村寨做有意义的事

闵庆文老师在中国农业大学举办的“第二届农业文化遗产研修班”授课时提到，“当代农村不缺人，缺的是能干的人”，当时我心里反复问自己，我将来会是那个能干的人吗？

小时候，我喜欢跟随隔壁家的爷爷奶奶们去放牛。父母去田里干活，即便再远都喜欢跟着。当劳动辛苦的时候，父母总爱唠叨几句，“不好好上学，就得一辈子种田种地割草放牛”。当时还小，根本不理解话中的意思，就一口说，“好啊，我就喜欢种田放牛”。

中专毕业后，我由于身体原因留在了自己的村寨——龙额，和其他青年人一道加入了“龙额侗寨公益团队”，参加了村寨的文化记录、寻根之旅等公益活动。2018 年，龙额村加入“黔桂乡村深度游村寨联盟”后，有更多的机会听到“本地品种”“有机”“绿色”“无公害”等词语。2019 年元旦，我有幸参加了在云南丽江宝山石头城举办的农民种子网络年会，在他们村的种子银行里看到了很多不同类型作物的老品种。年会开始前，东巴手摇板铃、口念经文，做了一种叫“烧天香”的祈福仪式，一种似乎和我们龙额春社的“请社神”同样意思的仪式，感受到这是人们对大自然的崇拜与敬畏。年会上，宋一青老师的一句“小种子大世界”感动了我，让我觉得种子让人与自然有了连接：人播种种子，种子回养人。就在那一刻，我把自己想象成一粒“种子”，家乡的稻鱼鸭养了我，我也要在村寨做有意义的事。

2019 村寨联盟的“乡约乡见音乐节”期间，我们联盟自己的种子博物馆开馆！龙额村收集到豆类和粗粮两大类共 20 多个老品种。有一些是我从小既没有听过也没有见过的老品种，比如穇子，从小一直吃“穇子粑粑”，但从没有见过穇子。近些年越来越少的村民种植这种适合打粑粑的粗粮了。别说我们晚一辈人不认识，甚至很多长辈都没见过穇子。2019 年我们特意去寻找穇子，原来它和油菜籽一般的模样。当时我心里就产生了一个想法，用影像的方式记录下从播种到收获的生长周期，以便了解到每个老品种的“生长习惯”。我把这个想法和团队伙伴分享后，大家都表示很赞同，也让我更加期待明年春耕“我的那片绿油油田野了”。2019 年我想把收集到的种子种下去，秋收时收集起来，来年以种子换种子的方式引出村寨其他更多的品种。这种方式本也一直是村寨的传统习惯："春耕我先借给你，秋收你再还回来"。把照片记录、种植育种、村民交换等方式结合起来，村寨就可以建立一座活态的"村寨种子库"啦。

吴蕙：用行动守望我们的村寨

感恩所有的遇见，每每想到自己 2018 年居然有机会在农大学习，心里就无比荣耀，作为一名偏远山区的返乡青年，能够到京城并进入中国农业最高学府学习是何其幸运！记得开课的第一天，就见到了盟主口中"你永远听不够他讲话"的孙庆忠老师，一位和蔼可亲的小老头。听过几次他的谈话，每每令人感动，他确确实实是个"招魂师"，听他说话怎么听都不够，他总能将深奥的学术语言用简单通俗的话语讲述给我们听懂。从闵庆文教授的讲授中我了解了关于农业文化遗产保护的整体概述，知道了作为农业文化遗产地青年的光荣使命。同时认识了来自全国各地的很多优秀青年朋友，世界很广阔，自己很渺小，要去看的风景要去学的知识太多太多。

听了宋一青老师"小种子与大世界"的分享，知道了原来我们家里祖辈代代流传下来的自留品种的方式其实也是一种"自我救赎"，他们将情感与土地万物紧密连在一起，不仅仅是物种的延续，更是父辈为子孙提供生存的保障。我也因此认识到我们村寨联盟建立的村寨种子博物馆是件多么有意义的事。我们"黔桂乡村深度游村寨联盟"的愿景是让村寨"深度游"成为"身心安顿"的家园，通过村寨传统文化挖掘记录与保护而一步步实现。听了教授们的理论课，听了传辉他们的经验故事后，一下子觉得自己充满了能量，想做的事很多，能做的事也很多。

2019 年春节受疫情影响，各地传统民俗活动统统取消，作为侗族村寨的我们，没有鼓楼欢歌，没有村寨月也，不聚会，不串门，为了家人健康，村寨青年自愿成立了护寨团队，设卡日夜坚守岗位做好防控防疫工作，村民自发地捐钱捐物为志愿团队提供后勤保障。疫情稳定后的 5 月 9 日，从江县高增、美德、龙额，三江县和里、高宇，还有南丹团队的代表们，齐聚三江县布央村，饭桌上以歌会之名相聚，“歌”成为了“会”的媒介，“会”才是最享受的。一场云歌会，7 个村寨相聚，一首首侗歌又是村寨之间的连接。我们相信，这种连接彼此的方式一定会让我们家乡越来越好，我们年轻人也会发现自己存在的价值！

☀ 壮家歌会（陈善华 摄）

龙脊梯田位于广西壮族自治区桂林市东北部龙脊山脉，属于典型的南方山地梯田生态系统。其覆盖11个行政村，面积约101平方公里，梯田面积约1.8万亩。目前，龙脊梯田主要包括平安壮寨梯田、龙脊古壮寨梯田和金坑红瑶梯田3大部分。2014年，它被列入第二批中国重要农业文化遗产名录。2018年，其作为中国南方稻作梯田系统的子项目，被联合国粮农组织认定为全球重要农业文化遗产。

龙胜龙脊梯田距今有2300多年的历史，堪称“世界梯田原乡”。在长期的梯田生产中，龙脊先民发展出了一套完整的农业生产和技术知识体系：包括林、寨、田的立体布局，丰富的农田水利知识与技术，陡坡造田技术，育种、肥水土管理技术以及围绕确保系统稳定演进的乡规民约等，借此保护森林、水源，并指导各个村寨的生产和生活。

长期以来，龙脊梯田已融入了当地居民生活的各个方面，以梯田农耕为代表的稻作文化，以北壮服饰为代表的服饰文化，以干栏式民居为代表的建筑文化，以铜鼓舞和弯歌为代表的歌舞文化，以寨老制度为代表的民族自治文化，以及以“龙脊四宝”为代表的饮食文化，共同构成了龙脊梯田丰富的人文资源，无不彰显着地域特色浓郁的民族文化。

侯家吕：龙脊梯田的隐忧与机遇

龙脊村位于广西桂林西北部的龙胜各族自治县，距县城12公里，是国家4A级旅游景区。龙脊行政村分为廖家、侯家、平寨、平段、七星、岩板、岩背、崖湾等自然寨，以壮族为主，居住着240多户约1200人。村庄产业以水稻耕作为基础，旱地耕作、家庭养殖和旅游业为辅。耕地中水田约950亩，旱地约600亩。龙脊村以高山梯田而知名，梯田海拔高、落差大，在海拔700—1100米之间。龙脊水酒、龙脊糯米、龙脊辣椒和龙脊茶被誉为“龙脊四宝”。

自2012年开始接待游客以来，村庄有了许多变化，最显而易见的是村上盖新房子的农民越来越多了。旅游业虽然给村民带来许多实惠，但是，由于个体农户的资金、能力上的参差不齐，旅游业并不能惠及所有农民。部分有资金有能力的农户通过开农家乐、酒店，收入有显著提高，而大部分没有资金没有能力的农户只能通过耕种维持生计，乡村旅游业并没有提高这部分人的收入水平。

由于耕种带来的收入远远低于支出，村上70%以上的青壮年都选择了外出打工。我的一个伙伴，在前年的一期短视频中讲道：“现在青壮年都到城里务工，剩下在农村种田的是五六十岁以上的老人。等到5年、10年以后，这一代人老去，还有谁和我一起守护这一片青山绿水呢？”他的这一问深深冲撞了我的内心，一股凄凉的感觉油然而生。是啊，现代化、城镇化让我们农村收获了一些钱财，同时也让我们农村失去了很多人力，特别是青壮年。现在的农村中，空巢老人、留守儿童、留守妇女越来越多。由于青壮年外出，当这些老人老去，那么这些地方的文化还有谁去继承？这些地方的青山绿水还有谁去守护？由于龙脊的地理条件限制，梯田的耕种只能通过人工来完成，需要大量的劳动力。劳动力短缺导致梯田耕种面积大幅度缩水，相比 2010 年，至少有 40% 以上的农田被抛荒。如果继续这样发展下去，龙脊梯田有可能不复存在！

我之前也是外出打工大军中的一员，进过工厂、上过工地，也跑过销售，总之居无定所。当有一天发现，父母亲有些活干不了了，才意识到父母亲真的变老了，而我自己还要远离他们，真是心碎不已。一头是外出打工维持生计，一头是在家陪伴父母，我陷入两难的境地。这又何尝不是村里大部分青壮年的两难！2015 年，我非常幸运地结识了两个做有机大米的朋友。通过和他们交流，我认为找到了一条不需要远行也可以维系生计的办法，那就是种植有机大米，也希望是整个村子未来可以发展的方向。

龙脊自然环境优越，森林覆盖面积大，空气清新，水源丰富而且绝无污染，这不是种植有机大米的“天府之国”么？按照农产品的一般规律，农民要增产才能增收，要增产就要高肥高药、大面积机械耕种，我们村寨不具备这样的条件。但是种植有机大米，是在不增收的条件下做好增“质”来实现增收。我们这样的地理环境，产出优质的大米是可能的。只要耕田有较好的收入，田地就不会被抛荒，甚至还可以开荒，扩大梯田面积。外出打工的人或许就会回来，年迈父母的脸上或许会因为有了子女的陪伴而露出不经意的笑容，村寨或许会变得人声鼎沸、生机盎然！

从生命延续的角度来讲，我们在维持自己生存的同时，还需要“对下一代负责”。当前，龙胜龙脊梯田系统的生态环境还是比较好的，森林覆盖面积广，蓄水能力强，各类生物和谐共生。我们的底线是不做有损生态的投资、建设和开发，积极参与有利于生态保护的活动。我们种植有机稻是不允许使用化肥和农药的，从而减少人为污染，这对环境保护具有积极的作用。当我们把生态保护做好了，环境保护做好了，安全食品推广了，农民收入提高了，就会有更多的年轻人回来，就会有更多的年轻人参与到我们的事业中来。到那时，我就可以骄傲地说："这一片青山绿水，还有我们这一代人守护；这一片青山绿水，还有我们的下一代人守护！"因为有遗产地青年在，农村的未来就是有希望的！

谢福复：做龙脊古树茶的传承者

龙脊茶树生长于有"世界一绝"之称的广西桂林龙脊梯田风景区。茶园海拔在800米以上，属亚热带季风区，受冷暖空气交替影响。这里四季分明、雨量充沛、日照短、温差大的生长环境，是形成高山云雾香茶的理想之地。龙脊茶在乾隆年间曾为贡品，有石碑记载于龙脊村的平段寨。此茶采用传统工艺制作而成，是有益健康的天然茶中珍品，也是龙脊"四宝"之一。

制茶是我家的祖业，我是第三代做茶人，从小受到茶文化的熏陶。龙脊茶曾为贡品，贡品是什么？什么样的茶是贡品？乾隆年间我们的茶是怎么样的？父辈们一直在制作的茶都是改革开放初期才种植的，不可能是乾隆年间的茶，这些问题一直困扰着我。通过查阅史书、县志等一切可了解历史的方式，我都没有找到答案。偶然一次在吃本地一道叫油茶的小吃时，我发现做油茶的茶叶来自老祖宗们留下来的一种小乔木茶树，它就是我在找的古茶，于是我按照祖传制茶方法做出了龙脊古树红茶。

此时的农村，人口越来越少。劳动力的外流，机械化的增加，现代经济的高速发展，再加上茶树的生长周期太慢——种植30年后才能开始有收入，因此砍伐、丢弃茶树的现象屡屡可见，几乎没人愿意再去种植。怎么保护茶树、发展种植规模和制茶技艺，成了关键的问题。最初，我们想要成立合作社搞股份制、分红制，但因为村里人的意见不统一，实在没办法实施，最终还是以租赁的方式达成共识。我们商议先把老祖宗留下的一部分保护起来，别丢掉，然后再求发展。我看着一棵棵的茶树倒下，就像看到一件件文物被破坏一样的心疼。

我把农业文化遗产理解成遗留下来的农耕文化，我现在做的事情不只是在制作龙脊古树茶叶，更应该成为龙脊古树茶文化的传播者。龙胜县是一个旅游县，每年来看梯田的人不下百万，借此东风，让游客感受龙脊梯田美景的同时，还能品鉴到龙脊古树茶的味道，使以文化产品形式出现的龙脊茶与文化故事出现的遗产地相得益彰，只有这样，才能借助游客去影响茶农，带动更多的人加入保护茶树的行列中，龙脊茶和龙脊梯田才能在利用中得到保护，这是我的一桩心愿！

白云生处有人家（霍国军 摄）

湖南新化紫鹊界梯田是由森林、民居、梯田、水系交错组成的南方山地农业生态系统，面积约20万亩，因其规模庞大、数量众多、坡度陡峭、田块小巧、形态优美而著名。其核心区为娄底市新化县西南部水车、奉家和文田3镇，梯田面积8万亩左右，海拔多在500—1000米之间，覆盖人口约9万人。2018年，它作为中国南方稻作梯田系统的子项目，被联合国粮农组织认定为全球重要农业文化遗产。

紫鹊界梯田开垦耕作历史已经有1000多年，是当地汉、苗、瑶、侗等世居民族共同的文化创造。位于系统顶部的森林以及梯田境内丰富多样的林业资源具有水源涵养、水土保持、气候调节、农田生态环境改善、环境净化等多种功能。千百年来，紫鹊界先民因地制宜地开凿梯田，并以周全的工程设施，实现了有效的自流灌溉，加上沿袭下来的一套科学管水办法，有效地控制水土流失与干旱灾害，至今仍广泛沿用，成为水土保持生态系统工程的典型范例。2014年，紫鹊界梯田灌溉系统被列入首批世界灌溉工程遗产名录。

紫鹊界拥有中国南方独具特色的传统农业生产方式，即梯田水稻种植与山地渔猎相结合的生产方式。这两种生产方式提供了紫鹊界最主要的产品和生活物资，也成为千百年来紫鹊界最具特色的经济方式。紫鹊界梯田为传统农业地区，长期以来为当地居民食物与生计安全提供土地保障。它以水田为主、旱地为辅，千百年来形成了独特的稻作梯田耕作方式，至今仍然广泛沿用，种植养殖为当地农民收入的主要来源之一。

紫鹊界梯田是南方稻作文化与苗瑶山地渔猎文化融化、糅合的历史文化遗存。春社吃社粑等节庆习俗、板屋为特色的民居建筑，以及酸辣型饮食风俗，是其地域文化的鲜明特点，以此滋养的新化山歌、梅山傩戏和梅山武术等传统民间艺术分别于2008年、2011年和2014年列入国家级非物质文化遗产保护名录。

罗洗：紫鹊界在诉说

我的家乡紫鹊界梯田，地处湖南省中部，隶属雪峰山系，主峰海拔1262米，总面积120平方公里，溪水河流蜿蜒流经其下，往昔苗、瑶、侗、汉先民杂居于此，依山顺水营造梯田，所造梯田延绵数十里，共有梯田8万余亩，其中连片的梯田有2万余亩，缭绕近千层，小如碟，大如盆，长如带，弯如月，且全借山泉自流灌溉，不设塘堰而水旱无忧，起伏镶缀在崇山峻岭之间。紫鹊界梯田起于先秦，故又称紫鹊界秦人梯田。勤劳智慧的紫鹊界人在这块神奇而美丽的土地上深情地生息繁衍，孕育了独特而丰富的农耕文化，依水而坐，依田而居，古朴的栅栏式板房与梯田错落有致，交相辉映，腊肉、风干板鸭、猪血丸子、糍粑、冻鱼等饮食享有盛名。紫鹊界所产的大米更是有贡米之美誉，紫鹊界籍湖南人文科技学院罗忠族教授曾赋诗曰："遍凿山泉造水田，层层叠叠上青天。谁施巧手成奇迹，侗汉苗瑶尽地仙。"

吉寨村距离紫鹊界山门约2公里，两条旅游公路交叉于村中心区域，交通极为便利，是紫鹊界4个核心景区之一（其他为紫鹊界村、锡溪村、正龙村），总面积5653.2亩，人口1786人，耕地1368亩，水田1213亩，其中景观梯田860余亩，黄鸡岭梯田因所产稻谷品质优良，更是有“贡米岭”之盛名。丫吉寨、九龙坡观景台坐落其中，整个村庄群山怀抱，绿树葱葱。龙须河、锡溪河两条河流于村内交汇而过，河内怪石嶙峋，鱼虾丰富。村民分散而又相对集中居住于老庄院子、桐木坑、三堂印、金江冲、竹山湾、米家屯、龙须坑、梅树湾、丫吉寨等几个院落，其中龙须坑、梅树湾、丫吉寨的民居均为清一色的栅栏式木板房，点缀在半山腰的山水田地之间，为紫鹊界梯田这幅大地艺术画卷增添了无与伦比的极致之美。村内主要经济作物为水稻（中稻），旱作物主要为玉米、红薯，绿色的夏季、金色的秋季和银色的冬季都赋予了紫鹊界这山、这水、这田不同凡响的灵气。

近年以来，经济社会的发展进步，大量的青壮年劳动力外出务工和发展，紫鹊界梯田的旱化和抛荒现象正疾面而来，传统耕作、传统手工艺、传统文化正在逐渐消失。现代生活的时尚也在迅速改变着紫鹊界，流行音乐、扑克、麻将取代了传统的山歌、武术、游龙、锣戏等传统文化，机耕取代了牛耕，改良种子取代了世代相承的种子，高大的砖混房取代了木板房，紫鹊界传统的底蕴正在慢慢褪去，紫鹊界已是伤痕累累，紫鹊界在哭泣，紫鹊界在诉说……

面对梯田现状，我们需要行动，需要改变。紫鹊界开园10多年以来，虽推动了地方经济的发展，却没有真正走进广大农家，融入村民的生活，受益的只是观景台附近的少数村民，绝大多数的村民处于旅游边缘之外，因此，如何调动村民支持旅游发展和保护耕耘梯田的积极性和主动性是当务之急。梯田是紫鹊界的灵魂，农耕文化就是紫鹊界灵魂的精髓，如何立足村情，打造村域旅游主打品牌，壮大村级集体经济，通过该路径反哺梯田保护更是重中之重。

历史在铭记昨天，也在启示明天，但历史不可复制，只可传承。资源的保护与开发如何并举的问题也曾时常在我脑海浮现，作为当地梯田传承的接棒人，我们无可选择地被赋予了传承的责任，静下心，俯下身，用心用情去做一名紫鹊界文化归途中的践行者！作为紫鹊界的当代青年，我们不应让她如此伤感，而应用心用情去和她对话，让她继续婀娜多姿，让她没有缺失地得以传承，这就是她的诉说和长眠于地下的祖先赋予我们的使命。

邹东风：与祖先对话

几年前，我退伍回乡分配到新化县风景名胜管理处工作，因工作需要来到紫鹊界梯田景区，我主要是开展遗产地保护的工作。进景区之前，袁小锋老师拍摄的紫鹊界雪夜中《正龙民居》已经给我留下深刻的印象，而且我查阅了关于紫鹊界、关于正龙古村的很多资料，这让我对紫鹊界梯田有了初步的理解。然而，进入景区后，梯田的冲击力还是远远超过了我的想象，梯田规模之大、数量之多、形态之美，在全国都很罕见。紫鹊界梯田位于湖南省新化县水车镇，面积 8 万余亩，集中连片的有 2 万余亩，茫茫山坡，层层梯田，整体布局恢宏。面对如此美景，我深深体会到保护和传承农业文化遗产是我们这一代人的责任，激发了更要为我们子孙后代保护、传承、发扬好先辈们留下来的宝贵财富的愿望。

如果说紫鹊界是一个大的农业工程和水利工程，正龙民居就像镶嵌在紫鹊界的一颗明珠。这里山清水秀，风景迷人，以独特的民居聚集而著名。正龙村辖 15 个村民小组，396 户人家，人口 1478 人，总面积 8836 亩。其中水田 1091 亩，旱土 274 亩，山林 5130 亩。该村民居依山而建，大多分布在海拔 800—1000 米之间。梯田分南北两向，独特的建房风格加上秀美的梯田围绕，溪水潺潺流动着，就像一幅精美绝伦的山水画。

正龙民居始终保持着沿袭几千年的干栏式建筑风格，多“一字型”，也有“L 型”和“三面围合型”，与山地地形和阶梯式的梯田合一。其中，集中大湾里的民居达 200 余栋，保存最古老的板屋达到 270 年。每栋板屋各为独立的小院落，有足够的空间做菜园，植有果木、风水树等，正龙村的民居属于穿斗式干栏形式，但又改变了典型干栏式房屋建设的格局。典型的干栏式板屋，一般分为上下两层，上层住人，下层圈牲口或放家具、杂物。这种建筑的原始创意，与山区多野兽和南方炎热潮湿的气候有关。而我们紫鹊界的板屋在此基础上有了改进，一般是一层半的结构，房屋的上面半层不住人，用来摆放杂物和柴草，下面一层才住人，而房体也是用一尺高的石板悬空建成，目的也是为了防潮防湿，且石板悬空处可以关养鸡鸭。民居麻雀虽小，却五脏俱全，可见咱们先人的智慧是多么的高深。

正龙古村所在区域曾经是苗、瑶、汉共同聚居之地，他们在这块神奇的土地上生息繁衍，不仅创造了神奇的狩猎文化和稻作文化，而且也创造了灿烂的梅山文化。这里有吃年关饭、唱土地、送春牛、偷露水菜、尝新节等独特民间节庆，有龙狮舞、草龙舞、山歌、梅山傩戏、布袋戏等民间演艺，有龙狮舞、草龙舞节假日盛装表演，有梅山教、庆“梅山”、神树崇拜等宗教活动，其中梅山山歌、梅山武术、龙文化和饮食文化最为突出。

2019 年 6 月，在中国农业大学为期一周的培训学习，让我有机会重新思考我们家乡的梯田文化。无论是教授们对农业文化遗产保护的热爱和迷恋，还是各遗产地创业青年们的经历分享，都让我开拓了视野，使我对农业文化遗产有了新的认知，更加深入地了解到为什么要保护农业文化遗产、保护农业文化遗产的重要性以及保护农业文化遗产的办法。让我知道，农业文化遗产大可以是一座山、一片地，小可以是一颗种子、一件农耕器具。让我知道，我们可以从不同的角度、不同的层次和方法去保护我们祖辈们留下来的宝贵财富。我也要让更多的年轻人知道，回到农村不只是种地，保护和传承农业文化遗产只要建立好平台、寻找到发展渠道同样可以创业，让农村留住劳动力、留住青壮年，同时让他们知道保护和传承农业文化遗产也是我们这一代人的责任，懂得更要为我们子孙后代保护、传承、发扬好先辈们留下来的宝贵财富。

哈尼多声部民歌传承人车志雄（焦小芳 摄）

云南省红河哈尼族彝族自治州是哈尼梯田的故乡，也是梯田文化的重要发源地。这里的梯田面积约18万公顷，分布于元江南岸的元阳、红河、金平、绿春4县的崇山峻岭中。据史书及口传家谱考证，红河哈尼梯田历经千年开垦而成，已经有1300多年的耕作历史，养育着哈尼族、彝族等10个民族约126万人。一代代哈尼族人、彝族人，用手中的锄头和犁耙在哀牢山腹地开垦出了层层叠叠的浩瀚梯田。红河梯田也因此被誉为“中国梯田最美的存在”“中国最美山岭雕刻”，哈尼族也被称为“大山的雕刻师”。2010年，该梯田系统被联合国粮农组织认定为全球重要农业文化遗产。

崇山峻岭之中的哈尼梯田处于多元的系统循环之中。哈尼族的寨子大多建在向阳、有水、有林，海拔在1000—2000米的半山腰。森林在上，村寨居中，村寨之下依地势造田，一层层的梯田由此绵延至河谷山麓，河谷的河水升腾为水雾，继而凝结为雨，落在森林，再流入村寨、灌溉梯田、流进河谷，从而形成“森林—村寨—梯田—河谷”四素同构的人与自然高度协调、可持续发展、良性循环的生态系统。该生态系统能成功抵御多数旱涝，有效削减了自然灾害的影响。

在梯田系统中，水是哈尼梯田的灵魂，树则是哈尼人的命根子，有树才有水，有水才有田，有田才有哈尼人家。所以哈尼人对水源林顶礼膜拜，一般的哈尼族村寨，村后有一片参天大树，那就是祭祀寨神的地方。哈尼族以

"寨神林"崇拜为核心的信仰体系，很好地保护了森林体系，并为梯田提供丰富的水源。同时，还有历代前人发明的利用发达的沟渠网络将水源进行合理分配的"木刻分水"、为梯田提供了充分肥料的"水沟充肥"等梯田智慧。这些思想、观念和制度成为梯田存续的有力保障，古老的用水智慧维系着梯田的延续和人与人的和谐。

每当初春，村寨就会选一个合适的日子，请祭师人带上祭祀用品，在梯田边上进行一场仪式——"叫魂"，意味唤醒梯田，一年的农业生产就此拉开序幕。此后还会相继给秧苗叫魂、为耕牛叫魂……初春伊始，万物复苏，梯田是有魂的。

人种稻养牛，牛粪肥田，牛亦耕田，但稻谷为人食，秸秆为牛食，同时伴以稻鱼共生，哈尼人在梯田生产中构建了一套微循环再利用系统。哈尼人的生产生活以梯田为轴心，梯田耕作是哈尼族文化之魂。"四季生产调"是哈尼族口耳相传的民间知识和历法，是其先民以歌谣的形式，将关于自然、动植物、生产生活的技能和经验，传递给子孙后代的生存智慧，2006年，《哈尼四季生产歌》被列入首批国家级非物质文化遗产名录。

车志雄：传承哈尼多声部民歌文化

我出生、成长在红河县阿扎河乡普春村的切龙中寨，其处于云南哀牢山腹地，海拔约1800米，傍山而建。全村有51户，全部姓车，约200人。村里有耕地109亩，以梯田为主，主要种植稻谷、玉米。千百年来，哈尼族人过着开垦梯田、种植水稻、日出而作、日落而息的农耕生活。梯田里留下了我们太多的生活记忆。我从小就不喜欢读书，比较贪玩，就想犁田、锄田、抓鱼，一心只想着跟着父母干农活。父亲犁田时，我就死盯着父亲，等他在田间抽烟筒的片刻时间，我就偷偷溜进田里开始犁田，父亲发现就会骂，但是我只要没有做到自己想做的事就不甘心，小时候就这性格。现在我的孩子也是如此，像我小时候一个样！我带孩子们去田边硬是要踩一踩才舒服，常常是衣裳裤子不脱就直接踩田里了。

围绕着梯田，我们哈尼族有一系列的节庆和风俗习惯，我们信奉祖先、崇尚自然神，认为万物皆有灵魂。尤其值得提到的是，哈尼人在世代的梯田农耕的劳作中创造了“哈尼多声部民歌”，我们寨子还是哈尼族多声民歌发源地。这些民歌主要是围绕稻作劳动而产生，如《哈尼四季生产调》《栽秧山歌》(吾处阿茨)，也被称为梯田文明的史诗。2006 年 5 月，这些民歌还被列入首批国家级非物质文化遗产，被誉为梯田文明中产生的非遗文化。

然而，现在以经济收入为主要社会价值的观念深深地影响到了我们，村里的年轻劳动力大批外出务工，只留下一些老人、妇女和儿童，我们的文化传承出现了断层危机。没有了主要的劳动力，造成大量的梯田撂荒。但我们的梯田是祖辈的命、祖辈的骨，不能就这样把梯田丢失了。如果梯田和文化都不在了，等待我们民族的命运又将是什么？每当想到这时，总是无比的忧心和难过。

我上学也只念到了小学三年级，后来到了十五六岁就出去打工了。原本我也想过，像村里的年轻人一样去外面发展，如果这样，现在可能也会是个小老板了，或者至少已经买上了车，这应该没啥问题。但是由于务工被拖欠工资及村寨的现状，我最终还是决定回家发展。回来后，我在村里担任了 9 年的村长，后来还当过乡村医生，但是在父亲的影响下我的观念发生了转变，我有更重要的使命。

我父亲车克沙是非物质文化遗产“哈尼多声部民歌”的省级传承人，他精通哈尼族山歌、三弦、树叶、笛子、巴乌等各种器乐演奏。同时他还是一位“摩批”，也就是云南哈尼族的巫师。哈尼族信仰多神和祖先崇拜，祭祀由巫师主持，他们不但是哈尼族文化的传承人，并且还身兼医生、宗教祭祀者等身份。摩批对哈尼人非常重要，他们掌握着平常人没有的力量。父亲做的这份事业对我们哈尼人特别有意义。面对哈尼文化渐渐消失的困境，我开始思考，我觉得应该跟着父亲学习哈尼族的各种文化知识，并把这一文化教给下一代，一代代地往下传承。去外面发展不需要有多少知识，但这种事情，就算是有知识的也做不来。我要做一位哈尼文化的保护者和传承者。我要把以前祖辈留下来的东西抓住了，梯田丢失了就插不了秧，插秧歌就没了，那还怎么唱这个歌呢？所以多声部民歌与梯田这两者一个也不能丢失掉。同时，我们村是一个贫困村，面临着许多问题，我觉得我一个人有了发展也不行，我要带大家共同发展。我们可以把梯田保护好，把文化保护好和发展好，依靠哈尼多声民歌文化来脱贫。所以我目前要做的就是传承文化并带着家乡发展。

近几年，我跟着父亲学习家乡的文化，同时也在别人的帮助下通过影像方式记录我们的文化。还有一个重要的事情就是在家培养更小的孩子去学习我们的民歌。我们的培训一般都在周末进行。星期五下午到星期天下午小孩们吃、住都在我家中，然后星期天下午送孩子们回自家。有些时候孩子们自己也会回家，不需要接送。平时来家中学习哈尼说唱的孩子有 20

多个，到了寒暑假就多到了 30 多个。因为寒暑假在外边城里上学的孩子也都回来了，就会跟着一起来学习哈尼说唱。现在学习民歌的小孩很信任我们，也都很听话，我就是要不停地教孩子们去学习，包括哈尼舞蹈、哈尼歌。要不停地对他们进行培训，让他们养成一个良好的习惯，他们自然也就更加爱学这些说唱文化了。现在就是一心一意把自己所学的都教给孩子们一直往下传承，我是这么想的。未来我希望能够为民歌传承跟政府申请办个哈尼族民歌学校，尽量把这个申请到，然后让父亲培养的 30 多个学徒继续学习，请老师教孩子们哈尼文化。再一个就是申请一些孩子们的吃住费用，希望政府能提供一些补贴。现在我们这个村有 51 户，我想以这个文化来发展，先把我们这个小村发展好，然后到村委会，再发展到另一个乡镇，最后把整个哈尼族发展起来，为此我一直努力着。妻子也说过："你看我们家搞这个呀都把家里搞穷了。"我说："没事，这是在丰富精神世界。"现在的年轻人都出外打工赚钱了，可我一点都不羡慕。我只想留在家乡，守护梯田，守护文化，只有在这里，我的内心才能得到平静和快乐。

在做好文化传承保护的基础上，我也希望通过乡村农产品销售渠道来推动乡村经济发展。平时外地来这游玩的游客都会留下联系方式比如微信，这样就慢慢地打开了这个农产品的销路，来过一次的游客都会购买这些不同品种的大米，他们都很喜欢吃。平时我们都是通过邮寄的方式寄过去的，销售地包括北京、上海、台湾、重庆等地方。之前来过的好多游客都鼓励我好好做好这份事业，所以我心里也是动力满满，一心只想好好做下去！现在就是先发展这个农产品，比如这个大米一斤就可以卖几十块钱，有了大量销路再按这个档次销售就不需要出去打工了。现在外出劳务有些年轻人带着小孩一起出去，但是老人不方便带就留在了家中，平时牵挂家中老父母又联系不上，都会通过电话委托我去他们家里看望老人，看看老人是一个什么情况，他们对我也很放心。面对这些情况，一旦把这个农产品销路大量打开后，年轻人一起回乡干梯田事业也能过生活，能把梯田恢复到以前的样子，也不再需要在外时担心家中父母了。要是这样的话，这个文化也就稳稳地拿下来了。

游客来了就安排到村民家中体验乡村生活，游客感兴趣的是我们怎么生产、怎样过传统节日。我们挖锄头、插秧等，无论做什么，游客都说要学，跟着我们干农活，体验这种乡村生活就是游客来这儿的目的。游客吃、住在村民家中也会给些费用，就算我们不要，游客也会付费。再一个就是家中的家禽也要按传统方式喂养，拒绝饲料喂养。这样一来，游客回到自己家中还是会找我们购买农产品，包括鸡、鸭、猪肉这些也会找我们购买，因为这是原生态的，吃着健康，价格贵点游客也是愿意购买的。这不是我凭空想象出来的！我个人是已经做到了这种程度，我家现在一般就是靠这方式过着。但是单我一人发展起来是不行的，要全部人一起发展起来，哈尼文化才会有希望，经济也就恢复了。做好了，一年四季都会有游客。现在我一直慢慢地劝说我的两个弟弟回乡发展，一起把这份梯田事业做起来，因为他们懂互联网，懂如何通过互联网销售农产品。我一直在努力，我相信总有一天会实现的。

我基本没读过什么书，原本也想过和大多数年轻人一样外出去挣钱，但看见有那么多外来的老师、朋友在关注关心着我们的梯田，作为主人的我们又怎么能自己先放弃了呢！在中国农业大学的学习给了我很大帮助，很多专家都说这些文化一定不能丢失！一直以来，我觉得大多数跑到我们红河来的外来人都是来看我们的梯田风光，或许还有他们眼中奇异的少数民族风情。我们的产业发展也把迎合外来人的需求当成了一个重要的方面，从来没有认真思考过我们文化的根源在农耕。虽然我们也在担心和惋惜我们很多东西在逐渐消失，却也没有上升到农业文化遗产保护的高度。虽然我们努力保持传统耕种方式经营土地，却没有认识到除了农耕技术外还有农耕制度、农耕信仰这些值得传承的梯田文化。其实原原本本做好本民族文化的传承才是最重要的事。在农大学习期间，我发现每个地方都有很多伙伴始终坚守家园传承农耕文化，他们这种对家乡文化保护和传承的执著让我很感动，也让我更有一种坚持理想、在梯田干出一番事业的冲动。培训回来后我心里有了更多的想法，对于小孩子说唱的培养我也更加积极努力了，还第一次尝试种了9种大米老品种。但是这些还不够，我还要继续努力做下去！

李顺德：做一粒哈尼梯田的“种子”

我的家乡是红河哈尼族彝族自治州绿春县瓦那村。瓦那在哈尼语中是“安那”的误译，意为休息地，因村址原是过路人休息的地方而得名。在历史上，瓦那村是绿春县与红河、石屏等县通商的必经之路。我们村有近5000人，分布在9个自然寨子，全村耕地以梯田为主、坡地为辅，主要种植水稻、玉米、茶叶、直杆桉等作物，其中较大的梯田为的马河坝梯田。采制茶叶、炼制桉油和外出务工是村里的主要经济来源。村里的哈尼族有两个支系，因此很多节日并不同期。另外，除了哈尼族，村中还有早期迁徙而来的63户汉族人家。

从结婚成家以来，我一直很喜欢养殖行业，但以前我只想自己养殖赚钱养家，经过在研修班的学习，我想带更多家乡青年一起创业，我十分希望自己有能力给家乡青年提供帮助。2019年疫情发生，严重冲击到了我坚持四年的竹鼠养殖项目，目前只有慢慢转变成其他养殖项目了，可能离我的梦想更远了，但我还是想在这方面坚持下去。

在没有来到农大参加研修班学习之前，我没有意识到哈尼梯田的价值，更没有意识到哈尼族传统文化的宝贵。我父亲是我们村的“咪思”，负责祭水神等工作，这是我老祖传承下来的。以前想到我这一代就不想去搞这些了，但通过在研修班上的学习，我觉得这也是我们的梯田文化，很有意义，不仅不能放弃，更应该要重新去认识我父亲做的这些工作。研修班彻底改变了我对自己的认识，也打开了我对农业文化遗产地的认识。在社会经济发展不断冲击我们村落文化的今天，我感觉道路会比较艰难，既要闯事业赚钱养家，又得重新认识传统文化，尤其传承我父亲的工作。目前还没有找到更好的方法，有些时候我会感到很困惑、很矛盾。但我相信疫情给我带来的困难总是会过去的，坚持到底，会走出一条属于自己的路子，将来也能在哈尼梯田做一粒“种子”。

李福生：重识故乡的梯田农业

我家是绿春县瓦那村普垂自然村的。我出生时村里和家庭条件都不好，年轻人都出外打工维持生计，所以我从小也受到“在外打拼苦，也不在家里窝着”的观念影响，跟大多数村里的年轻人一样，对传统的农耕方式不认同，早早就出来打工。我们家乡山高路陡，农业机械化根本无从谈起，传统农业劳作不方便，需要劳动力多，效益低。而工业化的农业可以利用机器、农药、化肥节省劳力，提高粮食产量，传统农业跟工业化农业、科技农作比起来简直是一个天上一个地下，所以我就认定在这样的环境下，传统农业没有什么发展可言，我在家干农业的心就这么给磨灭了。但我懵懵懂懂的也知道食品安全、梯田荒芜都跟这种工业化有着大关系，隐痛一直都在。

后来通过在农大农业文化遗产研修班的学习，我的思想被完全颠覆。传统农业承载着很多价值，只是我们太在意经济价值，把其他的价值都给忽略了。它是我们老祖宗一代接着一代积累经验传承下来的，是我们的老祖宗与大自然和谐共处的大智慧、大手笔、大财富。就拿我们的哈尼梯田来讲，它的结构是森林—村庄—梯田—河流，就这么一个架构，我还没有进研修班以前，看着很平常，觉得没什么特别的，可通过专家们的详细讲解，才了解到这里面藏着秘密。大家都知道茂密的森林可以储蓄水分、过滤污水，可以让人直接饮用，所以祖先们利用这点把村庄建在了森林下。喝的问题解决了，但还要有吃的呀，所以又在村庄下面开垦出土地，根据自然条件选择适合的农作物来种植，解决温饱问题，所以他们开垦了梯田。吃喝住行都有了，下面就开始完善生活。村庄里开始养些家畜来提高生活质量，又把动物的粪便做农家肥，再靠雨水、森林里的水把人们的生活污水引流到农田，不污染环境，食物也健康，从而实现了人类与大自然的和谐共处。

通过这次研修班我也认识了很多朋友，他们都做着同一件事，把这种智慧和文化传承下去，把这种文明延续下去。这次学习使我动摇的心变成了保护之心、责任之心，让我的人生有了目标。我希望在我们哈农园团队的努力下，能带领父老乡亲把我们特有的农耕文化传承下去，从而实现它的文化价值、经济价值以及精神价值，让更多的乡村青年发展自我的同时，意识到保护和传承农业文化遗产的重要性，也能加入保护传承的队伍之中。

杨来福：哈尼族大学生的责任和义务

我从小生活在哈尼族村寨，在梯田上长大，但以前从来没有想过我们的梯田和民族文化需要保护。越来越多的青年一代都到城里打工，不喜欢再去梯田里劳作，现在依然劳作在梯田里的是老一辈的哈尼人。如果他们都老了，哈尼梯田会不会消失？会不会被世人遗忘？现在我所生活的绿春县瓦那村委会四角村，越来越多的梯田正在消失，以前的水田慢慢种起了玉米。老一辈的人也说："种那么多的田也吃不完，也种不动，选一块好一点的田种一点就够了。"所以，我想如果这样发展下去，哈尼梯田真的会没有未来了。

以前，梯田对于我来说是可有可无的，甚至是可以抛弃的，因为梯田给我们带来的只是无尽的劳累与困苦，每年哈尼人对梯田所投入的精力和劳力是他人无法想象的。但随着不断的学习和思考，我知道梯田不但不能被抛弃，反而要更加精心呵护。梯田是哈尼族祖先经过千百年雕刻出来的艺术珍品，是一代又一代祖先完善并传承下来的世界文化奇观，是哈尼族人民千百年来得以生存的命脉。在民以食为天的人类社会，梯田给哈尼族人提供了足够的食物，可以这样说，如果没有梯田就没有今天的哈尼族。所以说，梯田是世世代代祖先守护、传承并留给我们子孙后代的财富。作为新时代的哈尼族大学生，我有责任和义务去传承和发扬民族文化，保护和发展农业文化遗产地，我将通过自己的专业——哈尼语言和文化——积极参与到保护梯田文化的队伍中来，把自己的民族文化振兴起来。

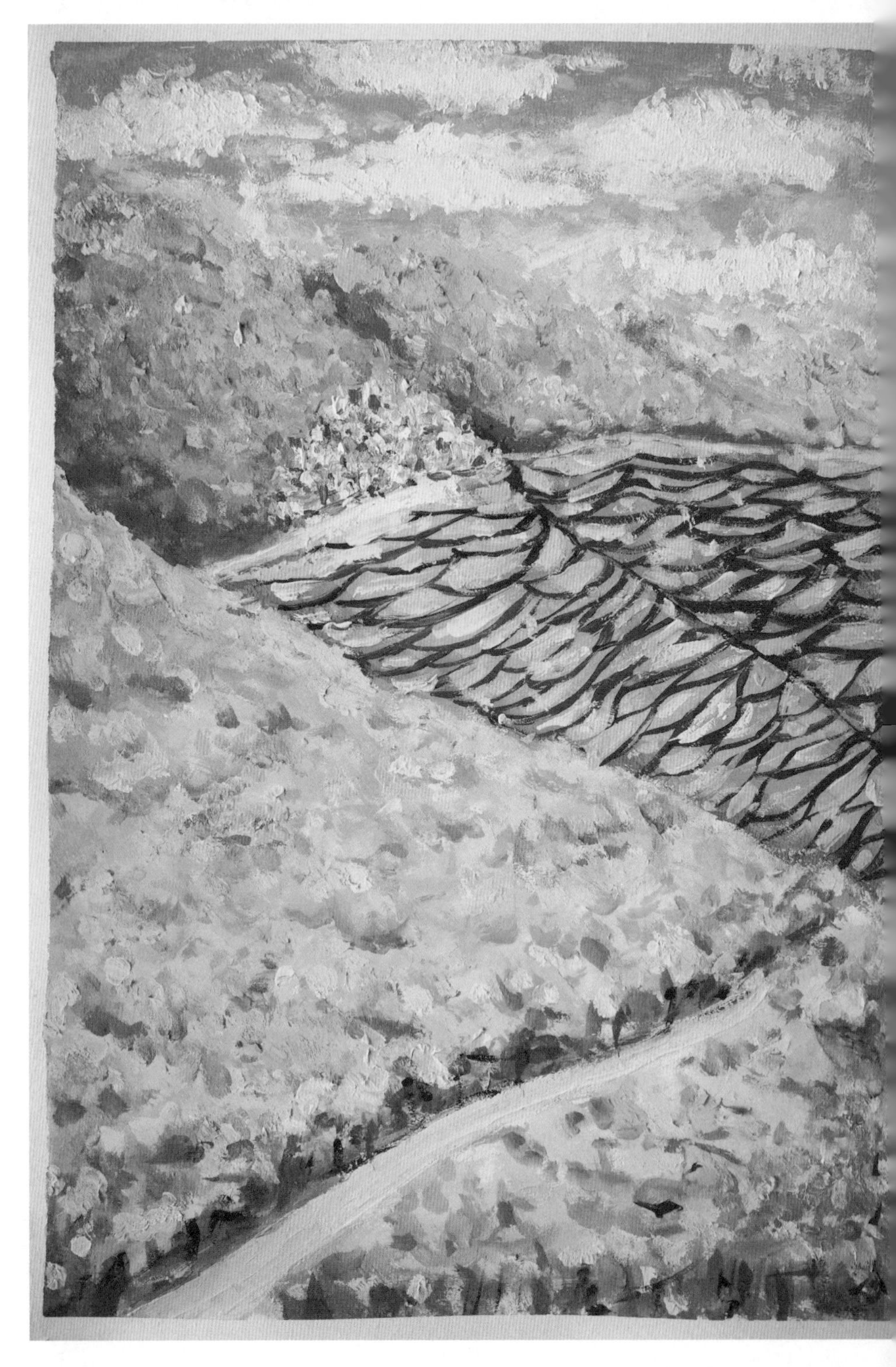

家乡（李院东 画）

吴亮福：通过创业改变家乡

作为一名土生土长的“90 后”哈尼族小伙，我体验过梯田的乐趣和劳作的辛苦。我大部分童年回忆都是关于梯田的，因此内心对保护哈尼梯田的热情是深深不移的。以前我也曾希望离开家乡，去大城市发展，做城市人。越长大我越觉得，有梯田的家乡才是最温暖的地方。现在村里的劳动力大批外出务工，留在家里的老人、孩子没有力气耕作梯田，很多梯田开始放荒，这种现象在近几年更加突出。如果这样下去，过不了多久，家乡的梯田就只能是在影片里才看得见了，梯田的一切都将成为历史，哈尼族的文化习俗也将随之消失。这不能不令人忧虑！

2015 年，在高福的带领下，我们成立公司，在维持生计的同时，希望能为哈尼梯田文化的保护尽一份力，过程很艰难，然而我们并不孤独。在中国农业大学举办的农业文化遗产地乡村青年研修班以及孙庆忠教授团队到瓦那村的调研中，我发现有很多志同道合的朋友也做着相同的事情。这让我更加坚定了信念，要把红米线的经济价值和哈尼梯田的文化价值发掘好、保护好。这是做大做强的前提。此时，我们国家的脱贫攻坚和乡村振兴政策让我们看到了希望，又一次重新聆听自己的心声。我希望通过自己的努力，在红米线开发的创业过程中，能够提高技能开发新产品，提升农产品附加值，打造统一品牌等，从而带动一方发展，把自己的作为融入国家如火如荼的乡村振兴战略中，这就是我回报家乡的心愿。

最美连云（周贤亮 摄）

福建尤溪联合梯田位于尤溪县联合乡，核心区涉及8个行政村，面积达10700多亩，被誉为中国五大魅力梯田之一，素来有“云中田地”的美誉。其耕种历史有1300多年，尤溪先辈们在此开山劈石，修筑梯田于山坡上，最终创造了自山顶至山谷分别为水源林—竹林—梯田—村庄—河流的立体循环农业生态系统，具有林地和森林的水源涵养功能、保持水土功能、调节气候的功能、病虫草害防治功能。2018年，作为中国南方稻作梯田系统的子项目，尤溪联合梯田被联合国粮农组织列入全球重要农业文化遗产。

联合梯田还是传统水稻种质资源的宝库，至今保留了传统水稻品种72种，可满足不同海拔以及不同季节水稻栽培的要求，保障联合梯田水稻常年生产。千百年来，联合梯田的山民们根据不同海拔安排不同耕作制度，创造了稻薯轮作、稻瓜轮作、稻菜轮作、稻烟轮作、稻草轮作、稻田养鱼、稻田养鸭等复合种植方式，使得联合梯田为当地人提供了丰富多样的食物。

除了特有的知识技术体系，与联合梯田农业生产生活相适应的文化也独具特色。金山下山歌，不仅旋律优美，还是古代前辈给后代传授农耕知识的一种方式，山歌的歌词里蕴含着当地许多农事活动信息，指导着当地的农业生产活动，记录了先民的生活方式。每年农历的四月初八，以祭牛神为核心仪式的“开耕节”，以及农历二月二十七举行的“拜伏虎禅师仪式”等文化现象都是尤溪联合梯田宝贵的精神财富。

杨锋　赖清亮：守护“荷锄登云梯”的田园生活

“万壑天风过耳畔，千亩梯田入云巅。”谷雨过后，尤溪联合梯田又迎来了一年春耕的时节，金鸡山上的杜鹃花鲜艳夺目。清晨，站在连云梯田的地头上，看云雾浮沉变换。当一束金光穿破云雾散落在辛勤耕种的村民身上，看着他们面带欢笑的脸颊，仿佛目睹了梯田上祖祖辈辈年复一年的故事。

我们都是乡镇干部，2016 年开始接触农业文化遗产的保护工作。近些年来，我们在开展工作的过程中发现大量的良田抛荒，年轻人大都不愿从事劳动强度大且管理复杂的稻田耕种工作。然而梯田的维持，离不开大量人工的投入，离不开原始的劳作方式。外出打工的人赚到钱后，为了孩子的教育和老人的医疗，也搬去县城或者市里居住，乡村小学不得不一再撤校合并。目前联合镇共 12 个村，仅有 4 所小学，其中 1 所是中心校，3 所村小，然而村小仅能供孩子读到二年级，三年级开始就需要家长每日长距离接送。幸运的是，2013 年尤溪联合梯田被列入中国重要农业文化遗产之后，省市县高度重视此项工作。近年来，由于有了遗产地这块牌子，荒田慢慢种上了，游客也一年年多起来，老百姓的腰包鼓起来，村财也不断壮大了。作为乡镇干部，我们认为这是一个机遇，只要牢牢把握住遗产地这块“金字”招牌，就能握住钱包，留住人才，守护住梯田。然而，虽然钱包渐渐鼓了起来，却依然阻挡不住人们外出的热情，看不到以往人们对于梯田土地所洋溢出来的幸福感，听不到金鸡山上对唱的山歌。那么到底什么是农业文化遗产，我们到底该如何保护？这些问题一直萦绕在我们脑子里。带着这些疑惑，我们很荣幸地参加了中国农业大学主办的2019年第一期农业文化遗产地乡村青年研修班，并在这里找到了答案。

虽然距离去往北京学习将近一年，但是回忆起在中国农大的点点滴滴仿如昨日。仲夏的北京骄阳似火，六月的农大青春跃动。在闵庆文等专家教授的传道授业中思考，也在优秀遗产地青年的精彩分享中得到启发。在农大学习期间，除了“解民生之多艰、育天下之英才”的校训之外，还有一句话让我的印象最为深刻，即人文与发展学院的“重拾人文情怀，讲好发展故事”。从中国农业大学积极推进农业文化遗产保护与发展的举动中，从孙庆忠等教授娓娓道来却铿锵有力的勉励声中，我知道这绝不是一句空话。短短 7 天的学习让我们意识到相比更多的财政资金、物力支持，实际上农业文化遗产地缺失的，同时也是最需要的，恰恰是一种可贵的人文情怀。这种情怀将驱使我们努力去做事、努力做成事。如果当地的农民、当地的青年、当地的乡贤、当地企业主、当地的干部，都能用心书写保护与发展的故事，那么千年遗产何愁再延续千年？

农业文化遗产地需要一股青春力量。他们可能是回乡创业的青年，可能是投身乡村的大学生村官，可能是从事农业生产的新农人，也可能是高校院所的青年学生或专家教授，他们的努力对遗产地的作用将不可估量，比如来自贵州从江侗乡收集老照片的张传辉，来自云南哈尼梯田推广红米线的李高福，来自河北涉县梯田守护王金庄的王虎林等，他们都为故乡的宝贵遗产做着不同的贡献，这是一股正在勃发的青春力量，是所有农业文化遗产地乡村青年的榜样。

农业文化遗产地需要一批赤诚干部。作为一名基层干部，福建平和的赖俊杰老师给我们留下了非常深刻的印象，他介绍了平和琯溪蜜柚如何冲出大山、走向世界的宝贵经验，着实让我们醍醐灌顶，原来一名基层干部可以做这么多事情。同时，这也让我们羞愧汗颜，因为我们做得还远远不够。在遗产地的保护与发展中，政府参与十分重要，有一批懂农业、爱农村、爱农民的“赖俊杰式”的基层干部更加重要。如果遗产地的基层干部都能赤诚履职，向上赢得领导支持重视，向下做好群众思想工作，就能打通农业文化遗产地保护与发展的“任督二脉”，当前存在的一些棘手问题也将迎刃而解。

反观自身，我们之前的想法的确狭隘，遗产地带给我们的不仅是资金，更是祖先留给子孙后代的一缕乡愁、一份寄托、一种情怀，让我们有迹可寻，有家可回。祖先不仅教会我们自然的生存智慧，还世世代代给予我们精神的慰藉。总而言之，农业文化遗产的保护永远在路上。在今后的工作中，我们将勇敢肩负起时代的使命，努力做好本职工作，力争成为一名“赖俊杰式”的基层干部，为福建尤溪联合梯田的保护与发展上下求索，为书写“我家在景区，荷锄登云梯”的山水田园新生活贡献自己的绵薄力量！

浙江湖州桑基鱼塘系统是将种桑养蚕、蚕沙养鱼、鱼塘立体养殖、塘泥给桑树施肥等4种不同农业生产方式人工组合而成的一种多层次复合生态农业系统，至今已有2500年历史。其主要分布在湖州南浔区西部的菱湖镇、和孚镇行政区域，面积约12万亩，被联合国教科文组织誉为“世间少有美景，良性循环典范”。2014年湖州桑基鱼塘系统成功入选第二批中国重要农业文化遗产。2017年，该系统被联合国粮农组织认定为全球重要农业文化遗产。

古时的湖州属于太湖南岸的古菱湖湖群，又名湖州低地。每当雨季，西面天目山山脉的大量山洪通过东苕溪和西苕溪进入本低洼地域。由于当时区域内河道不甚畅通，先民在此创造了“纵浦（溇港）横塘”水利排灌工程。在此基础上，湖州先民摸索出了在塘基上种桑、桑叶喂蚕、蚕沙养鱼、鱼粪肥塘、塘泥肥桑的生态循环模式，掌握了桑树品种育种技术、桑苗繁育技术、桑树种植管理技术、蚕种育种技术、蚕的饲养技术、传统缫丝纺织工艺，以及鱼塘立体生态养殖技术，保证了桑基鱼塘系统的可持续发展。为防治桑基鱼塘水质恶化，先民们还创造了鱼塘水质控制技术，建立了一套良好的鱼塘立体生态养殖模式，形成了可循环的鱼塘生态食物链，从而保证了鱼塘的营养生态平衡，保障了物质和能量的内循环和对外在环境的零污染，成为农业生产模式的典范。

桑基鱼塘除了具有重要的生态价值与传统的知识技术

体系，还形成了养蚕和养鱼相辅相成、桑地和池塘相连相倚的优美生态农业景观，以及丰富多彩的蚕桑文化和鱼文化，产生了极具文化价值的民间艺术与习俗，包括“扫蚕花地”、蚕歌、蚕花戏、扎蚕花、千金剪纸、“渔家乐”等。2008年，蚕桑习俗被列入国家非物质文化遗产名录。

磨铮杰：竭力续写鱼桑文化之传奇

湖光潋滟，桑叶沃若，河道水网纵横交错。年代久远的桑基鱼塘宛若颗颗明珠镶嵌其中，又如一幅质朴的绿色画卷铺满大地。这便是我这个来自大山的孩子初到和孚镇当一名乡村干部时，对中国古代鱼桑之乡——荻港村的第一印象。作为一名“新湖州人”，起初我分管的是畜牧条线，每次统计防疫数据时，桑基鱼塘系统核心保护区和孚镇荻港村的负责人都会一脸骄傲地告诉我，荻港村主要以旅游为主，很少有村民从事畜牧这又脏、又累、又不赚钱的行当。这种说法激发了我对荻港村的好奇和探究之心。奈何工作条线不同，我一时之间并没有过多关注和了解桑基鱼塘。也许一切都是命运的安排，2019年4月机构改革调整工作条线后，我有幸负责桑基鱼塘系统的相关工作，也由此与桑基鱼塘结缘，与农业文化遗产结缘，与中国农大结缘。

作为一名遗产地的乡镇干部，我常常问自己：“我可以为这里做些什么，可以为农业文化遗产保护做哪些力所能及的事？”直到有幸聆听闵庆文教授关于农业文化遗产的讲座，才破除了我对农业文化遗产的种种疑惑。农业文化遗产的挖掘、保护、利用及研究，已成为“农业国际国内合作的一项特色工作”，也是促进农村生态文明建设、美丽乡村建设、农业绿色发展、多功能农业发展以及乡村振兴、脱贫攻坚的重要抓手。我们乡镇干部只有科学理解农业文化遗产的内涵与价值，才能使这一兼具农业经济发展、生态保护和传统文化传承功能的古老智慧焕发新的活力，才能把桑基鱼塘保护好、利用好、发展好。同时，还要将保护的理念和做法传达给村子里甚至镇上的每一个人，让他们多一份对家乡的热爱，提高对农业文化遗产的保护意识。尤其是孩子，他们是事业的传承人，加深其对于遗产地的了解，培养农耕文化的情趣，需要从娃娃抓起。于是，我们成立了湖州鱼桑文化研学院，并派专家指导培训工作：培养桑基鱼塘小传人，让孩子们从小就对传统农耕文化心存自豪。我们不仅教他们认识遗产地丰富的生物多样性和物种共生的生态意义，让孩子们从小树立生态文明的理念，还利用遗产地中的自然原料制作各类文创产品，如蚕茧灯、蚕丝纸、蚌壳画、湖笔等，激发孩子们的兴趣和创造性。而且通过抓鱼比赛、步行砚壳路、划菱桶等传统农耕活动，提高孩子们的身体素质和潜能，培育他们热爱劳动、热爱农业的思想。除此之外还创建农业文化遗产主题书屋，邀请专家举办讲座，让孩子们有机会学习更多的农业文化遗产及保护知识。举办研学活动的效果很好，仅 2019 年就接待全国各地中小学生数万人，能够在寓教于乐中弘扬鱼桑文化，有效增加了农业文化遗产的厚度、广度和吸引力，也让孩子们从小在心里就种下了珍视、保护、传承桑基鱼塘这一古老农耕文明的种子。

看着孩子们专心致志体验的样子，我瞬间明白了宋一青老师给我们上种子课的真谛：种子对农业文化遗产有着重要意义，鱼桑文化是一枚枚种子，千百年来深植于鱼桑村民的心里；孩子们也是一枚种子，承载着农耕文明复兴的希望。至此，我又忍不住想起到中国农业大学参加第二期乡村青年研修班学习农业文化遗产相关知识的场景。短短一周的课程，却让我收获满满，让我对农业文化遗产的概念有了更加深刻的认识。通过学习农业文化遗产发掘与乡村振兴的相互促进关系，我明白了农业文化遗产保护的现实意义，知道了作为一名遗产地的乡镇干部，可以为农业文化遗产保护做哪些力所能及的事。

在讲座中，闵教授还特别表扬了我们湖州，他说："依托浙江湖州桑基鱼塘系统，打造全球重要农业文化遗产主题餐厅，推出中国15家全球重要农业文化遗产地的特色农产品和本土文化，让游客在湖州能享受到全国各遗产地的美景、美食。积极发展鱼桑研学基地，成立两个院士专家工作站、三个亮点。"这番话既是一种肯定，又是一种激励与鞭策。此外，通过聆听其他遗产地青年返乡创业的感人故事，让我深深地感受到在中国这片热土还有很多青年人为了梦想而奋斗。这让我情不自禁地想起我们湖州也有这么一位桑基鱼塘保护与传承的践行者，她就是徐敏利，湖州荻港徐缘生态旅游开发有限公司的董事长。由于从小在这片土地上长大，几代人受益于桑基鱼塘的恩泽，使她懂得桑基鱼塘作为一种科学的人类生存模式具有重要的历史价值和现实意义，并将守护桑基鱼塘作为自己一生的使命。多年来，徐敏利从文化、科技、美食、节庆，到出书刊、办教学、创建基地、组团调研，想方设法利用一切载体和渠道，在全省、全国乃至世界范围内宣传传统鱼文化、桑蚕丝绸文化、美食文化、古村文化、农耕文化、婚俗文化等几千年的桑基鱼塘文脉，并投资近千万元创建了"浙江桑基鱼塘系统历史文化馆"。她为村里做的每一件事情，都被村民一一记住，每一个人都感念她为此付出的努力。对于徐敏利的奋斗史了解得越深，越被她的信念和执行力所折服，这也是我们需要向她学习的地方。

随着深入接触桑基鱼塘，我爱上了这里的一切，虽然我是一名“新湖州人”，如果种子对农业文化遗产有着重要意义，那么我愿成为这里的一粒种子，为农业文化遗产的传承做好自己力所能及的事，让这里的鱼桑文化继续书写它的传奇。

探寻山野（熊悦 摄）

开化县地处浙江省母亲河钱塘江的源头，浙皖赣三省交界处，是浙江重要的生态功能保护区。浙江开化山泉流水养鱼系统位于开化县地势最高的中山地区溪流的上游区域，涉及何田、长虹等 6 个乡镇，包括 86 个行政村，总面积 884.9 平方公里，人口 19.17 万人。千百年来，当地劳动人民利用山地溪流资源在房前屋后或溪边沟旁建造流水坑塘，通过投喂自然青饲料来养殖草鱼、鲤鱼、鲫鱼等，形成了山地、溪流、坑塘和村落连成一体的独特的土地利用方式与农业景观。2019 年该系统入选第五批中国重要农业文化遗产。

清水鱼塘多分布于房前屋后，依据河流地形，用石块垒筑成各种形状的塘池，面积不大，约七八平方米，塘内水不深，多在二三米，有进出水口，且进水口高于出水口，塘内水与外部河水交换流通，是谓活水，保证了水体的含氧量。为过滤河流中的杂物，保证引入的水质清洁，进出水口外围拦有竹签编制而成的网子，起到过滤鱼塘水中杂质的作用，保证流出的水质优，同时也是为了防止塘内的鱼出逃。鱼塘上面搭有竹竿，在竹竿上种有瓜藤，既可以在夏天为鱼塘遮阴又可以在冬天为鱼塘保暖。当地人将此种养鱼的模式称之为“古法养鱼”，养成的鱼称之为清水鱼。

开化山泉流水养鱼历经千百年的演变，不仅发展为符合绿色农业的生产模式，也形成了独特的鱼文化，养鱼、抓鱼、吃鱼、烧鱼、送鱼的习俗已经与人们的日常生活紧密联系在一起。每逢贵客来临，村民们都会烧鱼，这是待客的最高礼仪，当地老百姓有句待客的口头禅：“山坞里，没好菜，抓条活鱼把客待。”节庆中送鱼也有讲究，女婿要选家中最大的鱼送给岳父岳母。清水鱼身负盛名，不仅味道鲜美、文化意味深厚，更重要的价值体现在它的教化作用。“杀猪禁渔”是开化很多乡村针对河道污染、杀鱼捕鱼现象提出的一道村规民约。通过奖罚措施来限制人们捕鱼，并且立了一个石碑放在河边，以警示村民。因此原本强制性的村规民约逐渐变成了人们心中约定俗成的生活态度，也体现了村民对于自然的敬畏与爱护。

许柳晨：与开化清水鱼相伴 10 年

2009 年我到开化县何田乡人民政府担任渔技员，主要从事水产技术推广和清水鱼产业发展方面的工作。初到何田，第一次看到山泉流水养鱼系统，青石砌筑的鱼塘上长满青苔，潺潺流水一端进一端出，池塘清澈见底，一条条黝黑草鱼在水中悠然自得，我从内心为山村深处有这样奇特的养鱼方式而赞叹。何田乡是浙江开化山泉流水养鱼系统的核心区域，鱼塘多而古老。随着工作的开展，我也逐渐走进了这块大山深处的土地，跟着老干部跋山涉水，到农户家里走访调查，和养殖户在鱼塘边聊养鱼心得，慢慢地我对开化清水鱼的情况熟悉起来。就这样在何田乡工作了 10 年，我与清水鱼、与何田、与农村相遇，并且结下了不解之缘。

10 年来，何田的乡村发生了深刻的变化，清水养鱼从一种生活方式变成了当地农民增收致富的重要手段。但随着市场化和外部竞争的逐渐加强，也暴露出一系列的问题，面临着越来越多的挑战。这之中，最能引发深思的是产业发展背后关于人的问题。在乡镇工作 10 年，除了乡干部以外，能遇到二三十岁年轻人的机会很少，留在家的多是 40 岁以上的人群，而且女性居多。在家务农或者发展事业的都是初中以下的人，高中学历已是少见，大学生几乎没有。在农村干部中，10 个行政村的书记主任，平均年龄在 55 周岁以上，村文书年龄相对小一些，也都在 40 周岁以上。乡村老龄化给乡村发展带来的影响是巨大的。青壮劳力的短缺、接受新事物的能力不足，这些短板在飞速发展的现实环境下越来越突显。尤其是年龄老化的乡村干部，在创新谋划、带动产业发展方面难以胜任，新媒体宣传、智慧化乡村更是无从谈起。

乡土文化的振兴是更值得思考的问题。乡村对人的吸引，绝不仅仅是山水田园，更多的是乡土人情所勾起的那一抹乡愁。值得庆幸的是，何田地处深山，很多传统风俗都被保留下来。但随着老一辈人的逝去，也有很多记忆不停地流逝。当下乡村所需要的，不仅仅是产业的振兴、经济的发展、人才的培养，更需要传统文化的保护和传承。乡土是根，新芽与旧叶的交替都离不开根的滋养。

荣幸的是，2019 年冬季的农大研修之行，让我对于农业文化遗产的保护工作又有了新的理解与思考。其中给我印象最为深刻的是来自其他农业文化遗产地的 3 位小伙伴的故事分享。不谈感性的理想、梦想和精神动力，只想谈一谈我从 3 位小伙伴的案例中得到的一些启发和思考。传辉把乡村旅游作为村寨联盟共同发展的纽带，高福从红米线产业中找到了支撑整个哈尼梯田发展的全产业链条，环珠在大名鼎鼎的安溪铁观音茶叶发展中寻找到女性独有的地位。这一切仿佛都在传递着相似的讯号——农业文化遗产的传承发展，不仅仅需要情怀和责任，还需要有一个实实在在的产业项目来支撑。情怀和责任好比是心，为工作开展指明了方向；产业项目好比是腿，是遗产保护传承工作一路走下去的具体落实，两者缺一不可。这对开化山泉流水养鱼系统的下一步工作，有着非常好的指导和借鉴意义。

3 位优秀青年的演讲，让我想起我们开化也有几位优秀的乡村青年，他们也在默默地为家乡的振兴而努力。汪立友在外务工多年，2008 年回到家乡承包了 18 亩河滩开始了他的清水鱼养殖事业。虽然遭受家人的阻挠、朋友的嘲讽，但是他依然没有放弃改变家乡的初念。回想自己创业的历程，汪立友感慨颇深地说："自己的事业和政府的帮扶密不可分，没有政府的好政策，我的创业道路不会如此顺畅。何田是我的根，漂泊多年终归还是要回到根上，能找到清水鱼养殖这样一条路是我的幸运。"

来到谷雨家庭农场，映入眼帘的是一排排高大的树木和整齐的鱼塘。谷雨家庭农场创办于 2014 年，创办人金碧倩毕业于法国昂热大学，获得文化遗产管理专业硕士学位。她来到何田，被这里的青山秀水和独具特色的清水鱼所吸引，于是萌发了用她所学之长在这里做一番事业的想法。法国葡萄酒文化是她的研究领域，她尤其想把学习的理论和成功的实践经验应用到中国本土农业的发展中。初到何田，乡村生活的艰苦对于金碧倩来说都是小问题，但在国外的生活经历让她对中国的乡村观念与文化一时难以接受。通过与当地人的长时间接触，她慢慢地明白了中国的乡村是人情社会，重新改变了做事的方式，农场的生产也一步步走上正轨。她想把欧洲的有机农业生产体系与中国传统农耕农作结合起来，同时把传统农耕文化，尤其何田清水鱼文化发扬光大，像法国的葡萄酒文化一样得到全世界的认可。现在的发展离她的理想还有很长的距离，这条路漫长艰辛，但她坚信自己会一直努力走下去。

汪立友、金碧倩是何田清水鱼产业发展中众多奋斗者中的代表，还有许多年轻人像他们一样打拼。他们是新时代里的新农人，是乡村产业振兴的真正践行者。

充实而快乐的时光总是短暂的，农大一周的学习让我认识了很多杰出的乡村青年，看到了他们为家乡农业文化遗产保护所做的努力，聆听了众多老师深情而专业的讲授，也更加深刻地理解了乡村振兴、乡土文化和农业文化遗产保护的重要性和紧迫性。再次回到何田，我反思自己走过的10年历程，有庆幸也有遗憾，但绝没有后悔。以己之身融入乡村，以己之长服务乡村，这是我行动的方向。

☀ 祖孙放牛（秋笔 摄）

福建安溪铁观音茶文化系统遗产地位于福建省东南部的泉州市安溪县，其境内气候温和、土层深厚、土质松软、保水性能好、有机质含量高且矿物质营养元素丰富，十分适宜茶树生长。安溪全县拥有茶园总面积约60万亩，其中铁观音茶叶的种植面积约40万亩。其核心保护区为安溪县西坪镇，海拔在500—800米之间。2014年，福建安溪铁观音茶被列入中国重要农业文化遗产名录。

安溪茶叶种植，始于唐末，距今已有1000多年。发展至明清时期，安溪茶农发明创制了独特的采制工艺，形成了独特的茶类——乌龙茶，并且创造出“茶树整株压条繁殖法”，实现了茶树从有性繁殖到无性繁殖的转变。也是在这一时期，在西坪镇发现了铁观音的原初植株。而后安溪茶农更在生产实践中，形成了以传统铁观音品种选育、种植栽培、植保管理、采制工艺为核心的农业生产系统。

安溪茶园通过实施“茶—林—绿肥”的复合栽培，合理建设水利和道路设施，实现了树、草、肥、水、路的有机结合，不仅增强了茶园系统的稳定性，有效保持了水土，改良了熟化土壤，提高了茶园土地利用率和产出效益，还保护了生态和生物的多样性。现有茶树品种44个，被誉为“茶树良种宝库”。安溪铁观音能够在其中脱颖而出，主要体现在它的制作工艺上，它的初制工艺流程为：晒青→凉青→摇青→炒青→揉捻→初烘→包揉→复烘→复包揉→烘干10道工序。其中独特工序之一的包揉，是其他茶类所没有的。

安溪茶农在种茶、制茶、管理茶、喝茶的过程中，不仅培养了懂茶、爱茶的安溪茶农，更是形成了独特的茶文化。2008 年，“乌龙茶制作技艺”被列入第二批国家级非物质文化遗产保护名录。安溪茶艺带有浓厚的闽南生活气息和艺术情调，传递的是“纯、雅、礼、和”的茶道精神。此外，安溪茶农在生产劳动和生活实践中，总结、提炼、形成了一系列言简意赅、以闽南方言传诵的茶谚，也是安溪茶文化的重要组成部分和宝贵的文化遗产。

魏春兰：传续“观音托梦”之茶缘

转眼间，距离前往中国农业大学农业文化遗产地乡村青年研修班学习已经一年。2019 年 6 月 16 日，从北京飞回厦门，再回到安溪，短短一个星期的北京培训之旅如梦如幻，这是我大学毕业以来最有意义的一次培训，它让我重新发现了家乡茶文化的魅力，找到了从事农业文化遗产保护工作的意义，让我坚定了今后人生的方向。

我的家乡松岩村，是福建安溪铁观音的核心产区，隶属于福建省泉州市安溪县西坪镇，全村总人口 1920 人，全部魏姓。松岩村打石坑是安溪铁观音“观音托梦说”的发源地。相传清雍正元年（1723 年），九世魏荫受观音大师托梦点化，在这里发现了安溪铁观音品种。对于松岩村，我的记忆满是茶香。小时候的记忆，是凉爽深夜里如同灯光般明亮的繁星，在没有路灯的夜晚闪闪发光；是午后时分飘满山里山外的茶香；是玩耍疲累时的一杯清茶；是一家人在庭院喝茶聊天的闲暇时光。

小时候假期回到家乡，恰逢是茶季，便可以看到乡里的大人们忙着采摘茶叶。那时汽车还是稀奇物件，采茶后的运输大多以摩托车运载，两三大袋的茶青从高山茶田沿着险峻的小土路运回家制作。现在想来，骑摩托车的大叔、阿姨们各个都是“车神”，没点技术可没人敢如此开车。不过为了生存，也不得不练就一身骑车的本事。那时候的家乡路灯很少，晚上还要打着手电筒才能外出串门，房子也没有那么多，并且房顶都是平的。由于有些房子没有前院中庭，那些不沿路边居住的茶农们，既没有办法在自家院子里晒青，也没有办法在路边上晒，因此平整的房顶便是晒青的最佳场所。我曾不能理解，为什么在茶农的门前屋后总能看到砍好的枯树枝，后来才知道，它是生火供炒青用的。在科技的力量还没有融入茶农的生产生活之前，他们都是如此这般地依靠祖祖辈辈口耳相传的技艺和有限的空间来生产制作茶叶的。然而，时过境迁，没想到外出求学的四年，家乡也在悄然转变。

由于铺设了石板路，通往铁观音发源地的交通方便了，外来的游客可以一睹铁观音母树的风采，当地村民们也因茶致富了。村民的素质不断提升，人们开始注重环境卫生，统一进行垃圾转运处理，不再自行焚烧、掩埋垃圾破坏当地的生态环境。放眼观去，村容村貌明显改善，各家各户也焕然一新。以小见大，安溪的变化更是显著，它从最早的国定贫困县发展到如今的中国茶都之一，不仅摘掉了贫困的帽子，反而还拥有了“最美双铁之都”的称号。“双铁”的含义：一是安溪铁观音，二是藤铁工艺。如今全村茶产业外设有近百家销售窗口，其中以市级龙头企业、市十佳茶业企业“魏荫名茶”“中闽魏氏名茶”等带动全村茶产业的发展。同时，安溪作为全国茶文化旅游三大黄金线路之一，与之匹配的旅游基础项目和基础设施也已初具规模。

由于家族历代制茶，我最早关于茶文化的启蒙也是源于父亲魏月德。他是国家级非物质文化遗产保护项目乌龙茶（铁观音）制作技艺代表性传承人。他一直不忘初心，坚守传统技艺，保护家乡茶产业的发展，在他身上我看到了传承的重要性。父亲在广东经商成功后，回到安溪创办安溪铁观音文化园，致力于发展保护安溪铁观音茶文化，并且回乡推动修路，推动茶文化旅游的建设。正是由于父亲的影响，大学毕业后我便一直跟在父亲身边学习茶技艺。在学习的过程中，我注意到安溪铁观音传统制作技艺开始出现断层，青年人更愿意往城镇发展，越来越多的人不愿待在乡村。或许我更多专注于学习茶技艺的本身，没有过多思考何谓茶文化，以至于我对安溪铁观音茶文化系统的了解只是停留在表面。我不知道学习这些“东西”对我以后有什么用处，于是开始对茶文化的发展之路以及自身的未来产生担忧。

幸运的是，我参加了中国农业大学举办的第一期农业文化遗产地乡村青年研修班。在这里让我对安溪铁观音茶文化系统有了更加全面的理解，也让我坚定了未来的道路。在这里我感受到了农业文化遗产的魅力，也逐渐理解了什么是农业文化遗产。它关注的不仅仅是物质层面的表达，更是精神层面的追求。农业文化遗产并不是触不可及的。恰恰相反，它就在我们身边，就在我们的脑海里，就在我们每一天柴米油盐酱醋茶的生活里。在中国农业大学的平台上，我开拓了眼界，认识了为“农遗”倾注心血的老师们，认识了来自各个农业文化遗产地的乡村青年们，在与他们交流碰撞的过程中，激发了很多自身对于农业遗产地的想法。如果没有这次研修的机会，我对于自己的家乡，对于自己所从事的事业，依然停留在最肤浅的认知上，只会狭隘地认为这仅仅是一个标志。但经过研修班的学习，我意识到农业文化遗产不仅是一个符号，更是我们对于家乡的认可，对于传承保护茶文化的认可。我们可以通过产品本身拓展宣传渠道，让越来越多的人了解“农遗”，一起推动农业文化遗产地的发展。另外，针对家乡青年外出、技艺传承出现断层的现象，我更加意识到文化认同的重要性，我们应该积极推动家乡茶文化的宣传，让更多乡村青年认识到自己文化的根脉，自觉回归乡土，参与到农业文化遗产保护的工程中来。

同样，我了解到安溪铁观音的文化要想真正传承下去，不仅仅需要传统制作技艺的传承与发展，更需要保证这片土地的延续与发展，保护这片神奇的树叶能够生生不息地繁衍下去。我父亲作为老一辈茶人，一直尽其所能为松岩村作贡献，我也希望能像父亲一样为家乡做出自己的贡献。作为在地青年，我目睹了安溪从我自小到大的变化，见证了铁观音这一片神奇的树叶如何影响了一代又一代的茶乡人。为此，我感到无比荣耀，我生于茶乡安溪西坪松岩村，生于茶人世家，能与铁观音结下如此茶缘，以至于我日后只想在这条茶路上慢慢地走下去。

青田县位于浙江省东南部，瓯江流域的中下游，1300多年来一直保持着传统的农业生产方式——稻鱼共生。这是种植业和养殖业有机结合的一种生产模式，也是一种资源复合利用系统。方山乡龙现村是其核心保护区，现有农田500多亩、小塘140多个，因其拥有久远的田鱼养殖历史和得天独厚的田鱼文化，曾被誉为“中国田鱼村”。2005年，青田稻鱼共生系统被联合国粮农组织列为首批全球重要农业文化遗产，也是中国第一个全球重要农业文化遗产。

鱼，依稻而鲜；稻，依鱼而香。鱼可以在稻田里自由自在地游弋，它们以田中之虫为食，而禾苗恰以鱼儿之粪为料。稻鱼共生系统通过“鱼食昆虫杂草——鱼粪肥田”的方式，使系统自身维持正常循环，保证了农田的生态平衡。此种生态循环系统大大减少了对化肥农药的依赖，增加了系统的生物多样性，以稻养鱼，以鱼促稻，生态互利，实现了稻鱼双丰收。

在青田，水稻和田鱼是当地居民赖以生存的物质基础。人们利用稻鱼共生系统在收获稻米的同时也收获了鱼肉，齐全的动植物蛋白质满足了营养需求。因此，稻鱼共生不仅是一项传统的农业技术，更是一种文化、一种精神和一种象征。稻鱼文化不仅体现在农业知识和传统农具上，还体现在地方习俗、节日、饮食等诸多方面。当地农民有熏晒田鱼干的传统，并将其视为逢年过节、请客送礼的珍品。村里人嫁女，有将田鱼（鱼种）作为嫁妆的习俗。

青田鱼灯以及鱼灯舞更是闻名遐迩，2008 年被列入国家级非物质文化遗产保护名录。

朱旭荣：保护好“稻鱼共生系统”是我的责任

小舟山是青田稻鱼产业大乡，2007 年我任小舟山乡人大副主席，分管农业部分，开始接触稻田养鱼工作。那时我对当地的情况了解不深，对于稻田养鱼系统更是知之甚少。经过走访调研了解到，小舟山稻田养鱼现状不容乐观，青壮年劳动力大量外流，去打工或者下海经商，在家的都是老、妇、幼，没有足够的劳动力可以扛起稻田养殖的重担，以至于稻田的耕种面积大规模减少，甚至直接变为荒地。作为一名乡镇领导，我无时无刻不在寻求破解良策的路上。

幸运的是，在走访踏查的过程中，我发现当地有一位农业生产的能人。从村民的口中得知他叫刘永如，以前是稻田养鱼的能手。当时的农业并不景气，乡里的年轻人大都外出寻求新的发展路径，他也不例外。后来通过与他的沟通联络，了解到他的确有回乡种稻养鱼的打算，但是依然心存顾虑。为了能够劝服这位能人回村创业，我们两个见了面。我给他讲解了当前政府给予农业的优惠政策，帮助他分析现在农业发展的前景，在一番利弊的推演下，也许是志趣相投，他愿意相信我，于是选择了回乡。他一回来就组建稻田养鱼专业合作社，以种植有机稻米为目标，开荒种田。我帮忙争取上级资金，建设农田基础设施，修水渠、操作道。最后我们开发了“稻田养鱼 + 油菜种植”的生产模式。由于此模式的发展，荒田少了，稻田养鱼面积增加了，稻子和鱼获得了丰收。但销售难的问题又接踵而至，于是我们开始注重品牌建设，注册商标和申请有机米的认定。而后规划了小舟山爱心油菜花园区，经过微信朋友圈的宣传，逐渐有了名气，大家都慕名而来，小舟山油菜花成了“网红”打卡地，逐渐影响了整个浙江，还登上了中央电视台。

我真正与农业文化遗产结缘，源于 2013 年调任方山乡人民政府副乡长，分管农业工作，这时才与青田稻鱼共生系统有了真正的接触，并对其有了更进一步的认识和理解。作为中国第一个全球重要农业文化遗产，我对其提升和保护工作尤有兴趣。方山乡和小舟山乡面临一样的问题，针对这些问题，我们积极配合上级政府推进修复水渠、操作道、生态田埂等基础设施建设工作，完成方山乡小农水改造、稻鱼共生特色园、水稻产业提升、奇云山水库除险加固、奇云山水库引水工程等项目，同时，深入群众、了解群众所需所求，成立了多个稻田养鱼专业合作社等。

虽然与农业文化遗产保护工作打了 7 年交道，更是与农业打了 13 年交道，但是自己所处的环境毕竟是政府部门，没有跟高校有过深入的接触和交流，以至于最近几年来内心陷入迷茫的漩涡，开始怀疑自己是否应该在农业文化遗产保护和发展这条路上继续坚持下去。然而，2019 年 6 月有幸前往中国农业大学举办的农业文化遗产地乡村青年研修班进修，短暂的一周学习让我终生难忘。正是这一次的培训让我迷茫的内心得到了神圣洗礼般的安抚，让我的内心少了一份浮躁，多了一份宁静；少了一份焦虑，多了一些平和；少了一份忐忑，多了一丝坦然；我浮躁、彷徨、迷茫的内心似乎找到了归属。我仿佛看到了内心期待的乡村振兴的场景。虽然只有一周的学习与培训，但是胜过自己在黑暗中摸爬滚打探索的一年，甚至几年。我深刻体会到学好农业文化知识、提高自身业务能力的重要性。作为农业文化遗产地的干部，最应该认识到加快地方文化传承的重大意义和紧迫性。

在乡村青年工作坊中，听了遗产地青年代表张传辉、向克标、李高福和王虎林关于在遗产地创业的经验、困难与发展机遇的分享，他们坚韧不拔、持之以恒的创业精神和保卫家乡土地的守护精神让我感动。他们的故事还让我明白，虽然世上没有容易做成的事，但是也没有完成不了的事。老师带领我们参观京西稻北坞村玉泉山保护地，让我认识到工作不能一成不变地做，要不断地学习并贴近生活、贴近群众。农业文化遗产地要以多种形式来宣传，让更多的人去认识、去感知、去推进，这样的保护才能够给我们以启迪，引发我们思考，迫使自己努力学习和借鉴，从而促使自己进步和创新。老师们的人生感悟更是给了我深刻的启发，虽然已经听过其中一些老师的授课，但每次听课都有不同的感触和收获，特别是孙庆忠老师的开班讲话和结业讲话，对我影响更是深远。老师说："这是种子工程，是告语青春的人生驿站，埋下一颗种子，其实就是播下一份希望。"我们都是一颗种子，承载着播种人的一番期望，积极汲取养料，静待来日成为参天大树，开花结果，为后代提供一片荫翳。然而，我们又是一只蜜蜂，积极播种，让希望的种子能够播撒在每一处角落。作为农业文化遗产地的首期研修班学员，作为青田稻鱼共生系统所在地的一名乡镇干部，我深感责任重大，我们的信念与行动，对于传承乡村文化、改变乡土中国的命运，具有深远的意义与价值。

如果说乡村振兴是我国全面建设小康社会的桥梁，那么农业文化遗产保护工作就是我们搭建桥梁的基石。正是我们祖先创造了丰厚的农业文化遗产，才让我们在数千年间实现了稳定发展，让世世代代的我们能够看见今天的盛世中华。如今我们能做的，就是保护好、传承好农业文化遗产，带领群众走向共同富裕。青田稻鱼共生系统是中国首批全球重要农业文化遗产。国内外众多双眼睛无时无刻不在关注我们，我们依然有很长的路要走！

编后记

从2014年6月组建中国农业大学农业文化遗产研究团队之日起，为遗产地培养人才的想法始终在我的头脑中萦绕。2019年，在学校"双一流"文化创新项目的支持下，我们成立了农业文化遗产研究中心，并于6月9—15日和12月1—7日举办了两期农业文化遗产地乡村青年研修班，招募了来自28个遗产地的75位学员，包括在当地或者有意愿服务乡村建设的创业青年以及部分村镇干部。与此同步，还举办了青年学子研习营，以期培育研究乡村、服务乡村的承续力量。

这部文集全面展现了乡村青年在农大学习的所思，以及高校学子驻扎乡村的所想。无论是泪水与欢笑并至的工作坊，还是与村民同行的沟壑踏查，所有的经历都是青春与青春相遇的巅峰时刻，也是把个人生命和时代召唤融为一体的幸福时光。为了呈现我与学生们在乡村共度的日子，书中特地收录了我的7篇讲话，从2014年7月7日的泥河沟夜话，到2019年8月8日的瓦那村朝话，重读这些文字时往事历历在目，宛如昨天。

为什么要让乡村青年重新认识家乡，为什么要让青年学子拥有服务社会的热情？因为村落潜藏的意义，因为乡土无法替代的价值。最近10多年，每每奔走于城乡之间，有一个经典案例总会给我力量，让我看到希望。这是法国人类学家玛丽·鲁埃对加拿大詹姆斯湾世代聚居的克里印第安人的研究。故事是这样的：第二次世界大战以后，加拿大政府把印第安孩子送进寄宿制学校接受现代教育，目的是使其成为普通的加拿大公民。然而，结果并未如愿，学校教育使年轻人远离了他们的语言、他们的生活方式以及他们父母的价值观，却没有使他们获得进入另一个世界的手段。他们无法在城市中生活，也失去了祖辈在山林中生存的本领，双重的失败把他们推向了绝望的深渊。正是在这样的困顿之下，某些在狩猎营地继续其传统活动的长辈，将歧途中的年轻人送到克里人祖辈的狩猎营地，引导他们“重归土地”开始新生，让他们在狩猎和捕鱼中学习自己的母语，习得生存的技能，从而重建了他们与生活世界的关系。更为重要的是，他们在这里活出了自信，建立了自身与祖居地之间精神上的联系。老一辈克里人依靠回归土地的方法，医治了教育的创伤，拯救了迷失的一代。

这个案例说明了“回归土地”的特殊意义，也为人们在现代魔性造就的不安中寻求生活的本质，开启了一条情感归属的道路。正因为如此看待乡土，我才更加觉得我此时所做的工作是神圣的！

孙庆忠

辛丑年雨水